U0323364

国家职业资格培训教材
技能型人才培训用书

铸造工(初级)

第2版

国家职业资格培训教材编审委员会　组编
朱军社　徐俊洪　主编

机械工业出版社

本书是依据《国家职业技能标准　铸造工》（初级）的知识要求和技能要求，按照满足岗位培训需要的原则编写的。本书的主要内容包括：职业道德和安全生产、工艺分析、材料准备、工装设备、造型与制芯、铸造合金的熔炼与浇注、特种铸造、铸件的后处理、铸件缺陷分析与检验。本书每章章首均配有培训学习目标，章末均配有复习思考题，书末附有知识要求试题、技能要求试题、模拟试卷样例及答案，以便于培训、教学和读者自查自测。

本书既可作为企业培训部门和各级职业技能鉴定培训机构的培训教材，又可作为读者考前复习用书，还可作为职业技术院校、技工学校的专业课教材。

图书在版编目（CIP）数据

铸造工：初级/朱军社，徐俊洪主编；国家职业资格培训教材编审委员会组编. —2 版. —北京：机械工业出版社，2014. 11

国家职业资格培训教材　技能型人才培训用书

ISBN 978-7-111-48050-1

Ⅰ. ①铸…　Ⅱ. ①朱…②徐…③国…　Ⅲ. ①铸造－技术培训－教材　Ⅳ. ①TG2

中国版本图书馆 CIP 数据核字（2014）第 219134 号

机械工业出版社（北京市百万庄大街 22 号　邮政编码 100037）

策划编辑：王华庆　责任编辑：王华庆

版式设计：霍永明　责任校对：樊钟英

封面设计：鞠　杨　责任印制：李　洋

北京诚信伟业印刷有限公司印刷

2014 年 11 月第 2 版第 1 次印刷

169mm×239mm · 16.75 印张 · 316 千字

0001—3000 册

标准书号：ISBN 978-7-111-48050-1

定价:33.00元

国家职业资格培训教材（第2版）

编 审 委 员 会

本书主编　朱军社　徐俊洪

本书参编　周林勇　陆加见

第2版 序

在“十五”末期，为贯彻落实“全国职业教育工作会议”和“全国再就业会议”精神，加快培养一大批高素质的技能型人才，机械工业出版社精心策划了与原劳动和社会保障部《国家职业标准》配套的《国家职业资格培训教材》。这套教材涵盖41个职业工种，共172种，有十几个省、自治区、直辖市相关行业的200多名工程技术人员、教师、技师和高级技师等从事技能培训和鉴定的专家参加编写。教材出版后，以其兼顾岗位培训和鉴定培训需要，理论、技能、题库合一，便于自检自测的特点，受到全国各级培训、鉴定部门和广大技术工人的欢迎，基本满足了培训、鉴定和读者自学的需要，在“十一五”期间为培养技能人才发挥了重要作用，本套教材也因此成为国家职业资格鉴定考证培训及企业员工培训的品牌教材。

2010年，《国家中长期人才发展规划纲要（2010—2020年）》、《国家中长期教育改革和发展规划纲要（2010—2020年）》、《关于加强职业培训促就业的意见》相继颁布和出台，2012年1月，国务院批转了七部委联合制定的《促进就业规划（2011—2015年）》，在这些规划和意见中，都重点阐述了加大职业技能培训力度、加快技能人才培养的重要意义，以及相应的配套政策和措施。为适应这一新形势，同时也鉴于第1版教材所涉及的许多知识、技术、工艺、标准等已发生了变化的实际情况，我们经过深入调研，并在充分听取了广大读者和业界专家意见的基础上，决定对已经出版的《国家职业资格培训教材》进行修订。本次修订，仍以原有的大部分作者为班底，并保持原有的“以技能为主线，理论、技能、题库合一”的编写模式，重点在以下几个方面进行了改进：

1. 新增紧缺职业工种——为满足社会需求，又开发了一批近几年比较紧缺的以及新增的职业工种教材，使本套教材覆盖的职业工种更加广泛。

2. 紧跟国家职业标准——按照最新颁布的《国家职业技能标准》（或《国家职业标准》）规定的工作内容和技能要求重新整合、补充和完善内容，涵盖职业标准中所要求的知识点和技能点。

3. 提炼重点知识技能——在内容的选择上，以“够用”为原则，提炼出应重点掌握的必需专业知识和技能，删减了不必要的理论知识，使内容更加精练。

4. 补充更新技术内容——紧密结合最新技术发展，删除了陈旧过时的内容，补充了新的技术内容。

5. 同步最新技术标准——对原教材中按旧技术标准编写的内容进行更新，所有内容均与最新的技术标准同步。

6. 精选技能鉴定题库——按鉴定要求精选了职业技能鉴定试题，试题贴近教材、贴近国家试题库的考点，更具典型性、代表性、通用性和实用性。

7. 配备免费电子教案——为方便培训教学，我们为本套教材开发配备了配套的电子教案，免费赠送给选用本套教材的机构和教师。

8. 配备操作实景光盘——根据读者需要，部分教材配备了操作实景光盘。

一言概之，经过精心修订，第2版教材在保留了第1版精华的同时，内容更加精练、可靠、实用，针对性更强，更能满足社会需求和读者需要。全套教材既可作为各级职业技能鉴定培训机构、企业培训部门的考前培训教材，又可作为读者考前复习和自测使用的复习用书，也可供职业技能鉴定部门在鉴定命题时参考，还可作为职业技术院校、技工院校、各种短训班的专业课教材。

在本套教材的调研、策划、编写过程中，得到了许多企业、鉴定培训机构有关领导、专家的大力支持和帮助，在此表示衷心的感谢！

虽然我们已经尽了最大努力，但是教材中仍难免存在不足之处，恳请专家和广大读者批评指正。

国家职业资格培训教材第2版编审委员会

第1版 序一

当前和今后一个时期，是我国全面建设小康社会、开创中国特色社会主义事业新局面的重要战略机遇期。建设小康社会需要科技创新，离不开技能人才。“全国人才工作会议”、“全国职教工作会议”都强调要把“提高技术工人素质、培养高技能人才”作为重要任务来抓。当今世界，谁掌握了先进的科学技术并拥有大量技术娴熟、手艺高超的技能人才，谁就能生产出高质量的产品，创出自己的名牌；谁就能在激烈的市场竞争中立于不败之地。我国有近一亿技术工人，他们是社会物质财富的直接创造者。技术工人的劳动，是科技成果转化为生产力的关键环节，是经济发展的重要基础。

科学技术是财富，操作技能也是财富，而且是重要的财富。中华全国总工会始终把提高劳动者素质作为一项重要任务，在职工中开展的“当好主力军，建功‘十一五’，和谐奔小康”竞赛中，全国各级工会特别是各级工会职工技协组织注重加强职工技能开发，实施群众性经济技术创新工程，坚持从行业和企业实际出发，广泛开展岗位练兵、技术比赛、技术革新、技术协作等活动，不断提高职工的技术技能和操作水平，涌现出一大批掌握高超技能的能工巧匠。他们以自己的勤劳和智慧，在推动企业技术进步，促进产品更新换代和升级中发挥了积极的作用。

欣闻机械工业出版社配合新的《国家职业标准》为技术工人编写了这套涵盖41个职业的172种“国家职业资格培训教材”。这套教材由全国各地技能培训和考评专家编写，具有权威性和代表性；将理论与技能有机结合，并紧紧围绕《国家职业标准》的知识点和技能鉴定点编写，实用性、针对性强，既有必备的理论和技能知识，又有考核鉴定的理论和技能题库及答案，编排科学，便于培训和检测。

这套教材的出版非常及时，为培养技能型人才做了一件大好事，我相信这套教材一定会为我们培养更多更好的高技能人才做出贡献！

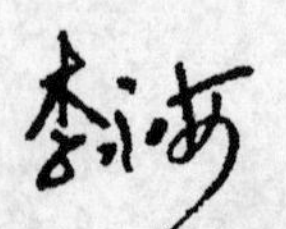

（李永安　中国职工技术协会常务副会长）

第1版 序二

为贯彻“全国职业教育工作会议”和“全国再就业会议”精神，全面推进技能振兴计划和高技能人才培养工程，加快培养一大批高素质的技能型人才，我们精心策划了这套与劳动和社会保障部最新颁布的《国家职业标准》配套的《国家职业资格培训教材》。

进入21世纪，我国制造业在世界上所占的比重越来越大，随着我国逐渐成为“世界制造业中心”进程的加快，制造业的主力军——技能人才，尤其是高级技能人才的严重缺乏已成为制约我国制造业快速发展的瓶颈，高级蓝领出现断层的消息屡屡见诸报端。据统计，我国技术工人中高级以上技工只占3.5%，与发达国家40%的比例相去甚远。为此，国务院先后召开了“全国职业教育工作会议”和“全国再就业会议”，提出了“三年50万新技师的培养计划”，强调各地、各行业、各企业、各职业院校等要大力开展职业技术培训，以培训促就业，全面提高技术工人的素质。

技术工人密集的机械行业历来高度重视技术工人的职业技能培训工作，尤其是技术工人培训教材的基础建设工作，并在几十年的实践中积累了丰富的教材建设经验。作为机械行业的专业出版社，机械工业出版社在“七五”、“八五”、“九五”期间，先后组织编写出版了“机械工人技术理论培训教材”149种，“机械工人操作技能培训教材”85种，“机械工人职业技能培训教材”66种，“机械工业技师考评培训教材”22种，以及配套的习题集、试题库和各种辅导性教材约800种，基本满足了机械行业技术工人培训的需要。这些教材以其针对性、实用性强，覆盖面广，层次齐备，成龙配套等特点，受到全国各级培训、鉴定和考工部门和技术工人的欢迎。

2000年以来，我国相继颁布了《中华人民共和国职业分类大典》和新的《国家职业标准》，其中对我国职业技术工人的工种、等级、职业的活动范围、工作内容、技能要求和知识水平等根据实际需要进行了重新界定，将国家职业资格分为5个等级：初级（5级）、中级（4级）、高级（3级）、技师（2级）、高级技师（1级）。为与新的《国家职业标准》配套，更好地满足当前各级职业培训和技术工人考工取证的需要，我们精心策划编写了这套《国家职业资格培训教材》。

这套教材是依据劳动和社会保障部最新颁布的《国家职业标准》编写的，

为满足各级培训考工部门和广大读者的需要，这次共编写了41个职业的172种教材。在职业选择上，除机电行业通用职业外，还选择了建筑、汽车、家电等其他相近行业的热门职业。每个职业按《国家职业标准》规定的工作内容和技能要求编写初级、中级、高级、技师（含高级技师）四本教材，各等级合理衔接、步步提升，为高技能人才培养搭建了科学的阶梯型培训架构。为满足实际培训的需要，对多工种共同需求的基础知识我们还分别编写了《机械制图》、《机械基础》、《电工常识》、《电工基础》、《建筑装饰识图》等近20种公共基础教材。

在编写原则上，依据《国家职业标准》又不拘泥于《国家职业标准》是我们这套教材的创新。为满足沿海制造业发达地区对技能人才细分市场的需要，我们对模具、制冷、电梯等社会需求量大又已单独培训和考核的职业，从相应的职业标准中剥离出来单独编写了针对性较强的培训教材。

为满足培训、鉴定、考工和读者自学的需要，在编写时我们考虑了教材的配套性。教材的章首有培训要点、章末配复习思考题，书末有与之配套的试题库和答案，以及便于自检自测的理论和技能模拟试卷，同时还根据需求为20多种教材配制了VCD光盘。

为扩大教材的覆盖面和体现教材的权威性，我们组织了上海、江苏、广东、广西、北京、山东、吉林、河北、四川、内蒙古等地相关行业从事技能培训和考工的200多名专家、工程技术人员、教师、技师和高级技师参加编写。

这套教材在编写过程中力求突出“新”字，做到“知识新、工艺新、技术新、设备新、标准新”；增强实用性，重在教会读者掌握必需的专业知识和技能，是企业培训部门、各级职业技能鉴定培训机构、再就业和农民工培训机构的理想教材，也可作为技工学校、职业高中、各种短训班的专业课教材。

在这套教材的调研、策划、编写过程中，曾经得到广东省职业技能鉴定中心、上海市职业技能鉴定中心、江苏省机械工业联合会、中国第一汽车集团公司以及北京、上海、广东、广西、江苏、山东、河北、内蒙古等地许多企业和技工学校的有关领导、专家、工程技术人员、教师、技师和高级技师的大力支持和帮助，在此谨向为本套教材的策划、编写和出版付出艰辛劳动的全体人员表示衷心的感谢！

教材中难免存在不足之处，诚恳希望从事职业教育的专家和广大读者不吝赐教，批评指正。我们真诚希望与您携手，共同打造职业培训教材的精品。

国家职业资格培训教材编审委员会

前　言

本书第1版自2006年出版以来，已重印多次，得到了广大读者的认可与好评。但近几年铸造技术得到了快速发展，相关的新工艺、新材料、新知识不断涌现。因此，我们对本书第1版进行了修订，以使其能更好地满足读者的需求。

本书在修订过程中，以满足岗位培训需要为宗旨，以实用、够用为原则，以技能为主线，使理论为技能服务，并将理论知识和操作技能结合起来，有机地融于一体。本书第2版的主要特点是：

（1）内容先进　本书在内容编排上力求结合铸造生产的实际情况，充分重视内容的先进性，尽可能反映与本职业相关联的新技术、新工艺、新材料和新设备，并采用法定计量单位和最新名词术语，以充分满足职业资格培训的需要。

（2）最大限度地体现技能培训特色　本书以最新的《国家职业技能标准　铸造工》（初级）为依据，以职业技能鉴定要求为尺度，以满足本职业对从业人员的要求为目标，以岗位技能需求为出发点，确定核心技能模块，编写每一个技能训练单元。

（3）配套资源丰富　本书配有电子课件和相关素材文件，书后附有知识要求试题、技能要求试题、模拟试卷样例及答案，以便于教学、培训和读者自查自测。

（4）服务目标明确　本书既可作为企业培训部门和各级职业技能鉴定培训机构的培训教材，又可作为读者考前复习用书，还可作为职业技术院校、技工学校的专业课教材。

本书所选造型材料、铸造工艺参数等仅供参考，具体情况应根据各企业标准和供需双方的意见执行。

在本书的编写过程中，我们参考了相关文献资料，在此向这些文献资料的作者表示衷心的感谢！

本书由朱军社、徐俊洪主编，周林勇、陆加见参加编写。

由于编者水平有限，书中难免存在缺点和不足之处，恳请广大读者批评指正！

编　者

目　录

第一章

职业道德和安全生产

培训学习目标 了解铸造工应具备的职业道德及安全生产规程。

第一节 铸造工的职业道德和劳动保护

铸造生产工序繁多，技术复杂，安全事故较一般机器制造车间多，如爆炸、烫伤、机械损伤，以及高温、粉尘和毒气等的存在，易引起中毒和职业病。因此，具备良好的职业道德，严格遵守安全规程是每位铸造工从业的准则。

铸造在我国有着悠久的历史，在机械工业中占据着越来越重要的地位。因此，学习铸造理论，掌握铸造方法，发展铸造事业是非常重要的。每位铸造工要爱岗敬业，工作中要具有高度的责任心，特别是交接班时，一定要检查电源开关、天然气开关是否关上，烘模炉、热处理炉的各种数据是否正常，不能因一时疏忽而造成生产故障和安全事故。

铸造生产每道工序互相衔接，任何一道工序处理不当出现差错，都会影响铸件质量甚至使铸件报废，严重时还会造成安全事故。因此，每道工序必须严格执行操作规程，不能存侥幸心理，以保证下一道工序能正常进行。

在从事本工种的工作之前，必须首先熟悉该工种的安全技术规程，并在生产中严格遵守。集体操作时，要讲究配合，互相督促，共同遵守安全操作规程，并按规定穿戴好劳动保护用品。各种工具、夹具、量具及设备使用完后，必须清洗干净，按规定摆放整齐。

铸造生产需要特殊的生产环境，要求车间通风要好，工作场地要整洁，不能乱堆乱放，更不能把物件堆在安全道上，保证过道畅通，避免安全隐患。

第二节　铸造安全技术规程

不同的工种，所使用的设备不同，操作方式也各有所异，因此相关的安全技术操作规程也有所不同。下面介绍铸造相关工种的安全规程。

一、电弧炉炼钢工

1）通电前应检查熔炼设备，当发现漏电、漏水、漏油时应及时处理。

2）出钢坑、出渣坑及渣罐内必须保持干燥，以防止爆炸。坑沿要保持清洁，并设有良好的安全栏杆。

3）清理渣坑工作应在熔化期进行，并设置警告标志。

4）加矿石时不要过急，应缓慢地将矿石加入炉内，防止因沸腾而造成跑钢。在熔化期和氧化期渣子流入渣罐时，严禁将水和潮湿物品扔入渣罐内，以防止爆炸。

5）扒渣要稳，不要用力过猛，以防止钢液溅出伤人。

6）往炉内加入炭粉、硅铁粉、铝粉等粉状物时，要站在炉门侧面，以防止喷火伤人。

7）使用大锤时，要事先检查锤头是否牢固，周围禁止站人，打锤时不能戴手套。

8）打出钢口时，在炉前的操作人员不得往炉内加入易燃材料，以防止喷火伤人。

9）出钢时，炼钢工必须和配电工联系，先将电源切断，否则不能倾炉。

10）换电极、调整电极、换炉盖等操作应在停电后进行，并由专人指挥吊车，防止电极折断脱落。

11）在修砌出钢槽时，不准倾炉，以防倾炉时将人翻入坑中。

12）装料时，炉门必须关闭，炉料中不准有密封容器类和有易爆类炉料。进二次料时，不准用潮湿的炉料，并且任何人不得到炉子上去拣料，以防爆炸伤人。

13）在正常生产期间，非生产人员未经批准，不得进入配电室和变压器室。

14）出钢前，应将盛钢桶对好，在得到浇注工信号后方可翻炉出钢。

15）使用氧气吹烧前，必须检查氧气开关是否灵活，胶管和吹氧管接头处的螺母是否松动，并有专人开闭氧气阀门。

16）伸入炉内的工具和往炉内加入的材料必须干燥，以防止爆炸。

二、冲天炉化铁工

1. 修炉

1）在进炉工作前，应认真检查所使用的设备和工具是否安全可靠，检查所用软梯、铁梯是否牢固。

2）除炉渣时，应从上往下清理，禁止因较大振动而造成砌砖体裂缝。

3）修炉材料中不得混有煤粉，以防止爆炸。

4）修炉底板时，支柱基础必须牢固，炉底板应安放灵活，支撑好炉底板后，需将炉脚和支柱下部用砂子盖好。

2. 砸铁

1）砸铁前必须检查砸铁机气路部分工作是否正常，安全防护装置是否良好，并按规定加好润滑油。砸铁前应先空机试运行，检查传动部分是否安全可靠，确认安全后方可工作运行。

2）砸铁机操作人员工作时精力必须集中，手、脚、身体部分不得置于冲锤下面。

3）砸铁工作现场不准无关人员进入。

4）搬拿铁块时，应从上到下逐层搬，手脚不能放在铁块底部或两铁块之间，以免伤人。

3. 加料

1）加料前必须检查所用设备是否正常，并加润滑油。

2）不准将密封容器类炉料和有爆炸可能的炉料装入冲天炉，不允许将有脏物和挂水的炉料装入冲天炉，以免引起爆炸。

3）在开炉过程中，必须保持加料小车轨道清洁，上、下运转灵活。

4）用电磁盘吊运炉料时，严禁在磁盘下工作和站立。

5）在冲天炉工作时，加料平台上操作人员不得靠近加料炉门。

4. 炉前

1）开炉前应保持炉底下面及附近场地干燥，并检查冲天炉各部位是否正常，冲天炉周围5m之内不准有易燃物。

2）检查炉底板是否牢固、灵活，炉门是否填塞妥当、安全。

3）开炉时所用的工具都应预热。

4）出铁液前，浇包必须烘烤干燥，并检查卡子是否锁好，起重机是否能正常工作。一切检查妥当后方可出铁液，铁液面不得超过浇包安全线。

5）在捅风眼时，注意后面是否有人，且操作者应站在侧面观察并清理风眼。

6）出渣后，只有将出渣口堵好，才能打开出铁口出铁液。

7）要保证风眼盖上的观察玻璃完好无损。

8）在化铁过程中，如果炉壳变红，不准用水浇，应用空压风冷却或采取其他有效措施排除故障。

9）在进行球化处理等容易出现铁液翻腾的操作时，要特别注意防止铁液飞溅伤人。

10）在熔炼过程中遇到故障时，炉前工必须及时通知有关人员，协同排除故障。

11）打炉底时要注意防护，打炉底后的剩余炉料应立即喷水熄火冷却，其他人员要远离炉底。

12）在冲天炉工作过程中，应定时检查鼓风机，注意风量和风压的变化情况，检查其运转是否正常，若发现问题，则应及时采取措施予以排除。

三、有色金属熔炼工

1. 坩埚炉熔炼

1）用坩埚炉熔炼时，应首先检查坩埚有无裂纹，并将其预热到600℃以上。

2）采用天然气熔炼时，应首先检查各阀门是否完好。点火前先将空气排除，并查看压力表是否正常，然后先点好引火棒，再微开天然气阀门，待点燃烧嘴后，再开大到所需的用量。

3）炉子周围不得有积水和易燃物品，炉盖和炉板应保持干燥，浇包和工具只有按工艺要求预热后才能使用。

4）对铜料要进行严格检查，特别是废铜料。加入坩埚内的炉料必须进行预热。禁止潮湿的炉料与已熔化的金属液相接触，以防发生爆炸。

5）浇包内的金属液不得装得太满。浇注时，包嘴与浇口杯应尽量靠近。

6）精炼、除气时，应站在上风位操作，抽风设备必须良好。

7）剩余的金属液应倒在预热的锭模内。

2. 电阻炉熔炼

1）保持电阻炉周围整洁和干燥，不准堆放易燃品和杂物。

2）开炉前应仔细检查电气设备、炉体和其他辅助设备是否完好。

3）经常清除坩埚外壳铁锈，防止氧化皮脱落使坩埚与电热丝“搭桥”或短路。

4）严禁对电热丝采取急冷措施。

5）坩埚外壁与沟砖的距离一般不小于60mm。

6）工作结束后应切断电源。

四、铸钢浇注工

1）工作前应仔细检查工作场地是否完全，各种工具应准备妥当，检查盛钢桶上用的箍环和吊包的保险及钩环等是否完好，在包龄末期要特别注意包壁的侵蚀情况。

2）浇注场地及其附近应经常保持整洁，不准有积水。

3）不准任意堆放各种锭模、工具、吊具、废钢、垃圾，以免堵塞通道，应及时将其运走或放到指定位置。

4）检查钢锭模内部或盛钢桶时，必须用36V 的安全电压手提灯照明。将盛钢桶吊至出钢槽以后，不准进入桶内工作，若需检查，则必须将盛钢桶吊离钢槽位置。

5）绝对禁止在起重机吊物下面行走或停留。遇特大件或盛满钢液的盛钢桶吊运时，必须前后各设一人监护，并由一人指挥。对6t 以上的铸件进行浇注时，未经有关人员同意，不准在地面上进行。

6）起重机吊挂钢锭、锭模、冒口和中注管等物件时，必须在挂稳且牢固可靠后再给起吊信号。吊 U 形封闭吊把的锭模和中注管等重物时，必须用专用的钩子链条，不准用环链或绳套，以防重物滑落伤人。

7）盛钢桶在使用前必须经过仔细检查，各机械部分必须牢固灵活，若发现问题，则要及时将其修理好。盛钢桶要足够干燥。

8）出钢时，禁止站在盛钢桶台架附近或出钢槽对面，以免发生烧伤事故。

9）浇注时，与浇注工作无关的人员禁止站在浇注坑附近。底盘或中注管跑钢时要使用铁末或生铁块堵塞，不准使用稀泥浆，以免发生爆炸。浇注铸件前应检查砂箱的压铁和紧固螺栓是否卡牢，以保证浇注时钢液不易抬型射出。当钢液在浇冒口内沸腾时，浇注人员要远离砂箱，以免烫伤。

10）浇完钢液后，应将盛钢桶内的残钢、熔渣缓慢地倒入干燥的废钢锭模和渣罐内，此时，所有人员都应远离渣罐，严防渣子飞溅伤人。

11）在浇注过程中，由于塞头关不住而造成钢液飞溅时，必须由浇注工一人正确指挥起重机，其余人员应迅速离开。

12）取钢样的勺子和试样杯必须充分干燥。

13）当浇注坑中有人工作时，严禁用起重机在地坑上面吊运物件。

14）当用氧气烧割装载钢液的盛钢桶注口时，所用的钢管长度不得小于2m，氧气瓶应在距盛钢桶 10m 以外的地方存放。使用的软管、钢管不能漏气，不准用有油污的手开氧气瓶的阀门或用带油的东西接触氧气瓶嘴和阀门软管。不准用起重机吊运氧气瓶。

15）出钢后，当盛钢桶上部往外流渣时，不准浇注，必须等渣停止外流后再进行浇注。

16）禁止将尚未凝固的钢锭从钢锭模中拔出来。

17）不准使用未经烘干的盛钢桶、中注管、塞杆。浇注前必须将盛钢桶上的残渣打掉。

18）往平车上放中注管、钢锭、锭模、渣罐、盛钢桶等物件时，必须将其放平稳，以免其倾倒伤人。

19）在安装塞头时，一定要使其与注口砖接触良好，不得有漏钢现象。紧固螺栓时一定要将其拧紧。上塞砖时，手要拿住砖，不得任意放下。

五、铸铁浇注工

1）首先检查浇包的吊环、手抬包耳环，若发现问题，则应及时解决。浇包使用前，要预先烘烤，以保证使用安全。

2）仔细检查浇包的转动部分，必须保证其回转灵活。

3）用平车运送浇包时一定要放平稳，平车轨道附近不能有障碍物。

4）用手抬包时，前后工人必须步调一致，并清理好所经道路，保证畅通无阻。

5）用手端包时，包体应在操作者的侧面，以防铁液溢出伤人。

6）吊运浇包时，必须卡好保险卡，铁液面不得超过安全线，并保持平稳，由专人指挥，起重机钩要挂牢，不准吊着浇包从人头顶通过。

7）严禁从冒口处观察铁液，浇包对面不准站人，以防铁液喷出伤人。

8）浇注高大铸件时，要选择稳定及有退步的地方站稳。6t 以上的铸件未经有关人员同意不准在地面上浇注。

9）浇注大型铸件时要有专人扒渣、挡渣、引气，以免发生爆炸事故。

10）剩余铁液不得乱倒，必须倒在预热的锭模中。

11）前炉所有铁液量不允许超过浇包的容量。

12）浇注小件时尽量采用小浇包，不允许用空心棒扒渣和挡渣。

六、冶炼浇注挂钩工

1）起重机、升降装置及运输工具的载重量，不允许超过额定载重量。

2）起重前必须做好起重机具、起重物件及工作场地的安全检查。

3）正确判断被吊物件的重量，根据物件重量，按照钢丝绳负荷标准正确选用钢丝绳和符合安全要求的套环、绳卡等吊具。

4）严禁使用接头断开、剪断或磨损程度达到极限标准的钢丝绳。

5）使用起重机吊运重物和合型，要有口令和手势作信号，双方应配合工作，在得到信号后才能起吊或合型。

6）钢丝绳必须系在被吊工件的可靠部位，钢丝绳与工件棱角接触处必须用方木、半圆铁管或其他专用垫具垫好、垫牢。禁止用一根钢丝绳拦腰兜工件。

7）熟悉并掌握大件和异形件的吊挂方法，遵守大件的吊装工艺规程。

8）在起吊大件前，必须先进行试吊，试吊高度不得超过100mm。若试吊时发现问题，不得悬空处理，必须将工件放稳后再处理。

9）起吊工件前，挂钩人员的手脚必须离开钢丝绳和工件，以防夹伤手脚。

10）起吊工件前，必须检查钢丝绳是否捆绑牢靠，重心是否平稳，并清除工件上的浮物，固定好被吊物上易于滑动的零部件。

11）严禁起吊埋在地下的物件及易燃易爆物品。

12）进行夜间起重操作时，必须备有足够的照明设施。

13）工件放置必须稳固，整齐叠垛堆放，其高度不得超过底面短边长度的2倍。

14）在将工件吊运完毕后，应将钢丝绳、吊具等物放到指定位置。

七、型砂工

1）机器设备要由专人负责，在工作前要对转动部分和不可缺少的防护装置进行检查，经试运行后方可使用。

2）要经常对所用的砂斗、工具及钢丝绳进行检查，若有不当，则应停止使用。

3）在工作中要随时观察混砂机及运输带等设备，若发现异常，则要停机检修。

4）在混砂机运转时，不准将铁锹或扫帚伸入碾内，不准用手检查转动部位或到碾盘内取砂样，一定要用工具从取样门取样，或者停机取样。

5）在检修混砂设备时，必须在电源开关处挂上“正在修理，禁止开动”的警示牌，以免发生意外。

6）供砂前，先空机运转，正常后方可供砂。

7）手动操作刮板供砂时，应注意在砂斗装满时立即提起刮板。

8）在运输带运行时，不准横跨运输带行走或隔着运输带递送工件。排除故障或清扫卫生时必须停机。

9）高空检查时应遵守高空作业安全规程，没有防护栏的地方不得进行高空作业，若必须进行，则应采取措施保证安全。

10）不准坐、卧于运输带机上休息。

11）校正运输带位置或张紧度时，必须停机进行。运输带走偏时，禁止用手或工具在停机前进行校正。

12）开机时先开运输带机，再打开供砂斗闸门（或开动给料器）。停机时，先停止供砂，关闭供砂闸门，待运输带上余砂卸尽后，再关运输带机。

13）定期对传动装置进行检查，更换损坏的零件，并按规定润滑。

八、造型工

1）检查工作场地，清除绊脚物。不用的砂箱、模样、工具等要堆放整齐，保证人行道畅通。垫铁和箱卡子要随用随收，摆放整齐。

2）使用砂箱前，应先检查箱把是否牢固，如果有松动现象，则禁止使用。不得使用箱带破损严重而又未经焊接修理的砂箱。

3）检查钢丝绳是否符合规定的标准，捣固器有无磨损和缺陷，发现问题后必须立即更换或修理。

4）在使用起重机前，应先检查钢丝绳和链条有无损坏现象及裂纹，如果有缺陷，则应及时清理。

5）吊运砂箱时，必须两人挂钩、挂链，互相配合。起吊时，操作人员应位于1m以外，绝对不允许站在被吊物与邻近固定物之间，并且只允许一人指挥起重机。

6）指挥吊砂箱的起重机运行时，禁止站在砂箱、芯板或吊运的芯（型）上充当平衡锤。

7）吊砂箱时必须用双绳挂两个把，禁止用单绳套斜挂，以防止砂箱偏斜脱落。

8）用两台起重机同时起吊一个工件时，应按起重机额定载重量合理分配，统一指挥，步调一致。

9）堆垛铸型时要用同一高度的垫铁，堆垛高度不得超过其宽度的2倍。堆放模底板时，要将大的放在下面，小的在上面，堆摞平稳。

10）舂砂时要双手握风动捣固器，并防止碰伤自己的脚。在使用捣固器时，螺栓容易脱落，操作者要随时注意把各个螺栓上紧，以免飞出伤人。

11）利用起重机翻型（特别是大件）时，要有专人指挥和监督，附近的工作人员要远离，指挥人员要站在吊运物的侧面。

12）合型时要有专人指挥。起重机起落动作要慢，发现砂芯被压坏或有浮砂时，禁止将头伸进去打扫，必须将上砂型吊到旁边再进行修理或清扫。

13）禁止在吊起的砂型或砂芯下面修补铸型，应在固定架下或地坑下进行修理。

14）摞箱时禁止用木块或砖头垫箱，应使用专用垫铁（如工字铁或日字铁）。

15）吊运工作物或翻型、合型时，两端链条必须平衡。

16）若需用起重机吊运工作物时，则在起吊前应先指挥起重机使吊绳（或链）与地面垂直，听到铃声应及时躲开吊件，以防脱落伤人。

17）禁止在砂堆上或地面松动处堆放砂箱和工件。

18）当合型、放箱时，禁止用手握砂箱下面的箱口，防止压坏手指。

19）天然气要由专人负责管理，在使用天然气时，必须先点火再放气，以防被其烧伤。用过天然气后一定要将阀门关死，以防气体逸出。

20）地坑造型时，下班前必须用草绳将周围拦起来，并挂标志或危险示牌。

九、清砂工

1）了解和熟悉风铲的工作特性，检查所有连接部位是否紧实牢靠，阀门转动是否灵活。当风铲进风口和胶管连接不牢时，决不能凑合使用，以免胶管脱落伤人。

2）清砂时，要一手掌稳风铲，一手把握铲头方向，并防止钢钎滑落将脚砸伤。严禁用手扶铲头与枪的连接部位，以免将手挤伤。

3）清砂时，铲头对面不得站人，防止铲空或飞砂伤人。

4）清理较大的铸件时要将其放平稳，不得用重心高或易滚动的工件作垫块。铲飞边或打冒口时，不准对着周围人员操作，以防其飞出伤人。

5）用撬棍时，应注意前后是否有人，翻动铸件时不得将撬棍穿在铸件孔内，以免回转失手伤人。清理完的浇冒口、铁块、芯骨应堆放在指定位置。

6）使用桥式起重机起吊铸件或翻转铸件时，应严格遵守起重、挂钩工安全操作规程，并注意检查挂钩、钢丝绳是否符合规定要求，听到桥式起重机铃响时应立即躲开。

7）较长时间休息或离开工作场地时，不准将割炬放在地上，必须熄灭割枪，关闭阀门，卸去压力，放出管中所存余气，并收拾好软管和工具。

8）在操作割炬时，不准将橡胶软管背在背上操作。禁止使用气割火焰来照明。

9）砂轮机应有防护罩。使用砂轮机打磨铸件时，应先空转起动，待空转正常后，再由轻到重均匀用力。用力不能太大或猛力磕碰，以免砂轮片破裂伤人。

10）禁止他人随便使用砂轮机或敲击砂轮。换砂轮片时，必须检查砂轮片是否受潮，有无裂纹。装砂轮片时，要垫平夹牢，不准用不合格的砂轮片。

11）打磨铸件时，砂轮机转动方向两侧不准站人，以免砂粒迸溅伤人。

12）工作完毕后，关闭阀门，把砂轮机摆放到干燥、安全的地方，以免砂轮片受潮。

13）风动砂轮要由专人保管，并要随时检查修理。

14）在喷丸室工作时，非工作人员不得靠近喷丸室，避免铁丸伤人。非喷丸室操作人员不得开动设备。

15）当设备发生故障时，必须立即停机，关闭电源。在维修设备时，也应切断电源。

16）喷丸室禁止工作的情况

① 防护帘损坏，失去防护作用。

② 喷丸室或喷丸机有局部被铁丸穿透现象。

③ 供丸系统被堵塞。

④ 喷丸机台车转动不平衡。

⑤ 没有通风除尘设备或通风除尘设备已损坏。

⑥ 只有一个人时不得起动设备。

17）在喷丸室内必须遵守的规定

① 在喷丸机未起动时，禁止打开供丸控制阀。

② 每次起动喷丸机后，必须进行运行检查。在喷丸室工作时，必须经常检查供丸系统，防止堵塞。

③ 禁止在台车上翻转铸件。

④ 平车运行前，必须检查平车供电线是否在轨道上。禁止使用破皮的电线供电。

⑤ 必须经常清理散落在设备周围的铁丸。加入到喷丸室中的铁丸必须过筛。

复习思考题

1. 简述铸造工的职业道德。
2. 简述电弧炉炼钢工的安全技术操作规程。
3. 简述冲天炉化铁工的安全技术操作规程。
4. 简述有色金属熔炼工的安全技术操作规程。
5. 简述铸铁浇注工和铸钢浇注工的安全技术操作规程。
6. 简述型砂工的安全技术操作规程。
7. 造型工在操作过程中的安全注意事项有哪些?
8. 喷丸时必须遵守什么规定?

第二章

工艺分析

培训学习目标 对砂型铸造的基本工序及操作技能有一般性了解；掌握常用造型工具的正确使用方法；了解金属材料、常见铸造合金的特性及热处理方法。

第一节 铸造生产的基本概况

一、铸造生产的基本工序

铸造生产过程是一个复杂的综合性工序的组合，包括许多生产工序和环节，从金属材料及非金属材料的准备，到合金熔炼、造型、制芯、合型、浇注、清理、铸件消除缺陷热处理，直至获得合格的铸件。铸造生产过程包括下列主要工序。

1. 型砂和芯砂的制备

最常用的粘土型（芯）砂是由原砂、粘土、水和其他附加物（如煤粉、木屑等）按所需配比混制而成的。原砂是构成型砂的基本材料。砂粒间依靠粘附在表面的湿粘土膜彼此粘结起来，成为具有一定性能（如强度、透气性、耐火度）的混合料，称为型（芯）砂。

粘土砂分为湿型（也称潮模）砂、表面干型砂和干型砂三类。型（芯）砂性能对铸件的产量和质量影响很大。较高的强度，能保证型砂在起模和搬运过程中不易损坏，浇注时不会发生冲砂或跑火等现象；型砂的透气性好，能将浇注时产生的大量气体及时排出，防止铸件产生气孔；良好的耐火度能防止粘砂。不同的合金种类对粘土砂的性能要求也有所不同。

针对生产需要以及对铸件质量的要求，开发了许多其他类型的型砂。如水玻璃砂，其特点是流动性好，容易紧实，硬化后强度、透气性均较高，但溃散性差，旧砂回用困难。用树脂作为粘结剂的树脂砂应用广泛。其优点是可直接硬化，不需进炉烘干，硬化反应快，大大提高了生产效率；工艺过程简单，便于实现机械化和自动化；砂型变形量小，提高了铸件精度，并且可减少加工余量。其缺点是成本高，旧砂回用较复杂。另外，水泥砂、油砂也在一定范围内得到应用。

型砂的制备过程直接影响到型砂的质量。型砂的制备一般分为原材料的准备及检验和型砂的制备及质量控制。只有严格控制各道工序的质量，才能达到型砂的各项性能指标，以保证铸件的质量。

2. 造型

用型砂及模样等工艺装备制造砂型的方法和过程称为造型。造型方法种类很多，选用哪种方法取决于铸件的形状、大小和技术要求等，下面分别作简单介绍。

（1）按造型方法分　有手工造型和机器造型。手工造型操作灵活，适应性强，但产量低、质量不稳定，适宜于单件小批量生产。机器造型生产的准备工作量大，要求铸件形状简单，适宜于大批量生产，其产量高、质量稳定。

（2）按模样种类分　有实样模造型和刮板造型。实样模造型时制模要耗费较多的工时和材料，但造型操作简单，铸件尺寸易保证；刮板造型时制模简单、经济，但造型操作复杂，只适宜单件或小批量生产。

（3）按砂型的固定方式分　有砂箱造型和地坑造型。一般铸件多采用砂箱造型，以便于铸型的翻转和搬运。若遇特殊情况，则可进行地坑造型。

（4）按砂型是否烘干分　有湿型、表面烘干型和干型。干型的强度、透气性等性能较好，但要增加一道烘干工序，适用于对铸件质量要求较高的大、中型铸件。

在实际生产中，究竟选择哪一种造型方法，要根据铸件的材质、尺寸、结构、生产批量、对铸件的质量要求以及经济性加以综合考虑。

3. 熔炼

通过加热使金属由固态转变为液态，并通过冶金反应去除金属液中的杂质，使其温度和成分达到规定要求的过程和操作称为熔炼。

熔炼金属的设备种类较多，有电弧炉、冲天炉、感应电炉、坩埚炉、反射炉等。在生产中，选择何种熔炼设备，需根据合金的种类、规模和经济性加以考虑。

4. 砂型（芯）烘干

对一些较大型或质量要求较高的铸件一般采用干型浇注，也就是说砂型

（芯）需进行烘干。烘干过程通常是在烘干炉内进行，由升温、保温和冷却三个阶段组成。

5. 浇注

将熔融金属从浇包注入铸型的操作称为浇注。

所谓浇包是指容纳、处理、输送和浇注熔融金属用的容器。浇包用钢板制成外壳，内衬为耐火材料。浇包按浇注合金种类的不同分为两类：一类是用于浇注铁液及有色金属液的称为浇包，有手动浇包和电动浇包两种；另一类是用于浇注钢液的称为盛钢桶，又分为单眼盛钢桶和双眼盛钢桶。各类浇包的容量也有所不同，小的仅几十千克，大的可达几十吨。在实际生产中需根据浇注合金的种类、重量及车间自身的设施来选择合适的浇包。

6. 清理

落砂后从铸件上清除表面粘砂、型砂和多余金属等的过程称为清理。

铸件浇冒口的去除多用气割或敲击的方法完成；表面清理可用砂轮、滚筒、抛丸、喷丸等方法来完成。

7. 铸件热处理

将铸件加热到一定的温度范围，保温一段时间，再以规定的速度冷却到适当的温度，以获得预期的组织与性能的过程，叫做铸件热处理。

对铸件进行热处理的目的是消除铸件的铸造应力，防止铸件产生变形或裂纹，改善铸件的力学性能和可加工性能。

热处理方法分为退火、正火、回火等。采用哪一种热处理方法，要根据铸件的材质和技术要求来确定。

二、造型常用的工具和工艺装备

1. 造型工具

（1）铁铲　又称铁锹，用于拌和型砂并将其铲起送入指定地点。

（2）筛子　有长方形和圆形两种，如图 2-1 所示。长方形筛用于筛分原砂，使用时，由两人分别握住筛子两端的把子，抬起后让筛子前后移动将砂子筛下；圆形筛一般为手筛，造型时，用手将其端起左右摇晃，将面砂筛到模样上面。

（3）砂舂　造型时，用来舂实型砂，如图 2-2 所示。砂舂的头部分扁头和平头两种，扁头用来舂实模样周围及砂箱边或狭窄部分的型砂，平头用来舂实砂型表面。

（4）刮板　又称刮尺，用平直的木板或铁板制成，长度应比砂箱宽度稍大，在将砂型舂实后，用来刮去高出砂箱的型砂。

（5）通气针　又称气眼针，有直的和弯的两种，如图 2-3 所示。用它在砂型中扎出通气的孔眼，通常用钢丝或钢条制成，尺寸一般为 $\phi2 \sim \phi8$mm。

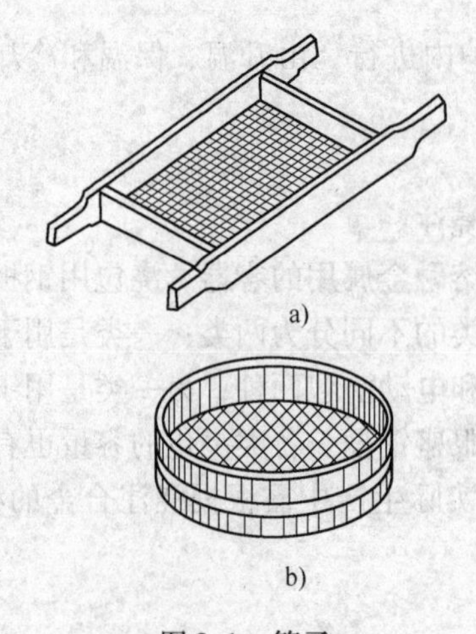

图2-1　筛子
a）长方形筛　b）圆形筛

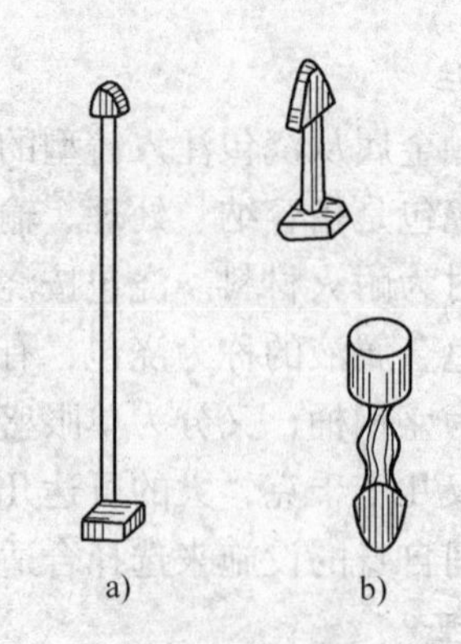

图2-2　砂舂
a）地面造型用的砂舂
b）造型平台上造型用的砂舂

（6）起模针和起模钉　用来起出砂型中的模样。工作端为尖锥形的叫起模针，用于起出较小的模样；工作端为螺纹的叫起模钉，用来起出较大的模样，如图2-4所示。

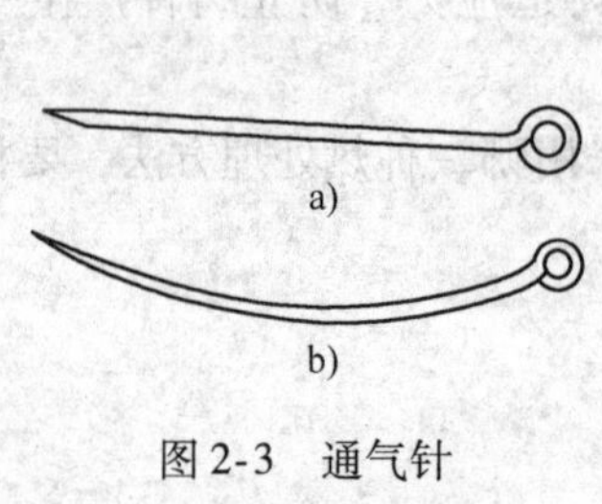

图2-3　通气针
a）直针　b）弯针

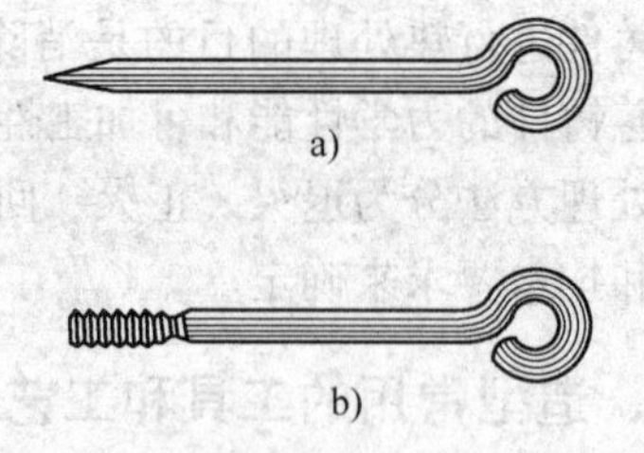

图2-4　起模工具
a）起模针　b）起模钉

（7）掸笔　用来润湿模样边缘的型砂，以便起模和修型。常见的掸笔有扁头和圆头两种，如图2-5所示。有时也用掸笔来对狭小型腔处涂刷涂料。

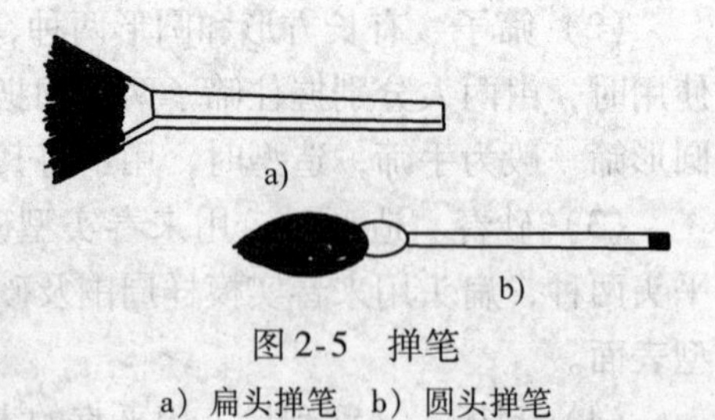

图2-5　掸笔
a）扁头掸笔　b）圆头掸笔

（8）排笔　主要用来清扫铸型上的灰尘和砂粒，或用于给砂型大的表面涂刷涂料。其形状如图2-6所示。

（9）粉袋　用来在型腔表面抖敷石墨粉或滑石粉。

（10）手风箱　用来吹去砂型上散落的灰尘和砂粒，使用时不可用力过猛，以免损害砂型。其形状如图2-7所示。

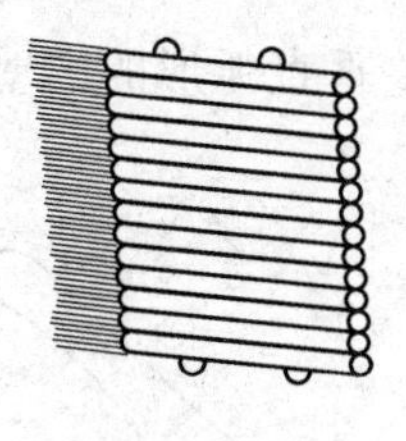

图 2-6 排笔

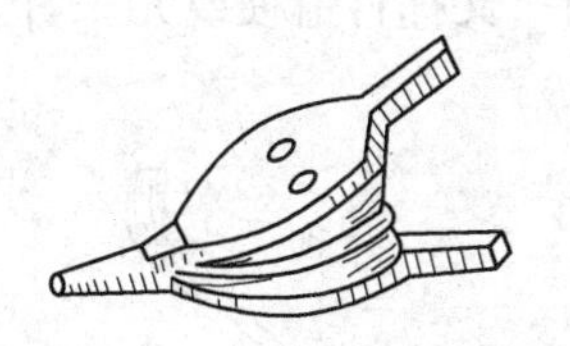

图 2-7 手风箱

(11) 风动捣固器 又称风冲子或风枪，其形状如图 2-8 所示。它由压缩空气带动，用来舂实较大的砂型和砂芯。

(12) 钢丝钳 用来绑扎芯骨或弯曲砂钩等。

(13) 活动扳手 用来松紧螺母或螺钉等。

2. 修型工具

(1) 镘刀 又称刮刀，用来修理砂型（芯）的较大平面，开挖浇冒口，切割沟槽及把砂型表面的加强钉揿入砂型等。镘刀有平头、圆头和尖头等几种，如图 2-9 所示。其材质一般为工具钢，手柄用硬木制成。

(2) 砂钩 又称提钩，用来修理砂型（芯）中深而窄的底面和侧壁，提出散落在型腔中的型砂等。砂钩用工具钢制成，常用的有直砂钩和带后跟砂钩，如图 2-10 所示。按其头部宽度和长度的不同，砂钩又分为不同的种类。修型时，应根据型腔部分的尺寸来选择相应的砂钩。

(3) 圆头 用来修整圆形及弧形凹槽，如图 2-11 所示。其一般用铜合金制成。

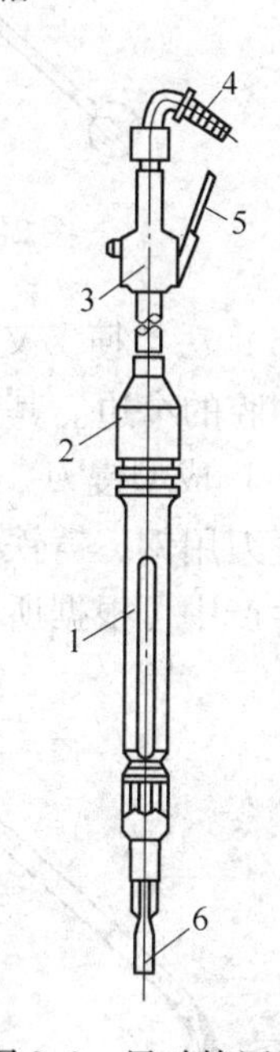

图 2-8 风动捣固器

1—锤身 2—自动换气阀

3—进气阀 4—管接头

5—控制手柄 6—锤头

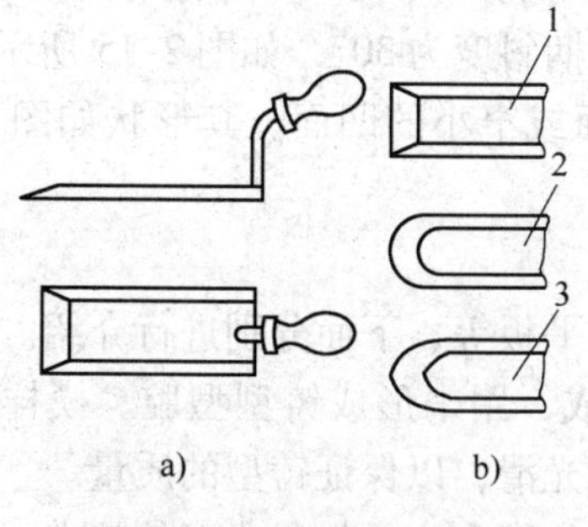

图 2-9 镘刀

a) 平镘刀 b) 头部形状

1—平头形 2—圆头形 3—尖头形

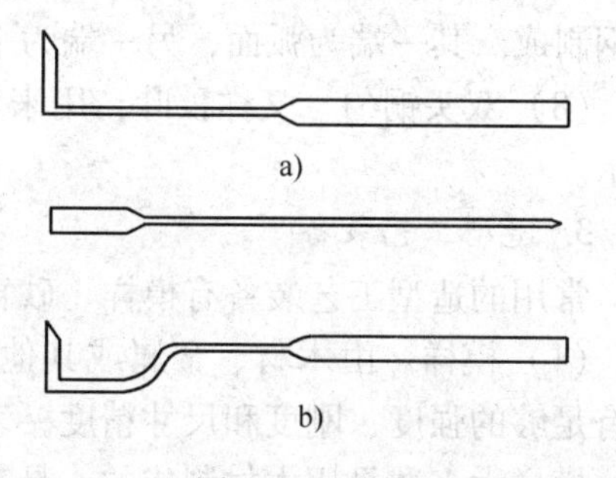

图 2-10 砂钩

a) 直砂钩 b) 带后跟砂钩

（4）半圆　又称竹爿梗或光平杆，用来修整垂直弧形的内壁及其底面，如图2-12所示。

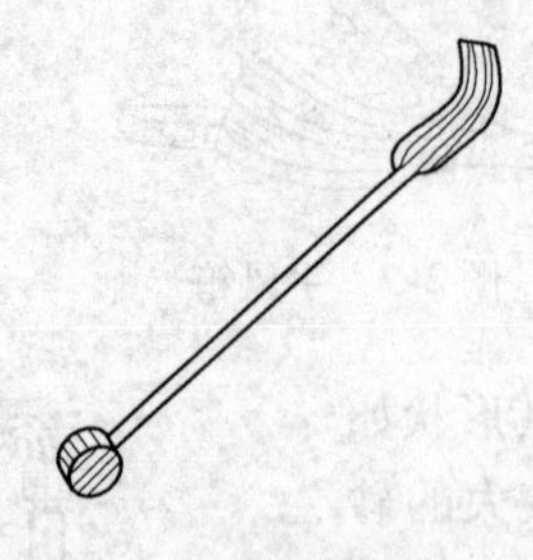

图2-11　圆头

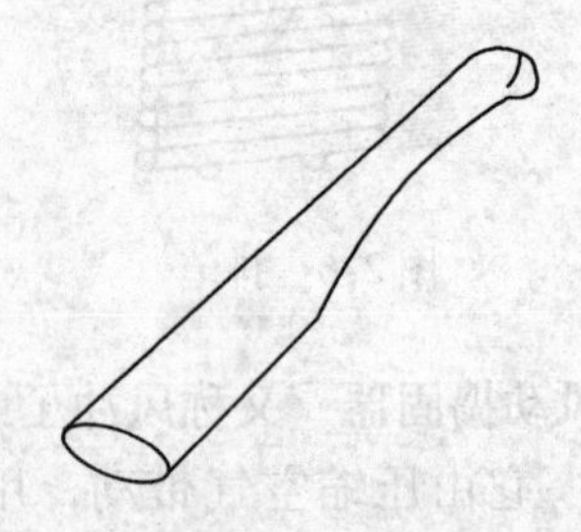

图2-12　半圆

（5）法兰梗　又称光槽镘刀，用来修理砂型（芯）的深窄底面及管子两端法兰型腔的窄边。其用工具钢或青铜制成，如图2-13所示。

（6）成型镘刀　用来修整镘光砂型（芯）上的内外圆角、方角和弧形面等。成型镘刀用钢、铸铁或青铜制成，如图2-14所示。其工作面形状多种多样，在实际生产中可根据所修表面的形状来选用。

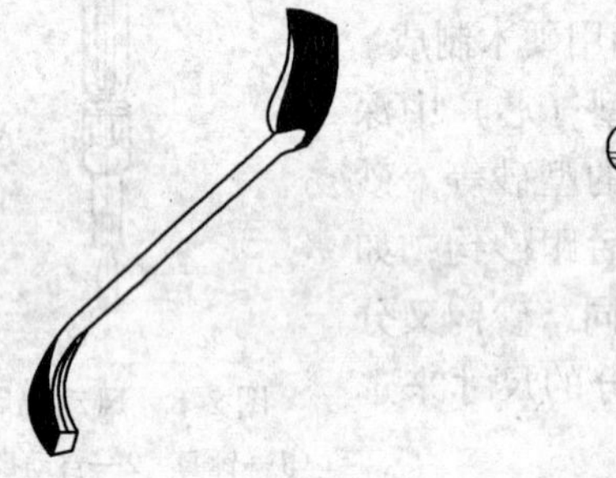

图2-13　法兰梗

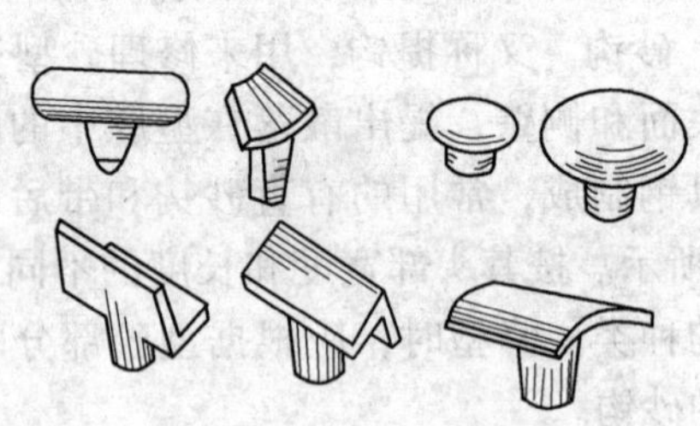

图2-14　成型镘刀

（7）压勺　用来修整砂型（芯）的较小平面，开设较小的浇道等，常用工具钢制成。其一端为弧面，另一端为平面，勺柄斜度为30°，如图2-15所示。

（8）双头铜勺　又称秋叶，用来修整曲面或窄小的凹面。其形状如图2-16所示。

3. 造型工艺装备

常用的造型工艺装备有模样、砂箱和造型平板等，下面分别进行介绍。

（1）模样　由木材、金属或其他材料制成，用来形成铸型型腔。模样必须具有足够的强度、刚度和尺寸精度，表面必须光滑，以保证铸型的质量。

模样大多数是用木材制成的，具有质轻、价廉和容易加工成形等特点。但木模强度和刚度较低，容易变形和损坏，所以只适宜于单件小批量生产。大量成批量生产时一般采用金属模样或塑料模样。

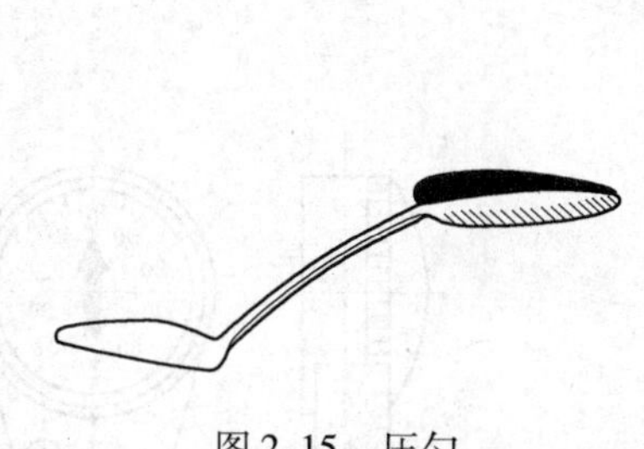

图2-15　压勺

图2-16　双头铜勺

（2）砂箱　铸型的组成部分，是容纳和支承砂型的刚性框。它具有便于舂实型砂、翻转和吊运砂型，浇注时防止金属液将砂型胀裂等作用。

砂箱的箱体常做成方形框架结构（见图2-17），在砂箱两旁设有便于合型的定位、锁紧和吊运装置。尺寸较大的砂箱，在框架内还设有箱带。砂箱常用铸铁或铸钢制成，有时也可用铝合金及木材等制成。

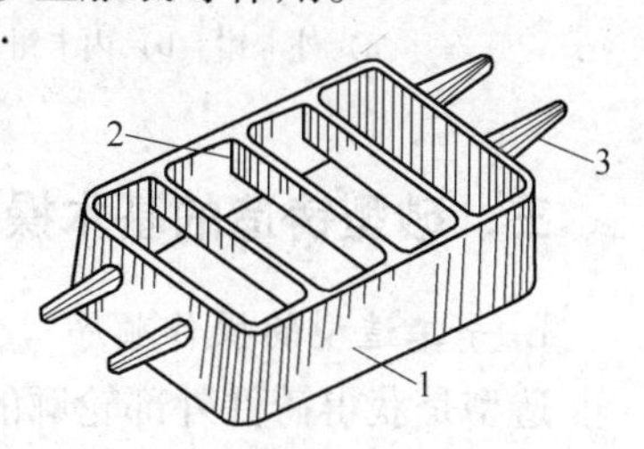

图2-17　砂箱

1—箱壁　2—箱带　3—箱把

（3）造型平板　造型平板又称垫板，其工作表面光滑、平直，造型时用于托住模样、砂箱和砂型。小的造型平板一般用硬木制成，较大的造型平板常用铸铁、铸钢或铝合金等制成。

4. 常用量具

（1）钢卷尺　用来测量长度。钢卷尺有多种规格，生产中选用哪种类型，应视被测量物的长度而定。

（2）钢直尺　用于测量长度、外径和内径等尺寸。

（3）直角尺　用于划线或检查被测物体的垂直度。

（4）水平仪　用于测量被测平面是否水平，其形状如图2-18所示。测量时将水平仪置于待测平面上，观察水平仪中的气泡是否偏离中心位置，从而判断该平面是否水平。

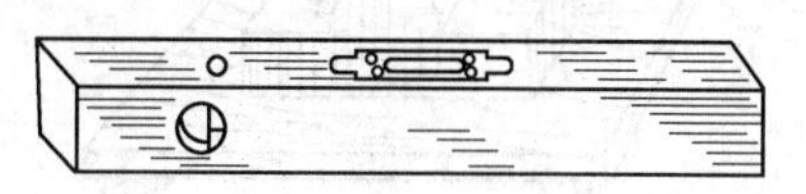

图2-18　水平仪

（5）卡钳　用于测量砂型（芯）的外径、内径及凹槽宽度等尺寸。卡钳分内卡钳和外卡钳两种，如图2-19所示。测量时卡钳要与钢直尺配合使用。

（6）砂型表面硬度计　用于测量湿态砂型（芯）表面硬度，其形状如图2-20所示。测量时，将硬度计下端的钢球按在砂型表面，刻度盘上指针所指数字即为砂型（芯）表面硬度。

一般砂型紧实后的硬度为60～80硬度单位，紧实度高的砂型表面硬度为

85～90硬度单位，砂芯的硬度为70～80硬度单位。

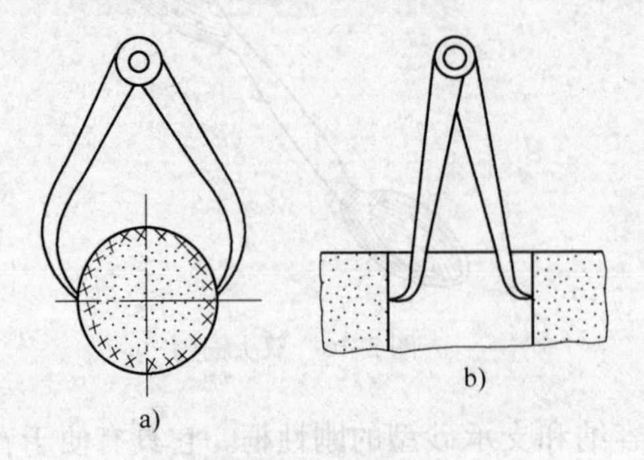

图2-19 卡钳

a）外卡钳 b）内卡钳

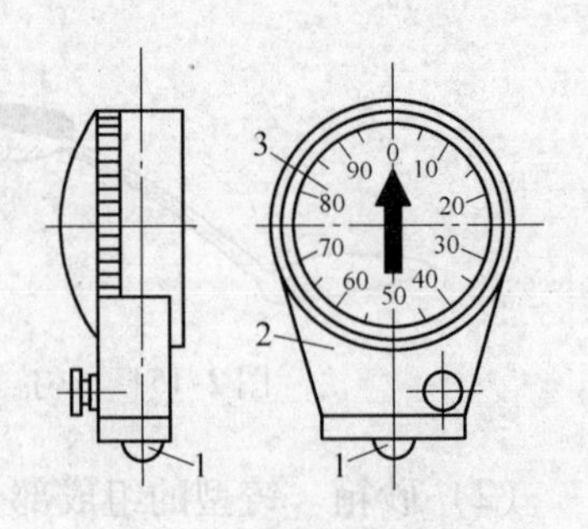

图2-20 砂型表面硬度计

1—钢球 2—外壳 3—刻度盘

三、砂型铸造的基本操作

1. 手工造型的操作顺序

造型是获得铸件外部轮廓的工艺过程。由于铸件形状千差万别，因而所选择的造型方法也有所不同，但操作方法类似。下面举例说明手工造型的操作顺序。

（1）安放模样和砂箱　按铸造工艺方案将模样安放在造型平板的适当位置（见图2-21），然后安放下砂箱，使模样与砂箱内壁之间留有合适的吃砂量。若模样容易粘附型砂，则可撒（或涂）上一层防粘模材料（如硅石粉等），如图2-22所示。

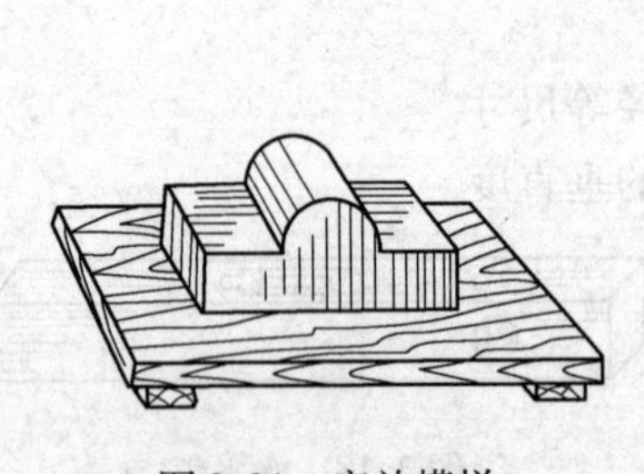

图2-21 安放模样

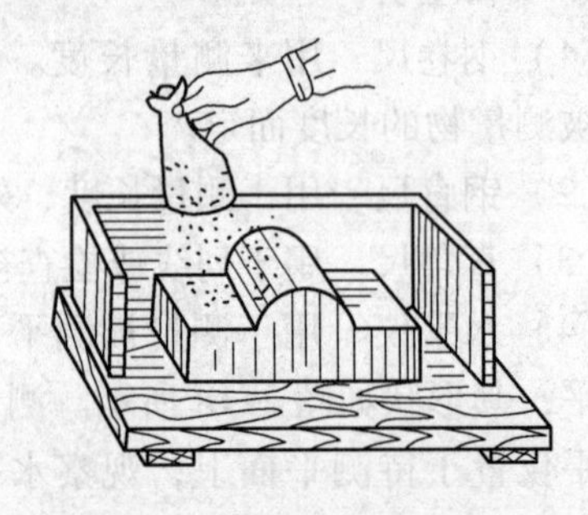

图2-22 撒防粘模材料（一）

（2）填砂和舂砂　在模样的表面筛上或铲上一层面砂，将模样盖住（见图2-23），再在面砂上铲入一层背砂，用砂舂扁头将分批填入的型砂逐层舂实，如图2-24所示。填入最后一层背砂，用砂舂平头舂实，如图2-25所示。

（3）修整和翻型　用刮板刮去多余的背砂，使砂型表面和砂箱边缘平齐，如图2-26所示。在砂型上用通气针扎出通气孔，如图2-27所示。翻转下砂型，如图2-28所示。

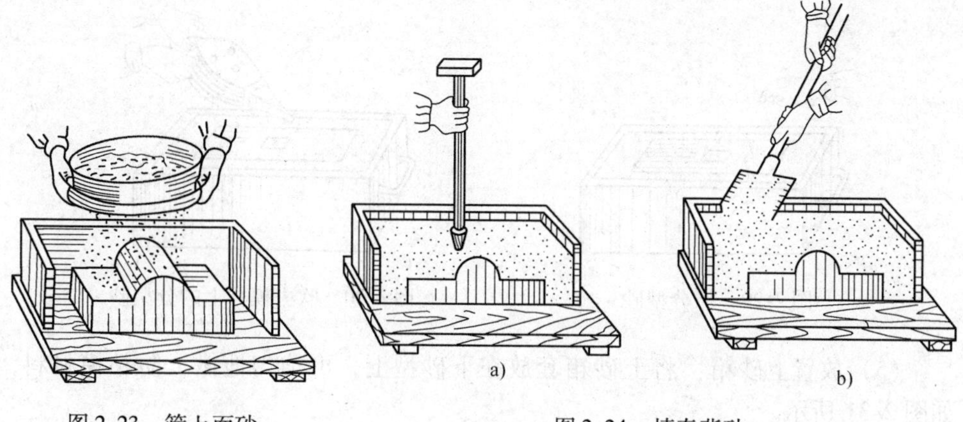

图 2-23　筛上面砂

图 2-24　填舂背砂
a）用砂舂扁头舂砂　b）铲填背砂

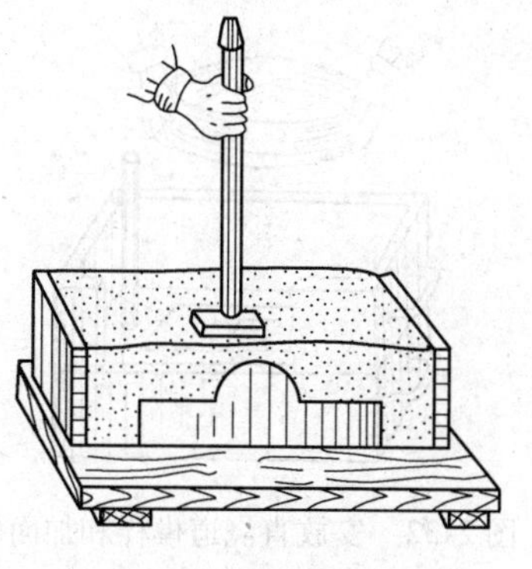

图 2-25　用砂舂平头舂砂

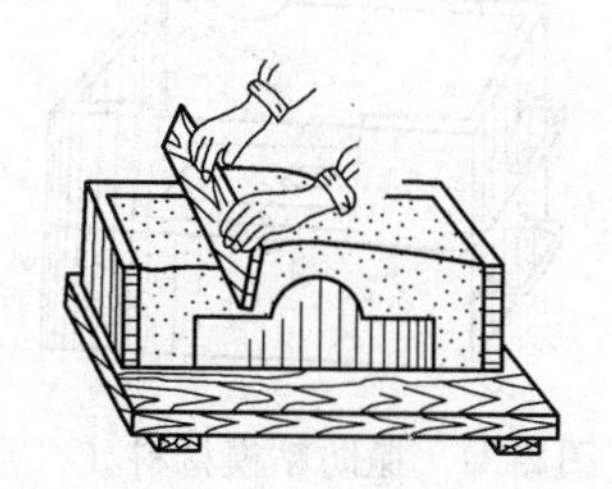

图 2-26　刮去多余的型砂

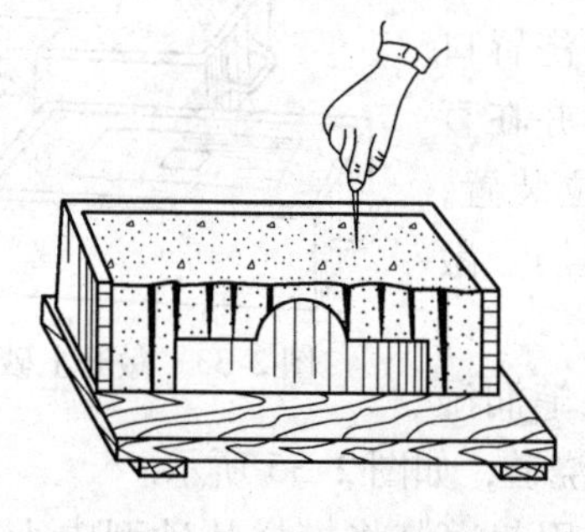

图 2-27　扎出通气孔

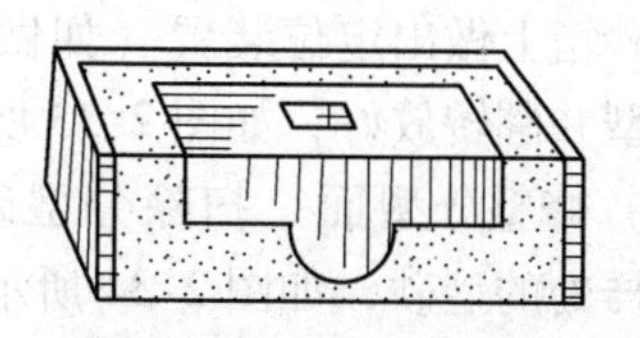

图 2-28　翻转下砂型

（4）修整分型面　用镘刀将模样四周砂型表面修平，撒上一层分型砂，如图 2-29 所示。用手风箱吹去模样上的分型砂，如图 2-30 所示。

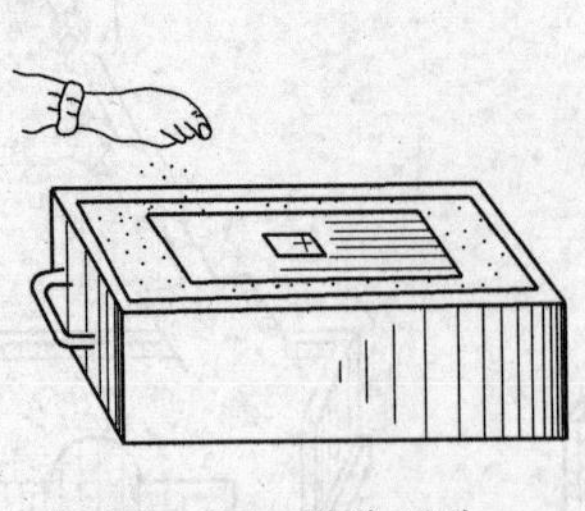

图2-29　撒分型砂

图2-30　吹去模样上的分型砂

（5）放置上砂箱　将上砂箱套放在下砂型上，再均匀地撒上防粘模材料，如图2-31所示。

（6）填砂和舂实　安放直浇道模样，加入面砂，如图2-32所示。放上冒口，铲入背砂，用砂舂扁头逐层舂实，最后用砂舂平头舂实型砂。

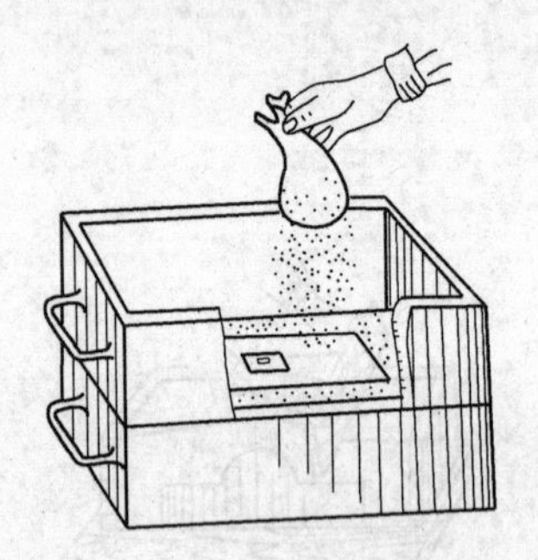

图2-31　撒防粘模材料（二）

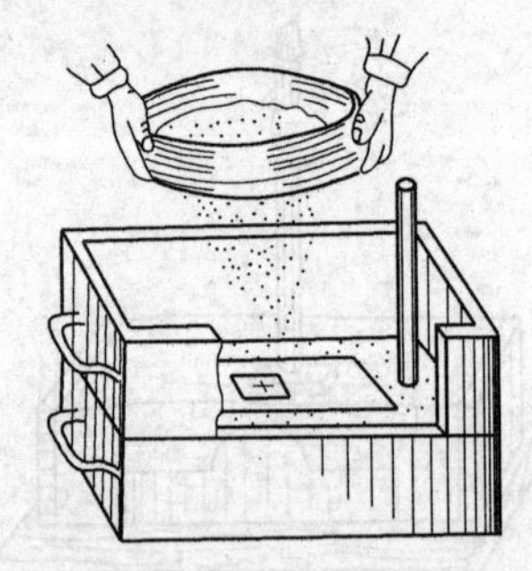

图2-32　安放直浇道模样和加面砂

（7）修型和开型　用刮板刮去多余的背砂，使砂型表面和砂箱边缘平齐，用镘刀修平浇冒口处的型砂，扎出通气孔，取出直浇道模样并在直浇道上开挖漏斗型浇口盆。若砂箱无定位装置，则需在砂箱上做出定位装置（如做上泥粉号）。敞开上砂型并翻转放好，如图2-33所示。

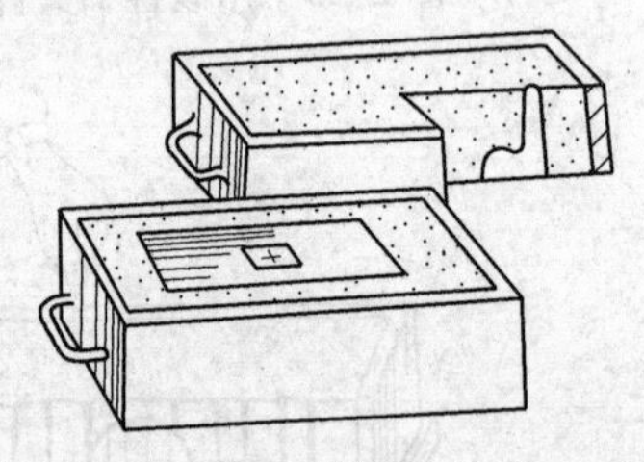

图2-33　敞开上砂型

（8）修整分型面　扫除分型砂，用水笔润湿靠近模样处的型砂，如图2-34所示。开挖浇道，如图2-35所示。

（9）起模　将模样向四周松动，然后用起模钉将模样从砂型中小心起出，如图2-36所示。将损坏的砂型修补好，如图2-37所示。

（10）合型　将修整后的上砂型按照定位装置对准放在下砂型上，放置压铁，抹好箱缝，准备浇注，如图2-38所示。浇注冷却后从砂型中取出带浇注系统的铸件，如图2-39所示。

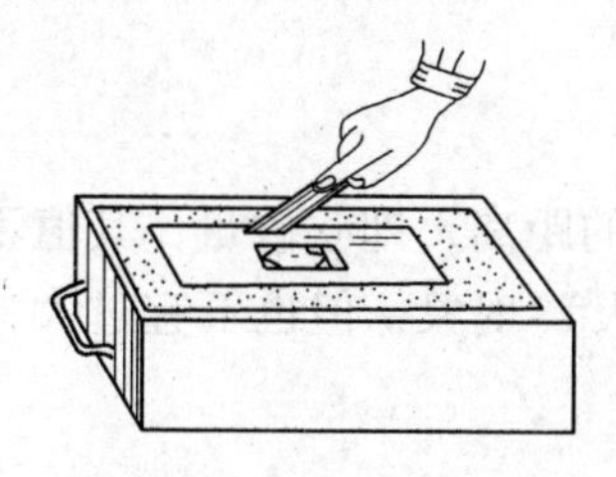

图 2-34 刷水

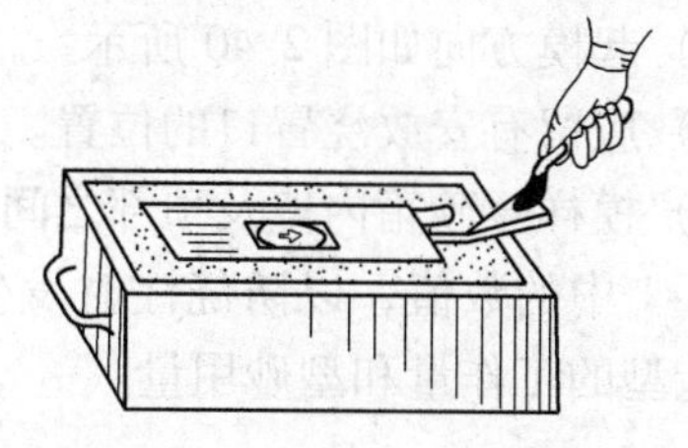

图 2-35 开挖浇道

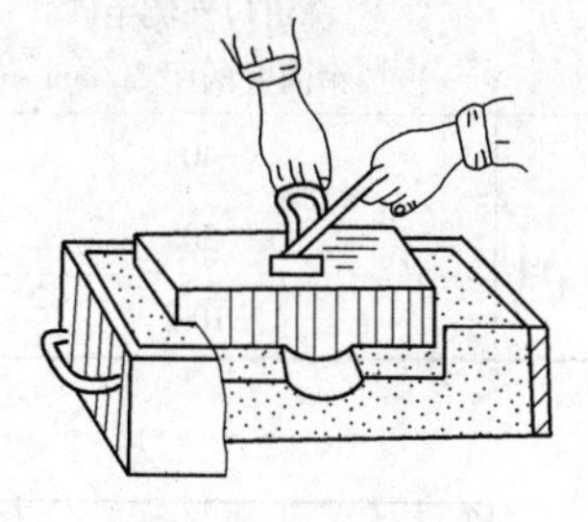

图 2-36 起模

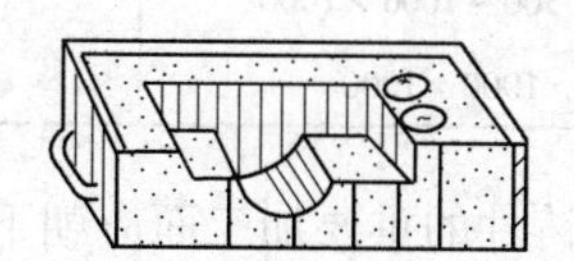

图 2-37 将损坏的砂型修补好

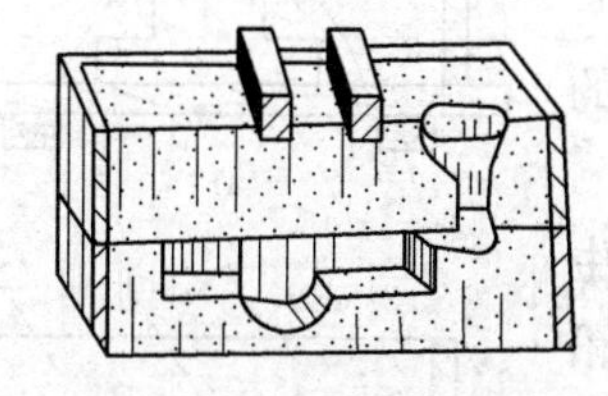

图 2-38 合型后的砂型

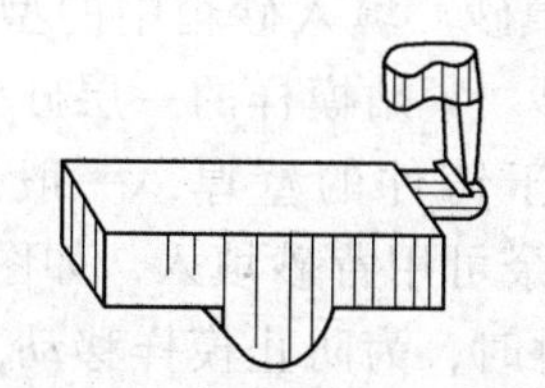

图 2-39 带浇注系统的铸件

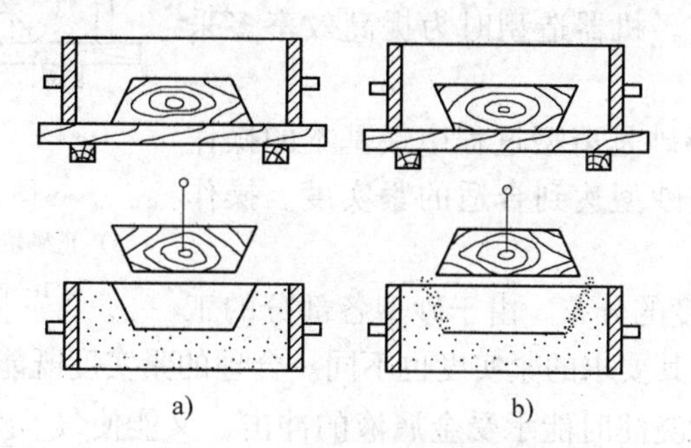

图 2-40 安放模样时应注意起模方向

a）模样大端朝向平板，起模后型腔完好

b）模样放错，起模后型腔损坏

2. 手工造型操作技术

在铸造生产中，手工造型的方法较多，但造型时都具有某些共同的工艺过程和操作要求。下面对造型各主要工序的操作要领进行介绍。

（1）安放模样 在安放模样时应注意以下几点：

1）起模方向如图2-40所示。

2）应留有安放浇冒口的位置。

3）模样至砂箱内壁及顶部之间需留有一定的距离，即吃砂量，其值不应小于表2-1中的数值，以防浇注时发生抬型（跑火）现象，但也不宜过大，以免增加造型的工作量和型砂用量。

表2-1　模样和浇道与箱边间的距离

砂箱尺寸$\left(\frac{长}{mm}\times\frac{宽}{mm}\right)$	模样外侧至砂箱内壁的距离/mm	浇道口外侧至砂箱内壁的距离/mm
<500×500	30	40
500×500~1000×1000	50	50
>1000×1000	100	100

4）铸件的重要加工面应朝下或侧立，防止其产生气孔、夹渣等缺陷。

（2）填砂　填入砂箱中的型砂通常有两种：面砂和背砂。紧贴模样的一层砂是面砂，面砂的厚度取决于铸件的壁厚，一般舂实后为20~60mm，其余可用背砂填入，如图2-41所示。生产小型铸件时，为防止模样移动，第一次往砂箱中填砂时，应先用手按着模样，并随即用手将模样周围的型砂紧实。机器造型时为提高效率多采用单一砂。

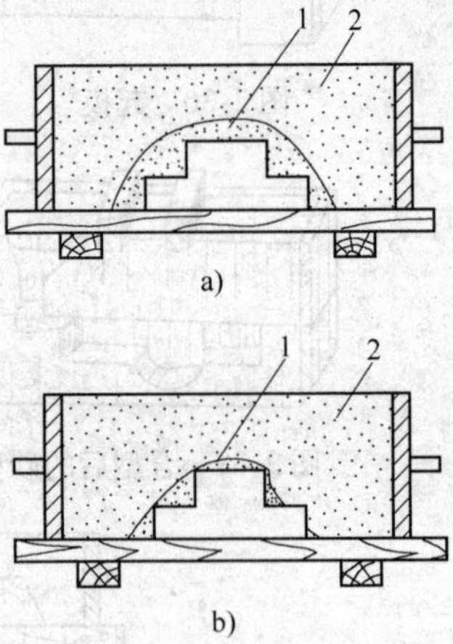

图2-41　填砂

a）正确填砂　b）不正确填砂

1—面砂　2—背砂

（3）舂砂　舂砂是造型过程中最基本的操作之一。其目的是使砂型达到合适的紧实度。操作时应注意：

1）砂型紧实度的分布。由于砂型各部分的工作条件不同，因此其要求的紧实度也不同。合理的紧实度既能使砂型在翻转、搬运时不被损坏，在浇注时能承受金属液的冲击，又能使气体排出，防止铸件产生气孔。其具体分布如下：

① 箱壁和箱带处的型砂要比模样周围紧一些，这不仅使砂型的气体容易逸出，而且可防止在翻转、吊运时塌箱。

② 砂型下部的型砂要比上部的型砂逐渐舂得结实一些。这是因为越是往下，金属液对砂型的压力越大，若砂型紧实度太低，铸件则会产生胀砂现象，如图2-42所示。

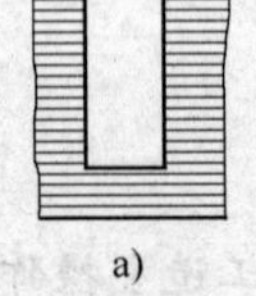

图2-42　胀砂

a）砂型硬度分布

b）铸件胀砂情况

③ 下砂型应比上砂型舂得紧实一些，以防止铸件产生气孔。这是因为上砂型受到金属液的压力小，而经过它逸出的气体却较多。

2）舂砂方法。舂砂时为了防止模样移动和浇道模样歪斜，应先用砂舂扁头在模样和浇道模样四周舂几下，把它们固定住，如图 2-43 所示。舂砂时应先从砂箱边上开始，顺序地靠近模样，如图 2-44 所示。这样既可避免某些地方漏舂，又能防止局部舂得太硬。舂砂时应先用砂舂扁头舂实，以便各层型砂之间结合得更好，最后一层用砂舂平头舂实。

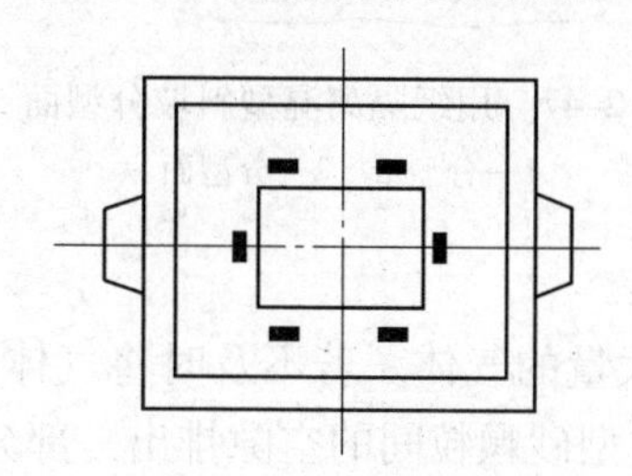

图 2-43　舂砂前固定模样的位置

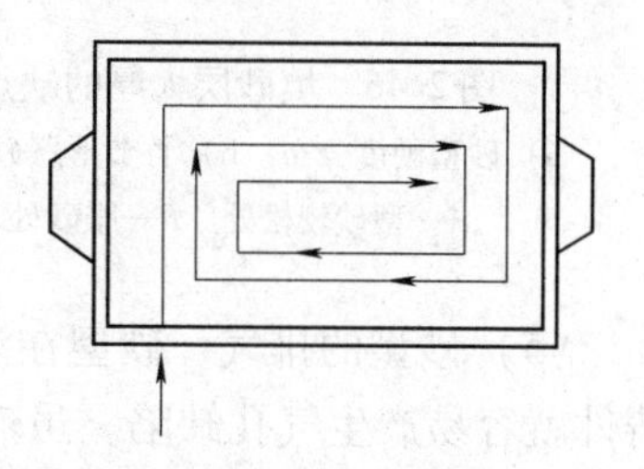

图 2-44　舂砂路线

舂砂时，舂头应和模样保持 20～40mm 的距离，不可太靠近模样，否则会舂坏模样，还会把此处的砂舂得太硬，使砂子粘牢在模样上，起模时被模样带走，或在金属液的作用下分离，使铸件表面产生结疤等缺陷，如图 2-45 所示。

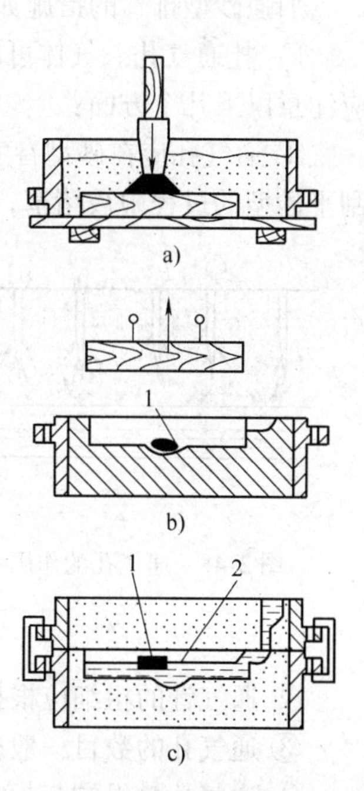

图 2-45　舂砂带来的缺陷

a）局部舂得太硬

b）起模时砂块被带走

c）形成结疤

1—砂块　2—结疤

模样凹陷处或不易舂实的部位，在舂砂前应先用手塞紧或舂实，但不宜太硬，否则起模时易将此处的型砂带出。

手工舂砂时填砂层的厚度每层约为 100mm，用风动捣固器舂砂时填砂层的厚度约为 200mm。厚砂层下面的型砂不易舂实，浇出的铸件会形成竹节状胀砂，如图 2-46 所示。

（4）撒分型砂　上砂型的舂砂操作是将上砂型放在下砂型上进行的，为了使上、下砂型不致粘连，在分型面上应均匀地撒上一层薄薄的隔离材料。常用的隔离材料多是细粒无粘土的干砂，称为分型砂。分型砂只能撒在砂型面上，落在模样上的分型砂要用掸笔或手风箱清除掉，特别是模样凹角或者是圆拱形模样的底面上不能存留分型砂，不然将影响铸件的表面质量。当分型面有较大的倾斜度，撒上的砂粒不能留住时，对于需烘干的砂型，可先在分型面上喷刷一些水，再撒细干砂，对于湿型砂，可在分型面上铺一张纸进行隔离，如图2-47所示。

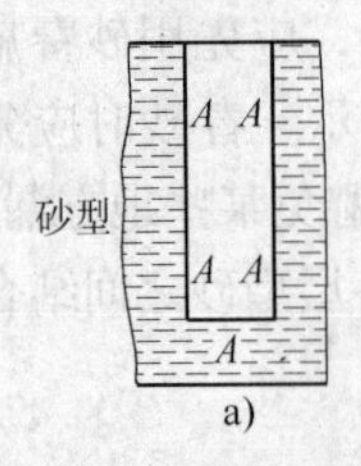

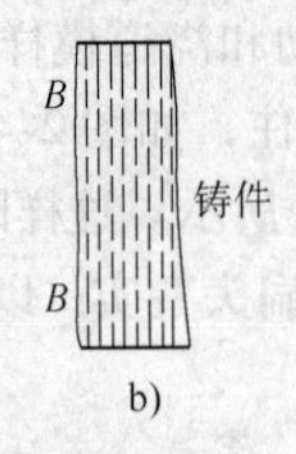

图2-46　填砂层太厚的缺点

a）砂型硬度分布　b）竹节形胀砂铸件

A—型砂较松处　B—胀砂处

图2-47　用纸隔离湿型斜坡分型面

1—分型纸　2—分型面

（5）砂型的排气　砂型在浇注时会产生大量的气体。若不及时将气体排出，铸件就容易产生气孔缺陷。虽然气体可以通过型砂颗粒间的空隙排出一部分，但是排出不完全，必须采取措施尽快把型腔中的气体排出。

加强砂型排气的措施如下：

1）扎通气孔。气体可以通过通气孔排出型外，如图2-48所示。扎通气孔时应注意以下几个方面：

① 通气孔应在砂型舂实刮平后再用通气针扎出，否则扎出的通气孔又会在刮平砂型的过程中被堵塞，如图2-49所示。

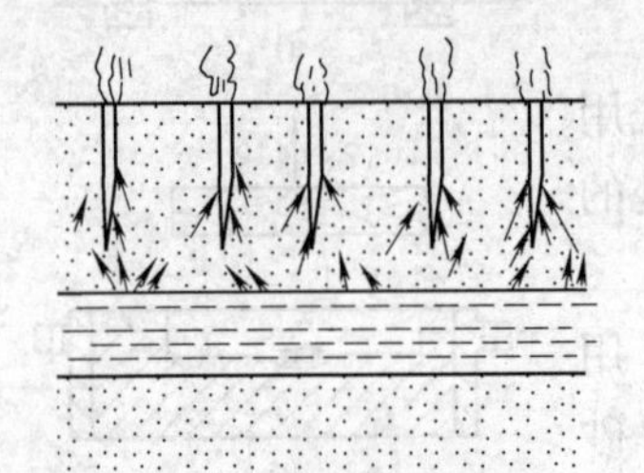

图2-48　通气孔的作用

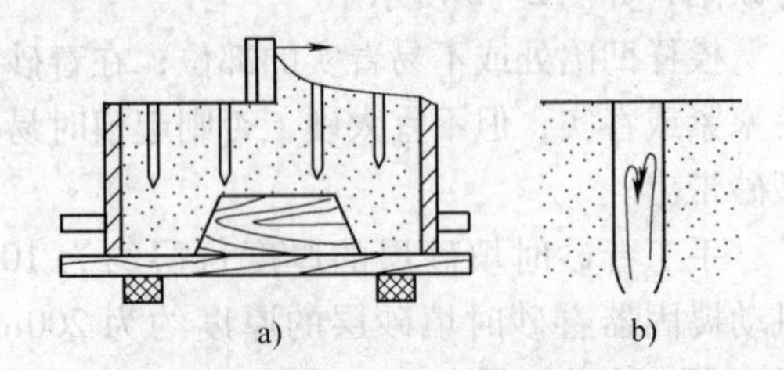

图2-49　砂型的通气孔被型砂堵死

a）扎通气孔后再刮平　b）通气孔被型砂堵死

② 通气针的粗细应根据砂型大小来选择，一般为$\phi2\sim\phi8$mm。

③ 通气孔的数目一般应保持在每平方分米内有4～5个。

④ 通气孔最里端与模样之间应有2～10mm的距离。若通气孔太深，则浇注时金属液会进入通气孔，使其失去作用；若通气孔太浅，则通气孔的作用会大大减弱，不能将气体及时排出。

2）安放出气冒口　浇注时，型腔上部会聚积很多气体，造成较大的反压力，阻碍金属液充满型腔，尤其是一些细薄部位，极易产生浇不到现象，如图

2-50a 所示。如果设置出气冒口，则可消除上述现象，如图 2-50b 所示。出气冒口一般位于铸件最高处，特别是细薄部位，如图 2-51 所示。

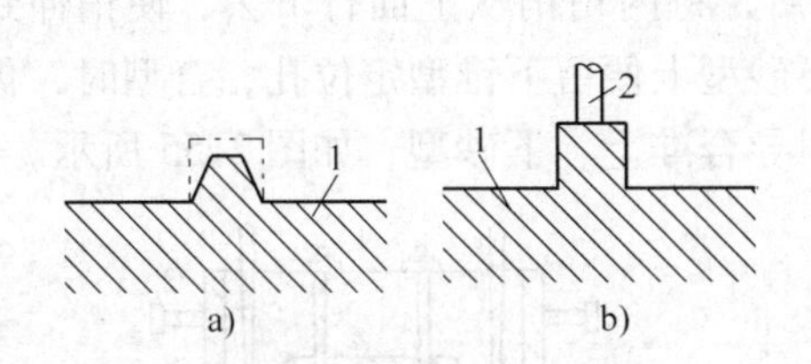

图 2-50　出气冒口的作用

a）无出气冒口　b）有出气冒口

1—铸件　2—出气冒口

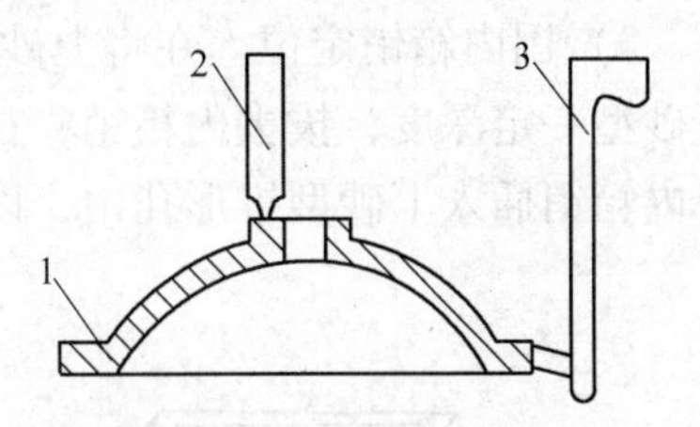

图 2-51　出气冒口的位置

1—铸件　2—出气冒口　3—浇道

3）将砂型安放在疏松的砂地上，以便排气。较大的砂型，最好在砂地表面开出通气沟槽。

（6）定位　起模后合型时，上砂型必须准确地合到下砂型上原来的位置，否则会产生错型现象，如图 2-52 所示。因此，砂型定位非常重要。

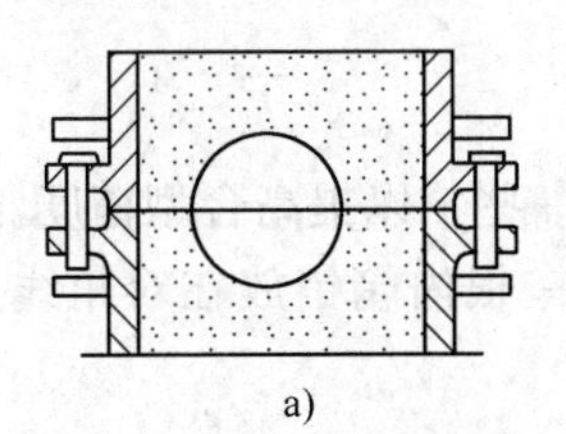

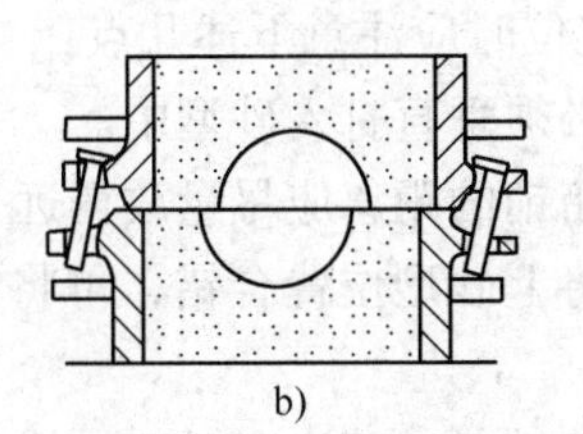

图 2-52　砂型的定位

a）定位正确　b）砂型错位

下面介绍几种常用的定位方法：

1）定位销定位。在舂制上砂型前，上砂型是通过定位销和砂箱上的定位销孔进行定位的，合型时也按此方法定位，如图 2-53 所示。

2）泥号定位。砂箱无定位销孔装置时，可用泥号方法定位，如图 2-54 所示。泥号要在上砂型舂实后开型前做好。泥号应做在分型面上，以及下砂箱外壁的前、左、右三个侧面。具体做法是：先在应做泥号的砂箱位置涂刷泥浆

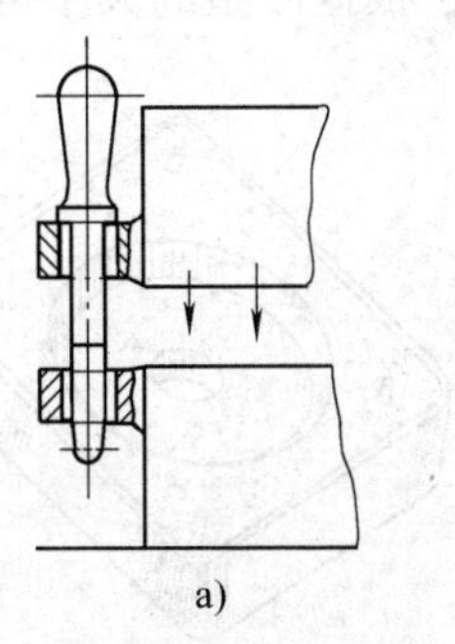

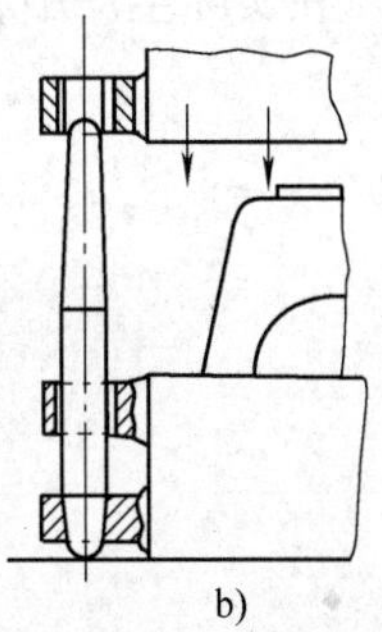

图 2-53　用定位销定位

a）低型砂箱的插销法　b）高型砂箱的套销法

水，再敷上细型砂，然后用镘刀在型砂上划出细而直的线条即可。湿砂型还可做粉号定位。

3）用内箱销定位。在将上砂型舂实后，将内箱销从上面打下去，使销伸到下砂型一定深度，拔去内箱销，在上、下砂型上便留下锥型定位孔，合型时，再将内箱销插入上砂型锥形孔中，以此来引导合准上、下砂型，如图2-55所示。

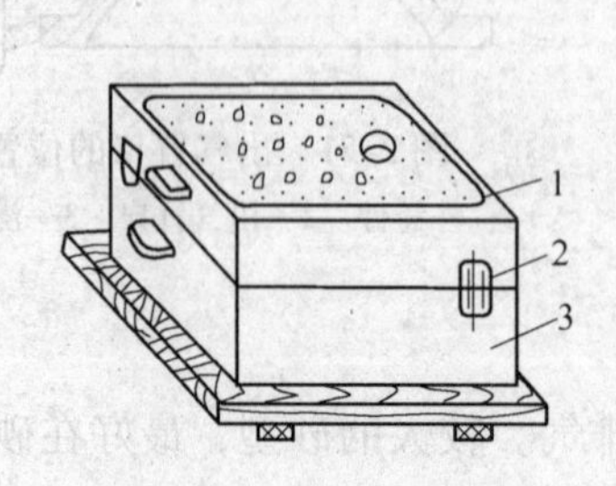

图2-54　用泥号定位

1—上砂型　2—合型线　3—下砂型

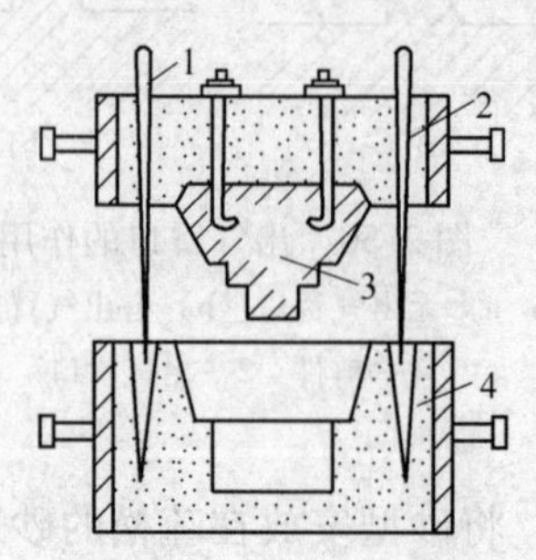

图2-55　用内箱销定位

1—内箱销　2—上砂型

3—悬吊砂芯　4—下砂型

用内箱销定位时应注意下述几点：

① 内箱销必须垂直打入砂型中。

② 两根内箱销的距离应尽量放得远一些，以提高合型精度。

③ 为防止将上砂型位置合错，可将一根内箱销放在对角线上，另一根则偏离对角线。

④ 打入内箱销时，要注意避开模样。

4）用内箱锥定位。其方法是在分型面适当位置放置内箱锥，如图2-56a所示。先将铁制内箱锥中空部分填入型砂并紧实，再用长的铁钉将内箱锥固定在分型面上（见图2-56b），然后放置上砂型舂制，合型时内箱锥就起到定位销的作用。在实际生产中，根据砂型的大小可设置2~4个内箱锥。

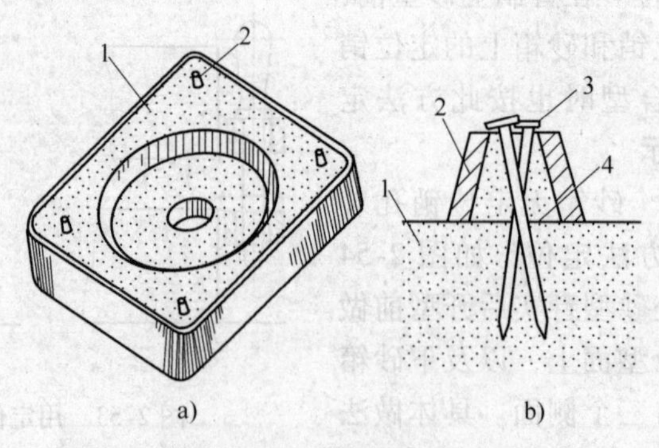

图2-56　用内箱锥定位

1—下砂型　2—内箱锥　3—铁钉　4—型砂

（7）开型　取出模样，移去上型的过程称为开型。开型方法必须正确，否则会将砂型损坏。开型时应注意以下几点：

1）开型前用撬棒在上、下砂型搭手间略微撬动，使上、下砂型和模样间产生微小间隙，这样开型时砂型就不易损坏。

2）开型时，上型必须垂直提起，当较大的砂型用起重机开型时，要把起重吊钩调整到上砂型重心的地方，并把几根起重链条的松紧程度调到一样，然后再起吊。

3）若上砂型的吊砂不高又有一定斜度，则可用图 2-57 所示的转动开型方法：以上砂型的一个箱边为轴线，将上砂型绕轴线转动而开起，这样可防止因开型时摇摆不稳而将吊砂碰伤。

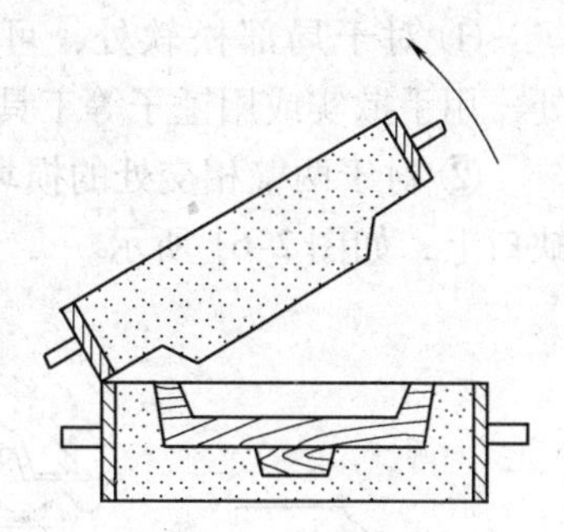

图 2-57　转动开型法

（8）起模　使模样与砂型分离的操作过程称为起模。为了将模样顺利地从砂型中起出，必须先做好以下准备工作。

1）刷水。用掸笔润湿模样周边的型砂，增加其粘结力，防止起模时损坏型腔的边缘；但不能刷太多的水，否则浇注时将产生过多的气体。

2）敲模。敲模能使模样与型腔之间产生间隙，便于起模。其方法是：将起模针垂直扎在模样重心位置上，然后用锤子沿四周敲起模针下部，使模样与型腔之间产生均匀的间隙，以便于顺利起模，如图 2-58 所示；但不能松动得太厉害，否则会增大型腔尺寸，严重时还会损坏型腔，如图 2-59 所示。

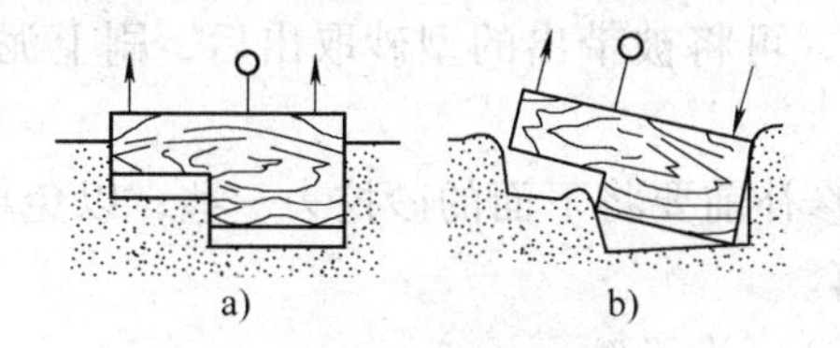

图 2-58　起模针要扎在模样重心上
a）正确　b）错误

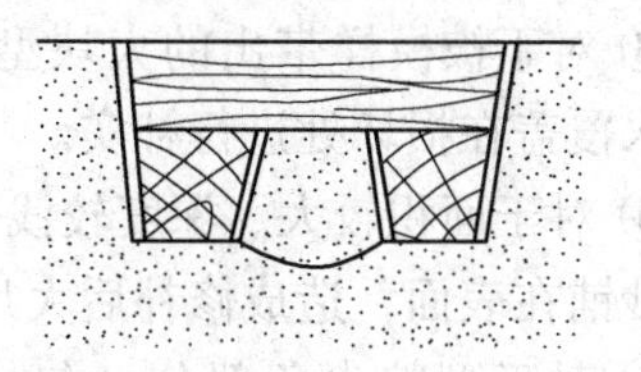

图 2-59　松动过度使型腔损坏

3）插钉。为了防止起模时将模样四周的型砂带走，可在模样四周的砂型上插钉加固。

起模操作要小心细致，避免破坏砂型。起模时先用锤子敲起模针，使粘在模样上的型砂脱落，然后慢慢地将起模针垂直向上提起，同时，用木锤轻轻敲打模样，待模样即将全部起出时，要快速起出，不能偏斜和摇动。对于起模较困难的模样，可在模样四周放压板起模，如图 2-60 所示。起出的模样应擦净，防止损坏。

(9) 修型　当模样形状复杂、质量较差，或者舂砂、起模操作不当时，砂型易被损坏，此时要使用各种修型工具，用面砂仔细修补。修补的地方要牢固、准确、光滑、平整。下面介绍修型方法及其注意事项。

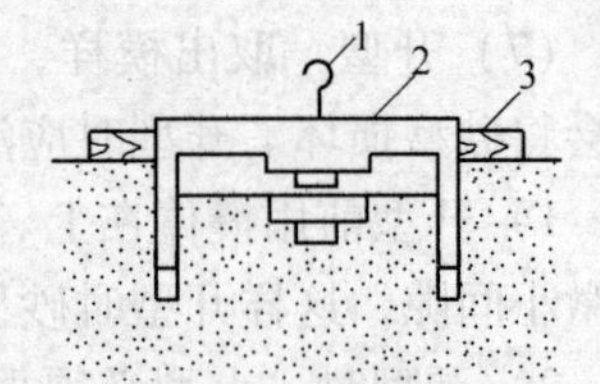

图2-60　用压板防止型砂被带走
1—起模针　2—模样　3—压板

1）修型方法

① 对于局部松软处，可用镘刀划松要修整处，用手揿实或用锤子等工具再次舂实。

② 对于两壁相交处的损坏部位，可用镘刀粘上砂子，沿一定方向将砂抹到缺口上，如图2-61所示。

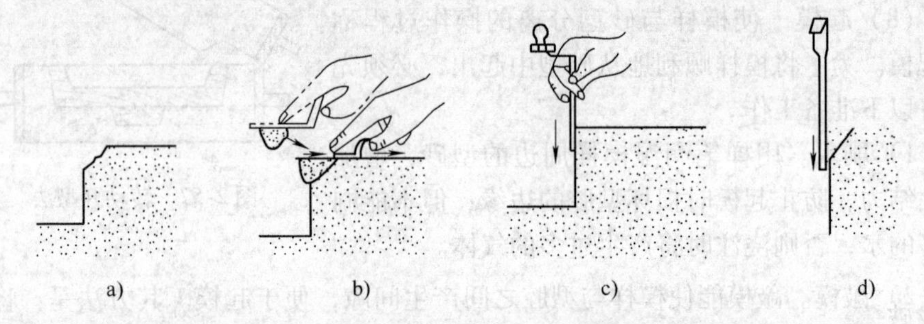

图2-61　型腔两壁相交处的修补
a）将砂型缺口处用镘刀划松　b）用镘刀将型砂补好
c）镘刀向下运动，抹平铅垂壁上的型砂　d）用砂钩挑型砂修补立面

③ 对于被模样带出的大块型砂处，可将被带出的型砂取出后，刷上泥浆，使其水覆盖在损坏处进行补实。

④ 对于面积较大、深度较浅处，修补前要将下面的砂挖去一些，以免单纯地把砂铺在表面，造成修补后大片脱落。

⑤ 对于型腔尖角部分（包括浇道），为了防止型腔内的尖角砂被金属液冲坏，要用镘刀（或双头铜勺）将其修成圆角。

⑥ 对于砂型损坏较大的部位，可借助直尺、挡板等，用镘刀进行修补，如图2-62所示。

⑦ 对于深窄槽底面、立壁，可用砂钩进行修补，如图2-63所示。

⑧ 对于分型面，为了避免模样靠近分型面处周围的型砂在起模时被带走，合型时将此处砂型

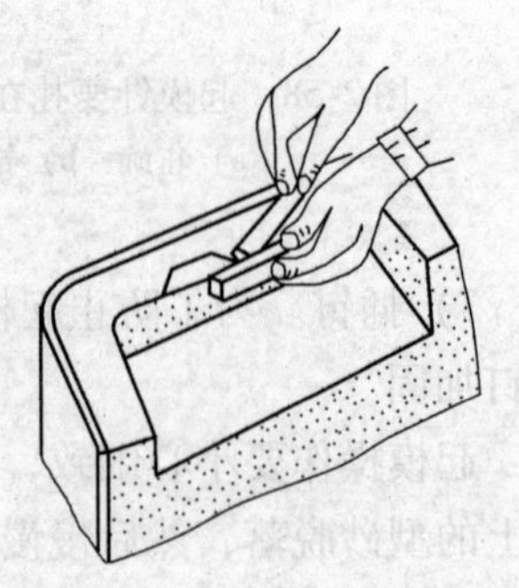
图2-62　借助挡板用镘刀修补

压坏，起模前需将此处砂型稍微压低形成一条披缝，如图 2-64 所示。干砂型所留的披缝宽度一般为 1 ~2mm，湿砂型可不留披缝。

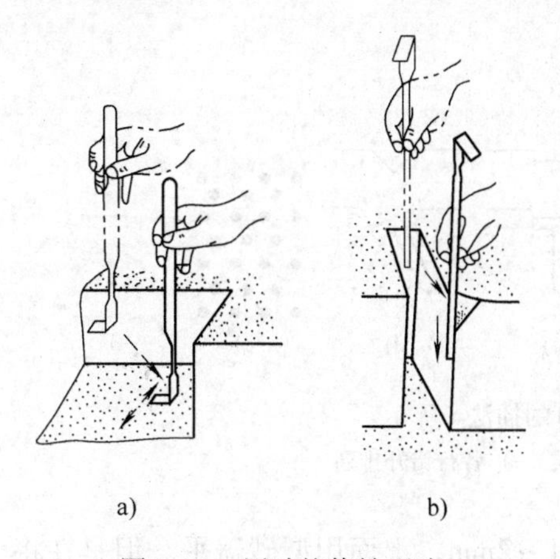

图 2-63　用砂钩修补型腔

a）修补型腔底平面　b）修补较窄深的立壁

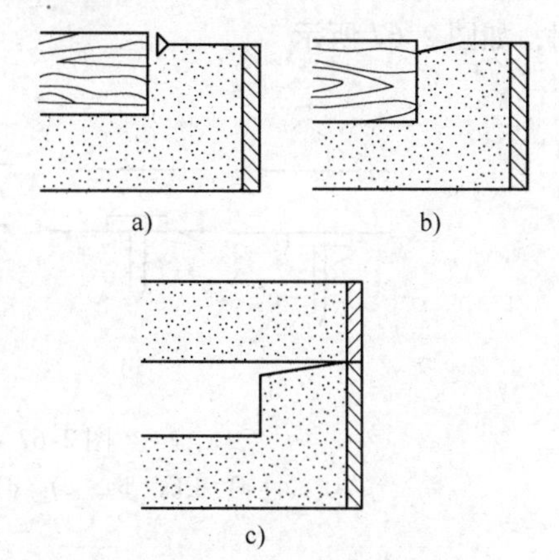

图 2-64　在下砂型分型面处修出披缝

a）起模时砂型四周损坏　b）将模样四周压低　c）合型后的披缝

2）修型过程中应注意的问题

① 修补工作应自上而下地进行，避免下面修好后，又被上面落下的散砂弄脏或破坏。

② 砂型上需修补的地方可先用水润湿一下，但水不宜太多，否则浇注时会产生大量的气体，将修补上去的型砂冲坏，造成夹砂等缺陷，如图 2-65 所示。

③ 修补平面时，不能用镘刀在型腔表面来回多次修平，以免使型腔表层与里层分离，浇注时使铸件产生夹砂、起皮等缺陷。

④ 补上去的砂应比砂型表面高一些，以使其在压实和修平后能和砂型表面平齐。

（10）插钉　型腔中一些薄弱部位，如转角凸台、浇冒口附近、大平面及损坏的修补处，特别是大型厚壁铸件，为了防止浇注时被金属液冲坏，常用铁钉来增加此处的强度，如图 2-66 所示。

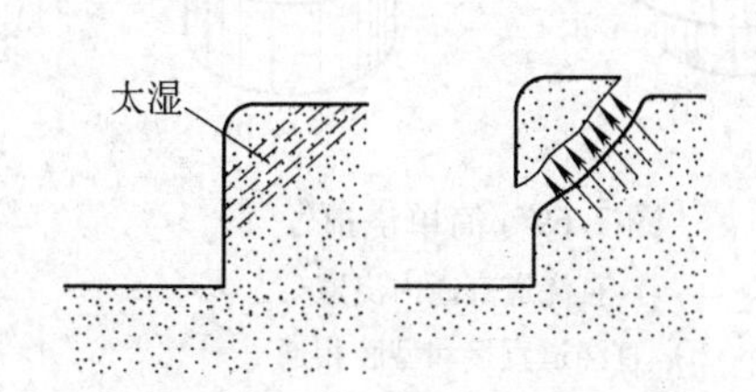

图 2-65　修型时刷水太多的缺点

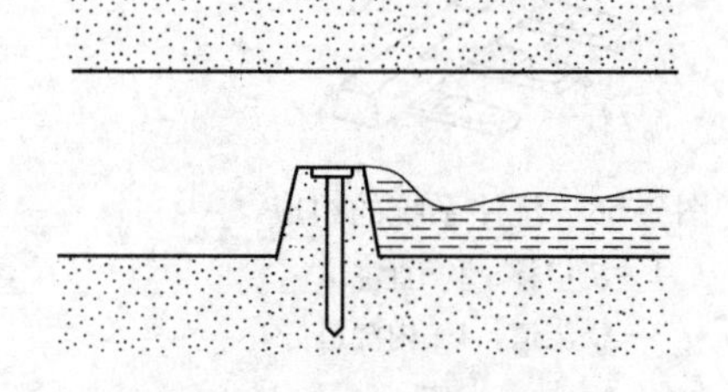

图 2-66　铁钉增加型腔中凸台的强度

1）插钉的形式。插钉的形式分为明钉和暗钉两种。

① 明钉。明钉必须使用新钉，插入后应与砂型表面齐平，并应分行错开排列，如图2-67所示。

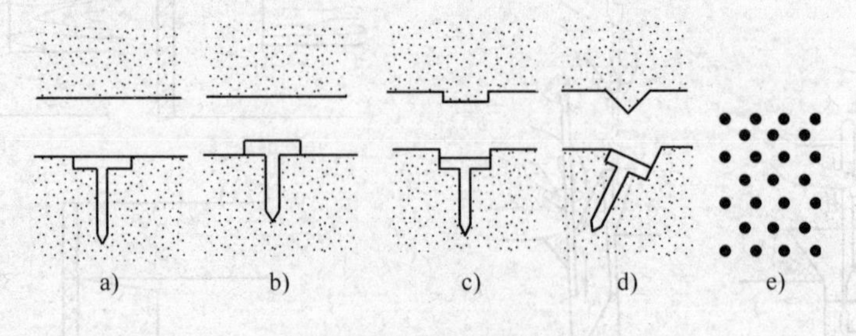

图2-67　明钉的插法

a）正确　b）、c）、d）错误　e）各行错开排列

② 暗钉。暗钉插入后要比砂型表面低1～2mm，上面用型砂盖平。但是在将暗钉插入前应将钉头敲扁，以便于使盖上的型砂能与钉头咬牢。

2）插暗钉时的注意事项

① 暗钉长度为50～200mm，钉与钉之间的距离为25～100mm。

② 使用前要把暗钉用水润湿一下，以增强其与砂型的粘结力。

（11）开设浇注系统　浇注系统是为了填充型腔和冒口而开设于铸型中的一系列通道，通常由浇口杯、直浇道、横浇道和内浇道组成，如图2-68所示。浇注系统开设得不当，将会对铸件质量造成很大的影响。

有些简单的小型铸件可不用横浇道，由直浇道直通内浇道；有时甚至内浇道也不用，由直浇道直通型腔，如图2-69所示。

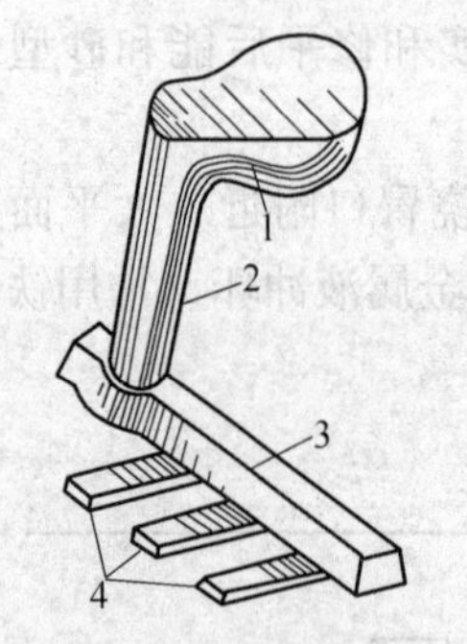

图2-68　浇注系统的组成

1—浇口杯　2—直浇道

3—横浇道　4—内浇道

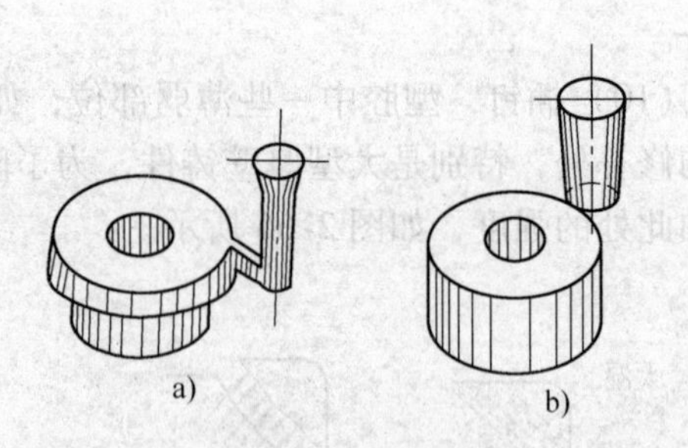

图2-69　简单浇道

a）直浇道直通内浇道

b）直浇道直接和型腔相通

开设浇注系统时应注意以下几个问题：

1）浇道表面要光滑，防止金属液将砂粒冲下带入型腔中。

2）不能将内浇道开设在正对着砂芯的部位和型腔内的薄弱部位，以防止浇注时金属液冲坏砂芯和砂型。

3）内浇道不能开设在横浇道的尽头、上面和直浇道的下面，以将金属液中的杂质存留在横浇道中，如图2-70所示。

4）内浇道的数目根据铸件大小、壁厚而定。简单的小型铸件可开一道，大的薄壁铸件要多开几道。

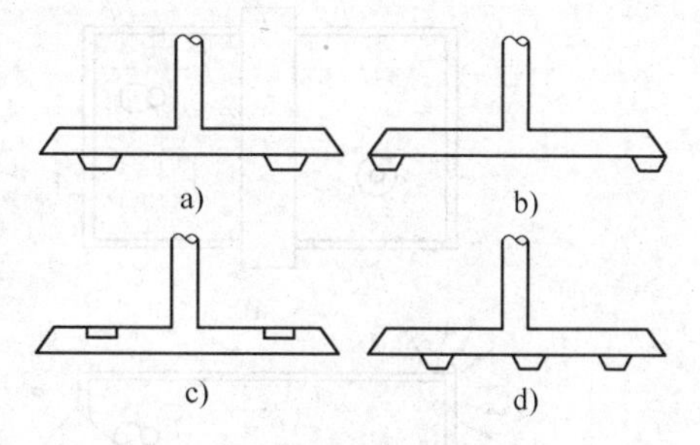

图2-70 内浇道的开设

a）内浇道开设正确

b）、c）、d）内浇道开设错误

（12）上敷料和涂料　制好的砂型如果是湿型，则需要用粉袋在型腔内撒一层石墨粉等敷料；如果是干型，则需要在型腔表面刷上一层液体涂料，以防止铸件粘砂。

刷涂料时应注意以下几点：

1）涂料是一种悬浊液，很容易产生沉淀，因此使用前要搅拌均匀。

2）为了使铸型表面光洁，需要刷多次涂料，刷完后要用镘刀修光，最后一层用较稀的涂料刷均匀即可。

3）除型腔表面外，在分型面和型腔交接处，浇注系统及芯头和芯座处也应涂刷适当的涂料层。

（13）合型　合型是一项非常细致的操作工序，对铸件质量有很大的影响，如果操作不当，铸件就会产生错型、偏芯、气孔、砂眼等缺陷。

下面介绍合型操作的注意事项：

1）仔细检查砂型各个部位是否有损坏的地方。型腔中散落的砂子、灰尘可用手风箱或压缩空气吹去，也可用吸尘器吸出。

2）检查砂芯尺寸和安放位置是否正确，型腔各部分的壁厚是否合乎要求。

3）必要时，合型后再将上砂型吊起来，检查在合型时有无压坏的地方。

4）干砂型合型时，需要在分型面上铺上一圈石棉绳或泥条，以增加砂型的密封性。

5）合型后用粘土泥条或型砂抹塞砂箱箱缝，以防浇注时金属液从分型面处射出，造成跑火。

6）合型后，要将浇口杯和冒口盖住，以防灰尘、砂粒或杂物进入型腔。

（14）紧固　为了防止浇注时上砂型被金属液的浮力抬起，浇注前需要做好砂型的紧固工作。紧固时要注意以下几点：

1）压铁要对称放置，如图2-71所示。

2）压铁不得妨碍浇注工作及砂型排气。

3）压铁应放在箱带或箱边上，防止压坏砂型，如图2-72所示。

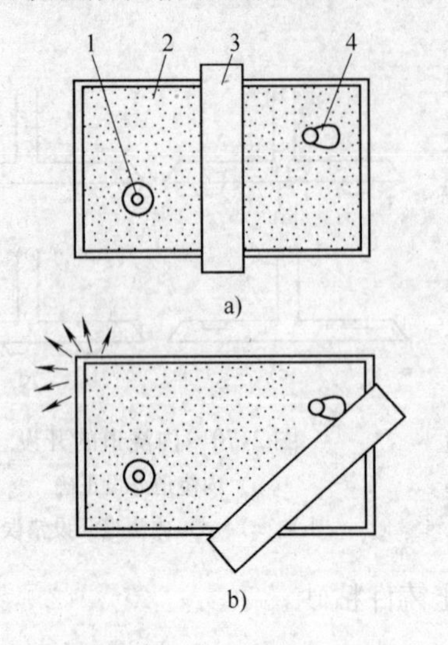

图2-71　砂型压铁的位置

a）砂型压铁放置正确　b）砂型压铁放置错误

1—冒口　2—上砂型　3—压铁　4—浇口杯

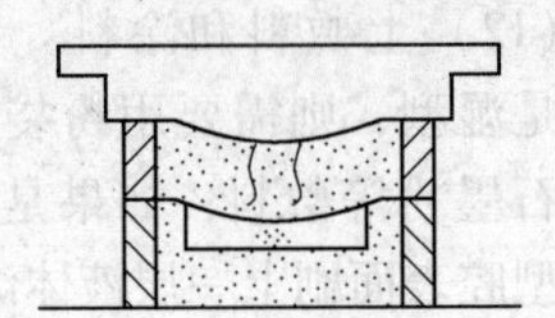

图2-72　上砂型被弯曲的压铁压坏

4）用卡子或螺栓紧固时，应两面同时紧固，避免上砂型翘起形成间隙而导致跑火。

5）浇注后，压铁等紧固工具不能去除得太早，以免金属液还未凝固，将上砂型顶起而导致跑火。

3. 手工造型工作场地的布置

手工造型工作场地分为固定和不固定两种。造型始终在一个地方进行，浇注在别处进行的称为固定造型工作场地；造好的砂型在原地浇注，而造型工要不断移动造型位置的称为不固定造型工作场地。

准备固定造型工作场地时应注意以下两点：

1）照明光线应来自左上方，这样可以较容易看清型腔底部，以减轻造型工眼睛疲劳。

2）底板或模板应放在正前方，空砂箱放在左侧，造型工具放在右侧，这样造型时能顺利取到所需要的东西。修型时，所用的修型工具应全部拿在左手备用，不能随便乱放。

第二节 金属材料及热处理

在工业生产中，金属材料由于其所具有的物理、化学、力学性能及工艺特性，得到了广泛的应用。尤其是合金，由于其比纯金属具有更好的力学性能和工艺性能，成本一般又较低，因此应用得更为广泛。纯金属只有在为了满足机器上某些特殊性能要求时，才考虑用来制造机器零件。

合金是以一种金属为基础，加入其他金属或非金属，经过熔化而获得的具有金属特性的材料。最常用的合金有以铁为基础的铁碳合金，如碳素钢、合金钢、灰铸铁，此外，还有以铜或铝为基础的铜合金或铝合金，如青铜、黄铜、铝硅合金、铝铜合金等。

用来制造机器零件的金属和合金应具有优良的力学性能和工艺性能，较好的化学稳定性和物理性能。生产中，常通过对金属或合金进行热处理来提高和改善其使用性能，以满足机器零件或工具的多种要求。

一、金属材料的力学性能

金属材料的力学性能是指受外力作用时所反映出来的性能，主要有弹性、塑性、强度、硬度、冲击韧度和疲劳强度等。它是衡量金属材料优劣的极其重要的标志。

1. 弹性和塑性

金属材料在外力作用下改变其形状和尺寸，在外力去掉后能恢复原始形状和尺寸的性能叫做弹性。这种随着外力消失而消失的变形称为弹性变形。

金属在外力作用下，产生永久变形而不致引起断裂的性能称为塑性。在外力消失后留下来的这部分不可恢复的变形叫做塑性变形。

金属材料是一种既具有弹性又具有塑性的材料。其弹性和塑性的表现常常是有条件的，在作用力达到某一定值以前，变形是弹性的，超过此值，变形是塑性的。

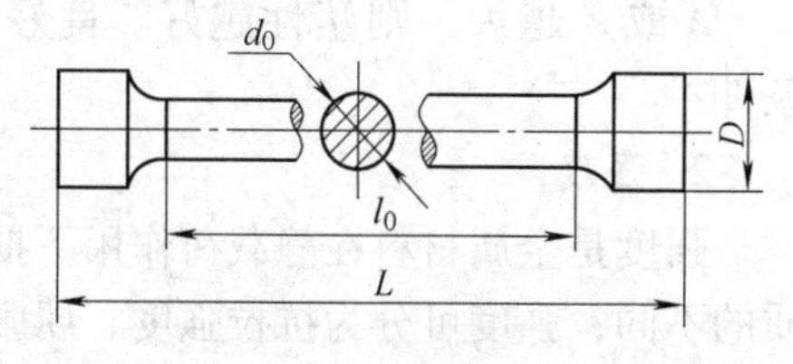

图 2-73 拉伸试样

将金属材料制成图 2-73 所示的标准试样，在材料试验机上对其两端施加静拉力 F，试样产生变形。若将试样从开始直到断裂前所受的拉力 F 与其所产生的伸长 Δl 绘成曲线，可得到拉伸曲线。它反映金属材料在拉伸过程中的弹性变形、塑性变形直到断裂的综合力学特性。

拉伸曲线与试样尺寸有关，因此，常用应力（单位截面上的拉力）和应变 ε（单位长度上的伸长量）来代替 F 和 Δl，由此绘成的曲线叫做应力-应变曲线。它和拉伸曲线具有相同的形式。

从图2-74可知，在载荷未达到 e 点之前，试样只产生弹性变形，故 σ_e 为材料所承受的、不产生永久变形的最大应力，叫做弹性极限。在载荷超过 e 点后，试样所承受的载荷虽不再增加，但仍继续产生塑性变形，应力-应变曲线上出现水平线段，这种现象叫做屈服，s 点是开始屈服的点，它是金属材料从弹性状态转向塑性状态的标志。有些金属材料在拉伸图中没有明显的水平线段，它的屈服点很难测定，通常规定产生0.2%的塑性变形时的应力作为屈服强度，用 $R_{p0.2}$ 表示。当载荷继续增加到 m 点时，试样截面出现局部变细的缩颈现象，因为截面变小，载荷也就下降，至 k 点时试样被拉断。m 点的拉力是试样在断前所能承受的最大载荷。

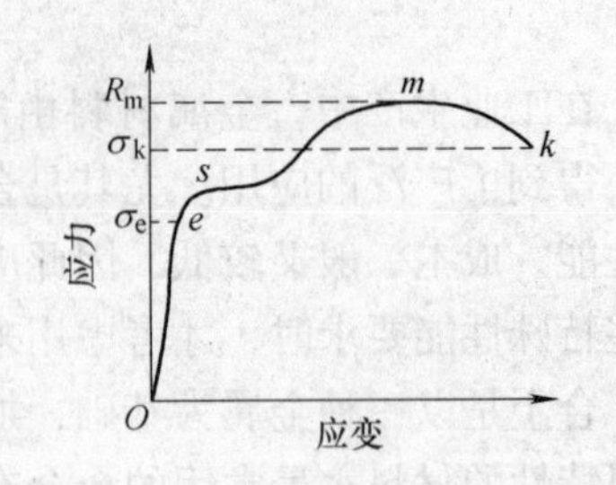

图2-74 普通低碳钢应力-应变曲线

金属材料的塑性通常用断后伸长率来表示，即

$$A = [(L_u - L_0)/L_0] \times 100\%$$

式中 A——断后伸长率（%）；

L_0——试样原始标距（mm）；

L_u——试样拉断后的标距（mm）。

金属材料的塑性也常用断面收缩率 Z 来表示，即

$$Z = [(S_0 - S_u)/S_0] \times 100\%$$

式中 Z——断面收缩率（%）；

S_0——试样原始横截面积（mm^2）；

S_u——试样断裂后缩颈处最小横截面积（mm^2）。

A 或 Z 越大，则塑性越好。良好的塑性是金属材料进行塑性加工的必要条件。

2. 强度

强度是金属材料在静载荷作用下抵抗永久变形和断裂的能力。按照作用力性质的不同，强度可分为抗拉强度、屈服强度、抗压强度、抗弯强度、抗剪强度和抗扭强度等。工程上常用来表示金属材料强度的指标有屈服强度和抗拉强度。

屈服强度是试样在试验过程中力不增加仍能继续伸长时的应力，亦即抵抗微量塑性变形的应力。应区分上屈服强度（R_{eH}）和下屈服强度（R_{eL}）。

抗拉强度是指金属材料在拉断前所承受的最大应力，用 R_m 表示。其计算公

式为

$$R_m = F_m / S_0$$

式中　F_m——试样在断裂时的最大载荷（N）；

　　S_0——试样原始横截面积（mm^2）；

　　R_m——抗拉强度（MPa）。

屈服强度和抗拉强度是评定金属材料性能的重要参数，是机械设计的依据之一。因为金属材料在超过其屈服强度的条件下工作会引起机件的塑性变形，在超过其抗拉强度的条件下工作会导致机件的破坏。

3. 硬度

金属材料抵抗局部变形，特别是塑性变形、压痕或划痕的能力称为硬度。它是材料力学性能的一个综合物理量，表示金属材料在一个小的体积范围内抵抗弹性变形、塑性变形或破断的能力。

金属材料的硬度可用专门仪器来测定，常见的有布氏硬度计和洛式硬度计，对应的测量值称为布氏硬度和洛氏硬度，分别用符号 HBW 和 HR 表示。

4. 冲击韧度

冲击试样缺口底部单位横截面积上的冲击吸收能量，叫做冲击韧度。常用一次摆锤弯曲冲击试验来测定金属材料的冲击韧度，即把标准冲击试样一次击断，用试块缺口处单位横截面积上的冲击吸收能量来表示冲击韧度，即

$$a_K = K / S$$

式中　a_K——冲击韧度（J/cm^2）；

　　S——试样原始横截面积（cm^2）；

　　K——折断试样所消耗的冲击吸收能量（J）。

有些机器零件和工具在工作时要承受冲击作用，如蒸汽锤的锤杆、压力机的冲头等。由于瞬时的外力冲击作用所引起的变形和应力比静载荷时大得多，因此，在设计受冲击载荷的零件和工具时，必须考虑所用材料的冲击韧度。

5. 疲劳极限

金属材料在指定的循环基数下（一般为 10^7 或更高一些）的中值疲劳强度称为疲劳极限。

为了提高零件的疲劳极限，可通过改善零件的结构来避免应力集中，以及采取表面强化的方法。

二、金属材料的物理、化学及工艺性能

1. 物理性能

金属材料的物理性能主要有密度、熔点、导热性和导电性等。由于机器零件的用途不同，因此其对金属材料物理性能的要求也有所不同。例如，飞机零件在

选用密度小的铝合金来制造电机、电器零件时，要求金属材料的导电性能良好等。

金属材料的某些物理性能对热加工工艺还有一定的影响，如导热性影响材料的加热速度，熔点对材料的熔炼工艺有很大的影响。

2. 化学性能

化学性能是指金属及合金在室温或高温时抵抗活泼介质化学侵蚀的能力，如耐酸性、耐碱性、抗氧化性等。

3. 工艺性能

工艺性能是物理、化学、力学性能的综合。按工艺方法的不同，工艺性能可分为铸造性能、可锻性能、焊接性能和可加工性能等。

工艺性能直接影响到零件工艺方法的选择。

三、金属材料热处理的基本知识

热处理是对金属材料在固态状态下进行加热和冷却，使其内部组织结构发生变化，以提高和改善其使用性能的工艺操作。

热处理时，金属材料在加热和保温过程中内部组织发生变化，转变成高温组织状态；冷却时，可将高温组织状态保留下来或转变成另一种组织结构，其性能也将随之改变。因此，采用不同的加热和冷却方法，可获得不同的组织结构和性能。常用的热处理方法有退火、正火、淬火、回火及化学热处理等。

1. 热处理的基本原理

钢铁材料是工业中应用范围最广的合金，它们都是以铁和碳为基本组元的复杂合金。而铁碳相图是研究铁碳合金的基本工具。

铁碳相图表明平衡条件下任一铁碳合金的成分、温度与组织之间的关系，从而可以推断性能与成分或温度的关系。铁碳相图是研究钢铁的成分、组织和性能之间关系的理论基础，也是制订各种热加工工艺的依据。

图2-75为铁碳相图，纵坐标表示温度，横坐标表示成分。

（1）主要相存在区域、线和点的含义：

1）铁素体：存在于图中 *GPQ* 线的左方，是碳溶于 α-Fe 中的固溶体，碳的溶解量很小，在727℃时达到最大值，其质量分数为0.0218%，常温时质量分数为0.006%。

2）奥氏体：存在于图中 *GSEJN* 区域，是碳溶于 γ-Fe 中的固溶体，碳的溶解量随温度升高而增多，至1148℃时达到最大值，其质量分数为2.11%。

3）渗碳体（Fe_3C）：由垂线 *DN* 表示，是碳的质量分数为6.67%的铁碳化合物。

4）液相(L)：温度高于 *ABCD* 线的部分，所有铁碳合金均处于熔化状态。

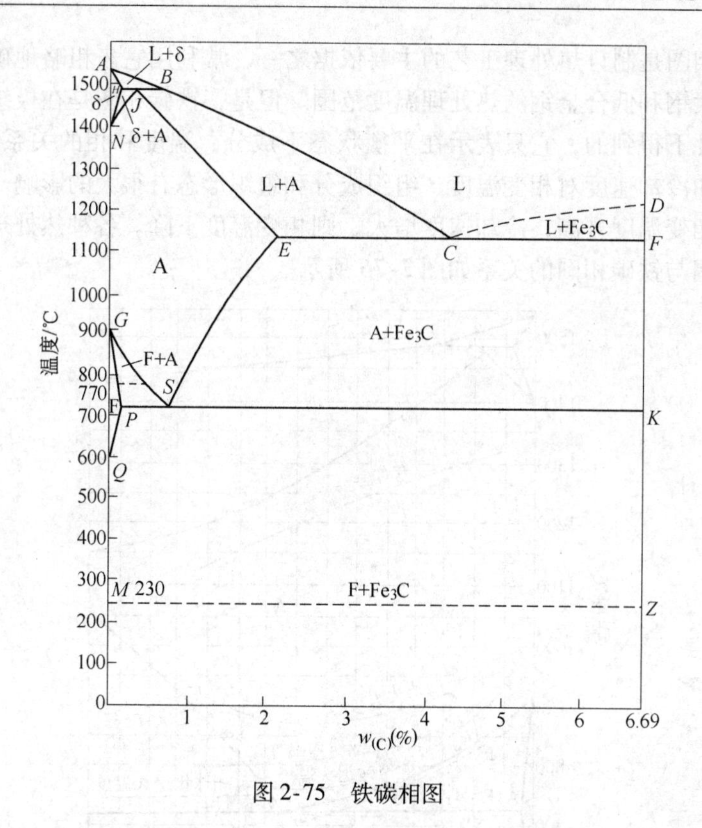

图 2-75 铁碳相图

5）A_0 线：即 MZ 线，230℃，为渗碳体磁性转变线，高于此温度，其磁性消失。

6）A_1 线：即 PS 线，727℃，为共析转变线。冷却到此温度时，奥氏体同时转变为铁素体和渗碳体，组成珠光体；加热到此温度时，珠光体转变为奥氏体。共析成分碳的质量分数为 0.8%，S 点为共析点。

7）A_2 线：GSP 区内短水平虚线，770℃，为铁素体磁性转变温度线，高于此温度，铁素体磁性消失。

8）A_3 线：即 GS 线，727～910℃，为铁素体与奥氏体的转变温度线，加热到 A_1 线时铁素体开始转变为奥氏体，加热到 A_3 线时铁素体全部转变为奥氏体，冷却到 A_3 线时奥氏体开始析出铁素体。

9）A_{cm} 线：即 ES 线，727～1148℃，为碳在奥氏体中的溶解度线。加热到此线以上，钢中的渗碳体完全溶解于奥氏体；冷却到此线以下，奥氏体就要析出过饱和的碳，形成渗碳体。

10）共晶线：即 EF 线，1148℃，液相铁碳合金冷却到此温度线时，同时转变为奥氏体和渗碳体，组成共晶组织莱氏体。C 为共晶点，碳的质量分数为 4.3%。

铁碳相图是制订热处理工艺的主要依据之一，常利用它来粗略地确定各种含碳量的碳素钢和低合金钢的热处理温度范围。但是，铁碳相图是在极缓慢加热和冷却的条件下得到的，它只表示在平衡状态下成分、温度和相的关系。实际上，加热速度和冷却速度对相变温度、组织成分和组织形态有很大的影响。加热速度大，会使相变温度升高；冷却速度增大，则相变温度下降。各种热处理工艺的加热温度范围与铁碳相图的关系如图2-76所示。

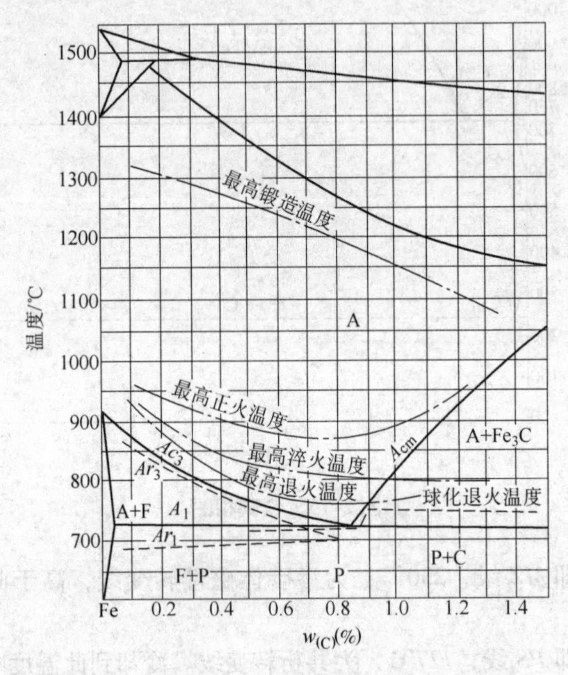

图2-76　铁碳相图与热处理工艺加热温度的关系

铁碳相图中的相变温度是平衡相变温度。加热时的实际相变温度必定高于平衡相变温度，其差值为过热度；冷却时的实际相变温度必定低于平衡相变温度，其差值为过冷度。

（2）铁碳相图中有关相及其性能

1）铁素体：碳在α-Fe中形成的固溶体，符号用F表示。其强度和硬度较低，而塑性和韧性好。碳溶于δ-Fe形成的固溶体叫δ的固溶体，以δ表示，也是铁素体。

2）奥氏体：碳在γ-Fe中形成的固溶体，用A表示。其硬度一般为170～220HBW，断后伸长率为40%～50%，因此奥氏体是一个硬度较低而塑性较高的相。

3）渗碳体：铁与碳的化合物（Fe_3C）。其熔点为1227℃，硬度高（800HBW），脆性大，塑性较低。

4）珠光体：在铁素体的基体上分布着硬脆的渗碳体，形成的这种组织称为珠光体。其抗拉强度约为750MPa，布氏硬度约为240HBW，断后伸长率约为10%，断面收缩率为12%～15%。因此珠光体是一种具有较高硬度、强度和韧性的组织，用符号P表示。根据渗碳体的存在形式，珠光体又分为片状珠光体和粒状珠光体。含碳量相同的钢材，粒状珠光体比片状珠光体的硬度和强度低一些。在相同硬度的情况下，粒状珠光体的屈服强度、塑性、韧性都比片状珠光体优越。

5）贝氏体：当奥氏体过冷到550℃左右至马氏体转变开始温度（*Ms*）的温度范围时，其转变形成的组织称为贝氏体。贝氏体可分为上贝氏体和下贝氏体。上贝氏体是过冷奥氏体在550～350℃温度范围内转变成的，下贝氏体是过冷奥氏体在350℃左右至马氏体转变开始温度（*Ms*）的温度范围内转变成的。两者性能差别很大，上贝氏体的强度大、脆性大，下贝氏体的强度和韧性都比较高。

6）马氏体：奥氏体以大于临界的冷却速度冷却，并过冷到*Ms*点以下时，可转变为马氏体。马氏体具有很高的强度，但脆性很大。

各种组织都具有不同的性能和特点。机器零件或工具究竟采用哪一种热处理工艺将视其工作环境和要求来确定。

2. 钢的热处理

（1）退火　将钢件加热到一定的温度，保温后再缓慢冷却的热处理工艺称为退火。退火常作为预备热处理，在零件制造工艺中进行，为下一道加工工序作准备。

退火的主要目的是：

1）降低钢的硬度，改善其可加工性能，恢复塑性变形能力。

2）均匀钢的组织和化学成分，细化晶粒。

3）消除钢中的残留应力，稳定组织，防止变形。

4）驱除存在于钢内的氢气，防止白点，消除氢脆性。

常见的退火种类及其应用范围见表2-2。

表2-2　常见的退火种类及其应用范围

类　别	主要目的	应用范围
均匀化退火	成分均匀化	铸钢件及具有成分偏析的锻轧件等
完全退火	成分均匀化	铸件、焊件及中碳钢和中碳合金钢的锻件
不完全退火	消除组织缺陷，降低硬度，细化晶粒	中碳合金钢和某些高合金钢的重型铸锻件及冲压件等
球化退火	细化晶粒，降低硬度	工具、模具及轴承钢件，结构钢冲压件等
再结晶退火	获得球化碳化物，降低硬度，提高塑性	冷变形低碳钢、不锈钢和高锰钢件
去应力退火	消除应力	铸钢件、焊接件、锻轧件、某些冷变形件和机械加工件

（2）正火　工件加热奥氏体化后在空气中冷却的热处理工艺称为正火。正火的作用与退火相似，但正火是在炉外冷却，不占用设备，生产率高，所以低碳钢常用正火来代替退火处理。但是，随着钢中含碳量的增加，用这两种方法处理后的强度和硬度差别变大。正火后的强度和硬度较退火后的高一些。

退火及正火的常见缺陷有：

1）硬度偏高。冷却速度太快或等温时间不足引起硬度偏高。对已产生硬度偏高的铸钢件，可重新进行退火。

2）球化不良。加热温度过高或保温时间过长、冷却速度太慢都有可能造成球化不良。对已产生球化不良的钢件，可重新进行球化退火处理。

3）细晶粒断口。若加热温度偏低或保温时间不足，则被冷加工破坏的晶粒不能全部再结晶，造成细晶粒断口。这种组织塑性低，无法继续进行冷变形加工。

4）粗晶粒断口。若加热温度过高或高温保温时间太长，则会造成粗晶粒断口。这种组织的力学性能很差，特别是冲击韧度很低。对已产生粗晶粒断口的零件，可重新进行处理。

5）魏氏组织。魏氏组织是铁素体或渗碳体呈针状分布于晶界或晶粒中的组织状态。它使钢的冲击韧度降低，其形成主要与钢的含碳量、奥氏体晶粒度、加热温度和冷却速度有关。若钢件已产生魏氏组织，则可按正确工艺重新进行处理。

6）弯曲变形。钢件装炉不当时，受其他工件的压力或自身重力作用，会产生较大的弯曲变形。

（3）淬火　工件加热奥氏体化后以适当方式冷却获得马氏体或（和）贝氏体组织的热处理工艺称为淬火。最常见的淬火工艺有水冷淬火、油冷淬火、空冷淬火等。

淬火的主要目的是：

1）提高零件的硬度和耐磨性。

2）配合回火工序使零件获得所需的综合力学性能。

3）改善特殊性能钢的某些物理化学性能。

（4）回火　工件淬硬后加热到 Ac_1 以下的某一温度，保温一定时间，然后冷却到室温的热处理工艺称为回火。

回火的目的是：减少或消除应力，提高零件韧性；获得零件所需要的综合力学性能；稳定组织，使残留奥氏体转变或稳定化。

回火按温度可分为三类：

1）低温回火（<250℃）：主要用于刀具、轴承和冷变形模具。低温回火可使工件保持高硬度、高强度和高的耐磨性，并具有一定的韧性，应力得到部分

消除。

2）中温回火（400～500℃）：主要用于弹簧钢，以提高其弹性和消除应力。经此温度回火后，一般钢的马氏体完全分解为针状铁素体，所析出的渗碳体以高度弥散的细小粒状物存在，起着强化铁素体的作用。这种组织称为回火托氏体，具有很高的弹性极限和较高的疲劳强度。

3）高温回火（>500℃）：主要用于要求具有良好强度和韧性的机械零件。经此温度回火的组织称为回火索氏体。其渗碳体已发生显著的聚集球化，但仍以弥散状态分布，起强化铁素体的作用，应力基本消除，塑性大大提高，获得合适的强度和韧性。淬火加高温回火处理称为调质处理。

（5）其他处理方法

1）时效处理。工件经过固溶处理或淬火后，在室温或高于室温的适当温度保温，以达到沉淀硬化的目的，称为时效处理。在室温下进行的时效处理称为自然时效，在高温下进行的时效处理称为人工时效。它可使零件的尺寸及性能发生微小变化，影响其使用性能。

自然时效十分缓慢，可达几年以上，因此常对零件进行人工时效处理，以加速其时效进程，稳定组织和性能。

对精度要求不高的零件，时效处理可与低温回火同时进行；高精度零件则常在低温回火后和粗车、精车或粗磨、精磨之间进行时效处理；对精度要求特别高的零件并且残留奥氏体较多时，应在淬火后先进行冷处理和低温回火，然后再进行时效处理。

2）冷处理。工件淬火冷却到室温后，继续在一般制冷设备或低温介质中冷却的工艺称为冷处理。冷处理多用于高精度的量具、滚动轴承及渗碳件等。冷处理的目的如下：

① 提高钢的硬度和耐磨性。

② 稳定零件尺寸，防止零件在保存和使用过程中发生变化。

③ 提高和稳定钢的磁性。

④ 渗碳体和碳素工具钢中的残留奥氏体在室温下容易稳定，因此，淬火后应迅速进行冷处理，然后再进行回火；形状复杂的高合金钢，由于淬透性好，残留奥氏体不稳定，一般应在淬火、回火后进行冷处理，然后再进行一次低温回火；对于高精度件（如标准量规等），为了保证组织和尺寸高度稳定，应采用淬火→冷处理→回火→冷处理→时效处理的工艺。

3）表面淬火。将工件的表面淬透到一定深度，而心部仍保持未淬火状态的一种局部淬火方法称为表面淬火。它是通过快速加热，使钢件表面层很快达到淬火温度，在热量来不及传到中心的情况下就立即迅速冷却的热处理工艺。

表面淬火的目的是获得高强度的表面层和有利的残留应力分布，以提高工件的耐磨性或疲劳强度。

4）回火脆性。工件在回火过程中韧性下降的现象称为回火脆性。回火一般使钢的韧性提高，但在250～400℃回火时，钢的冲击韧度反而明显下降，这一温度区的回火脆性称为第一类回火脆性。对含Mn、Ni、Cr、Si等元素的钢，还存在第二类回火脆性，即在450～650℃回火后缓慢冷却时，会出现一个低冲击韧度区。若回火后快冷，则这类回火脆性可以避免。

3. 化学热处理

将工件置于适当的活性介质中加热、保温，使一种或几种元素渗入它的表层，以改变其化学成分、组织和性能的热处理工艺称为化学热处理。根据渗入的元素不同，化学热处理可分为渗碳、渗氮、碳氮共渗、渗铝、渗硼、渗硫等。

（1）渗碳　使碳渗入工件表层的处理方法。将工件和渗碳剂一起加热到Ac_3以上温度，保温适当的时间，可得到一定厚度的渗碳层。根据所用渗碳剂的状态，渗碳可分为固体渗碳、液体渗碳和气体渗碳。

渗碳件一般用碳的质量分数为0.10%～0.25%的低碳钢制造。对强度要求较高的大件，采用碳的质量分数为0.25%～0.35%的碳素钢和合金钢制造。

（2）渗氮　使氮渗入工件表面的处理方法。渗氮可显著提高钢的表面硬度、耐磨性、疲劳强度、耐热性和耐蚀性等。由于渗氮时温度很低，渗氮后不再进行热处理，因此工件变形量很小，但工艺过程很长。渗氮种类很多，通常所说的渗氮是指在纯氨分解气氛中渗氮。

渗氮用钢应具备以下条件：应具有一定的含碳量，以保证必要的强度，并含有可形成氮化物的合金元素，特别是铝、铬和钼，从而可保证达到较高的表面硬度。除铝外，各种合金成分都将降低渗氮层的深度。

（3）碳氮共渗　在奥氏体状态下同时将碳、氮渗入工件表层，并以渗碳为主的化学热处理工艺。根据操作温度，碳氮共渗可分为高温（900～950℃）碳氮共渗、中温（750～870℃）碳氮共渗和低温（500～600℃）碳氮共渗；根据渗剂状态，碳氮共渗分为固体碳氮共渗、液体碳氮共渗和气体碳氮共渗。高温碳氮共渗时氮渗入量极少，实际上是渗碳。低温碳氮共渗时碳渗入量较小，主要是渗氮，俗称软氮化。

与渗碳相比，碳氮共渗可在较低温度下进行，便于直接淬火，工件不易变形开裂，渗层具有较高的耐磨性和疲劳强度；与渗氮相比，碳氮共渗时元素渗入速度大，渗层深，脆性低，具有较高的抗压强度。液体碳氮共渗的主要缺点是毒性较大，特别是一些采用氰盐的液体碳氮共渗。目前广泛采用的是中温碳氮共渗和气体软氮化。

（4）渗硼　将硼渗入工件表层的化学热处理工艺。渗硼可显著提高工件的表面硬度和耐磨性，渗层具有良好的耐热性和耐蚀性。其多用于模具、叶片，以

及化工、石油、采煤工业的耐磨、耐蚀零件。其缺点是：操作温度较高，工件易变形，处理后研磨加工困难。渗硼分为固体渗硼、液体渗硼、电解渗硼和膏剂渗硼等方法。

（5）渗铝　将铝渗入工件表层的化学热处理工艺。渗铝可提高钢的高温抗氧化性和对酸类和硫化氢等的耐蚀性。渗铝有固体渗铝、液体渗铝、气体渗铝、喷镀渗铝等方法。

（6）渗硫　将硫渗入工件表层的化学热处理工艺。钢铁表面渗硫可显著改善抗咬合性能，减轻擦伤，提高耐磨性。由于渗硫时的温度较低，因此其可用于各种处理状态的钢铁零件。

渗硫有固体、液体、气体、电解和真空蒸发等方法，根据温度的不同可分为高温（400~950℃）渗硫、中温（500~600℃）渗硫和低温（<250℃）渗硫，其中以中温液体渗硫和低温电解渗硫方法比较成熟。

4. 铸铁热处理

在铁碳合金中，铸铁是碳的质量分数为2.11%~6.67%的合金。在钢（碳的质量分数为0.0218%~2.11%）中，碳以化合物或溶解状态存在，称为结合碳；在铸铁中，碳除了以结合状态存在外，还以石墨状态存在，称为游离碳。通常根据碳的结合方式，将铸铁分为白口铸铁、灰铸铁、球墨铸铁和可锻铸铁。

除白口铸铁外，其他铸铁都可视为存在许多孔洞和裂纹的钢，因此其抗拉强度、韧性等力学性能都低于钢，而且与石墨存在形式和基体组织状态有关。球墨铸铁中的石墨近似球状，应力小，故抗拉强度和冲击韧度都比灰铸铁好。石墨可使铸铁具有较好的耐磨性、可加工性和减振性，适用于制作机座、气缸、衬套、活塞及曲轴等件。

白口铸铁中存在着大量自由渗碳体和部分共晶组织，硬且脆，难以加工，应用较少。

因为一般铸铁由钢的基体和游离石墨组成，所以前面介绍的钢的各种热处理均适用于铸铁。其作用主要是改善基体的组织性能，原理也与一般钢的热处理相似。

（1）铸铁热处理的特点

1）普通铸铁中含有大量游离石墨，易引起应力集中，且使铸铁导热性不良，因此，热处理时，一般采用较小的加热、冷却速度以及较长的保温时间。

2）铸铁件由于形状、各部位尺寸不同，组织状态存在很大的差别，因此难以使工件各部分获得均匀的热处理效果。

3）白口铸铁及一般铸铁薄壁快冷处，存在大量自由渗碳体和部分共晶组织，使铸件硬且脆，适用性小，常需进行可锻化退火和软化退火。

4）一般铸铁件在加热时，其中的游离碳可部分溶入奥氏体中，使基体含碳量增加，冷却后可获得不同的组织和性能。

5）铸铁件含有相当多的硅及各种杂质，其相变温度和共析成分与一般钢不同，所以热处理的加热温度与钢有很大差别。

（2）铸铁常用的热处理方法及其作用

1）退火：分为去应力退火和软化退火

① 去应力退火。铸铁件常存在很大的应力，可使铸件变形甚至开裂。因此，铸铁件在铸造后应迅速进行去应力退火，特别是对形状复杂、截面尺寸相差悬殊的铸件以及薄壁件、大件等。

去应力退火多用于灰铸铁和球墨铸铁件，有时也用于合金白口铸铁件。一般灰铸铁件去应力退火工艺如图2-77所示。加热温度一般为500～550℃，温度越高，应力消除得越快，但超过550℃时，一般铸铁件即会发生渗碳体石墨化和球状化，使硬度、强度下降，特别是在硅和碳含量较高的情况下。

② 软化退火。铸铁件在凝固过程中，其表面和薄壁处冷却较快，为消除白口组织层，通常进行软化退火，其工艺如图2-78所示。将铸铁件加热到900～950℃，保温2～4h，然后炉冷到250～300℃出炉，也可先冷到600～650℃进行等温退火。

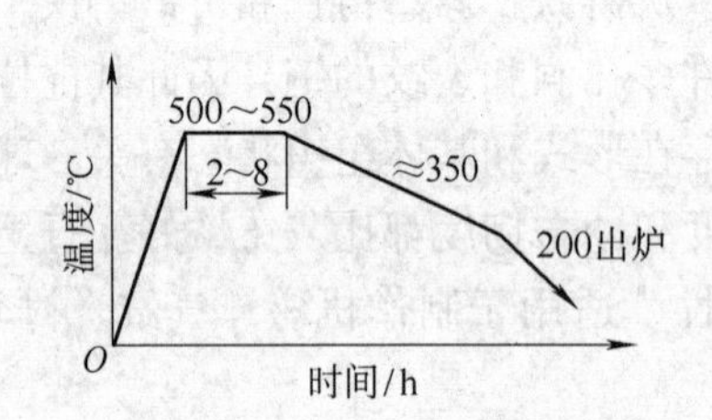

图2-77 灰铸铁件去应力退火工艺

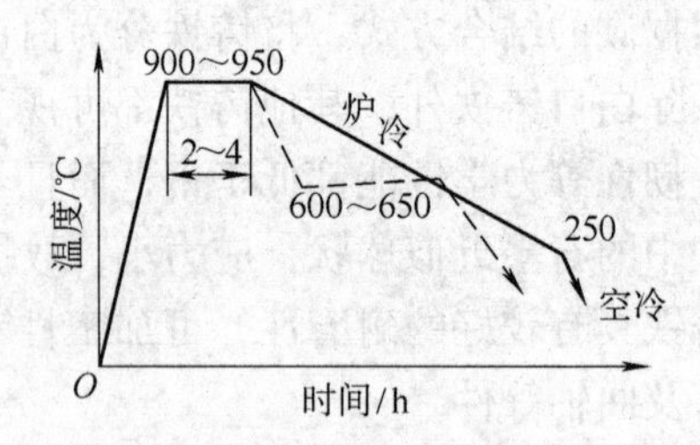

图2-78 铸铁软化退火工艺

铸铁件在高温下和随炉冷却过程中，组织最后转变为石墨和铁素体，使硬度显著下降。

2）正火。正火对铸铁件的主要作用与钢相似，可消除应力，细化晶粒，改善组织和力学性能。正火可使铁素体基体的铸铁件提高强度、硬度和耐磨性；使珠光体基体的铸铁件降低硬度；对具有白口层的铸铁件则起软化退火作用，可减少结合碳含量而软化工件，但其硬度仍较软化退火件高。

铸铁件正火的操作过程和工艺参数与软化退火相近，只是在加热保温完毕后在空气中冷却，其冷却速度较大。

3）淬火和回火。一般铸铁件进行淬火、回火，可强化基体组织而不影响游离石墨的形态，特别是对铁素体基体的铸铁件强化效果显著。由于游离石墨的存在，淬火主要提高铸铁件的硬度和耐磨性，但强度提高不大，且容易淬裂，因此

淬火、回火对一般铸铁件应用较少，主要用于球墨铸铁。

铸铁淬火、回火工艺如图 2-79 所示。铸铁件淬火后应及时回火。根据不同的性能要求，回火温度可分为低温（140～250℃）回火、中温（350～500℃）回火和高温（500～600℃）回火，回火时间一般为 2～3h。球墨铸铁高温回火后不可炉冷，因为缓慢冷却会使其冲击韧度急剧下降。

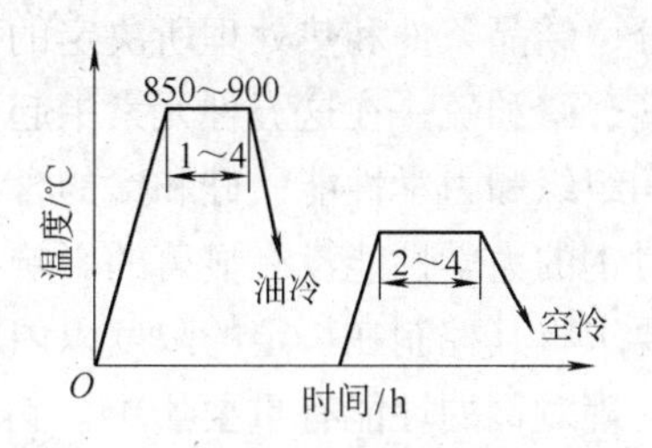

图 2-79 铸铁淬火、回火工艺

4）可锻化退火。可锻化退火是使白口铸铁中的渗碳体分解出絮状游离石墨的退火过程，能将白口铸铁转变成可锻铸铁。

第三节 常用铸造合金的牌号及特性

合金具有优越的力学性能及物理化学性能，因此在生产上得到了广泛的应用。铸造所用的合金称为铸造合金，常用的铸造合金有铸钢、铸铁及铸造有色合金。

一、铸钢

铸钢按照化学成分可分为碳素钢和合金钢。合金钢按照合金元素的多少又可分为低合金钢、中合金钢和高合金钢。低合金钢中合金元素总的质量分数小于 5%；中合金钢中合金元素总的质量分数为 5% ～10%；高合金钢中合金元素总的质量分数大于 10%。铸钢按用途进行分类可分为碳素结构钢、碳素工具钢、合金结构钢、合金工具钢、不锈钢、耐热钢及一些专门用途的钢。这些钢一般用轧制的方法制成各种钢材，铸造生产上只用到其中一部分。作为铸造材料用的钢主要有铸造碳钢、铸造低合金钢和铸造高合金钢。其中高锰钢和高铬钢由于本身性能的特点，不可能用轧制或锻压的方法进行加工，因而只能作为铸造材料来使用。

1. 铸造碳钢

生产上对铸造碳钢的要求是具有一定的力学性能。力学性能的主要指标通常是指强度（屈服强度和抗拉强度）、塑性（伸长率和断面收缩率）以及冲击韧度。因此，一般工程用铸造碳钢的牌号是以其主要力学性能指标表示的，见表 2-3。

钢的力学性能是由其金相组织所决定的，而金相组织基本上是由钢的化学成分、结晶条件和热处理所决定的。碳钢的化学成分除铁以外，主要包括碳、硅、锰、磷和硫。在这五种元素中起主要作用的是碳，含碳量的多少直接影响钢的金相组织和力学性能；硅和锰的含量要求控制在一定范围内，在此范围内波动时，对钢的力学性能没有显著的影响；磷和硫会降低钢的力学性能，是有害的杂质，要求将其控制在一定的限度以内。一般工程用铸造碳钢的化学成分见表2-4。热处理对钢的性能有重要影响。铸造状态下的钢的力学性能较低，特别是不耐冲击。通过热处理可以改善金相组织，提高力学性能，特别是提高冲击韧度；热处理还能消除铸件中的残余应力，避免铸件在使用过程中发生变形和裂纹。因此，铸钢件总是要经过热处理以后才能使用。

表2-3　一般工程用铸造碳钢的力学性能

牌　　号	最　小　值					
	屈服强度 R_{eL} $R_{p0.2}$/MPa	抗拉强度 R_m/MPa	断后伸长率 A（%）	根据合同选择		
				断面收缩率 Z（%）	冲击吸收能量 Kv/J	冲击韧度 a_K/（J/cm^2）
ZG200-400	200	400	25	40	30	60
ZG230-450	230	450	22	32	25	45
ZG270-500	270	500	18	25	22	35
ZG310-570	310	570	15	21	15	30
ZG340-640	340	640	10	18	10	20

注：1. 表中所列的各牌号性能，适应于厚度为100mm以下的铸件。当铸件厚度超过100mm时，表中规定的屈服强度仅供设计使用。

2. 断面收缩率和冲击韧度当需方无要求时，由供方选择其一。

表2-4　一般工程用铸造碳钢的化学成分

<table>
<tr><th rowspan="3">牌　　号</th><th colspan="10">元素最高的质量分数（%）</th></tr>
<tr><th rowspan="2">C</th><th rowspan="2">Si</th><th rowspan="2">Mn</th><th rowspan="2">S</th><th rowspan="2">P</th><th colspan="5">残余元素</th></tr>
<tr><th>Ni</th><th>Cr</th><th>Cu</th><th>Mo</th><th>V</th></tr>
<tr><td>ZG200-400</td><td>0.20</td><td rowspan="5">0.60</td><td>0.80</td><td rowspan="5">0.035</td><td rowspan="5">0.035</td><td rowspan="5">0.40</td><td rowspan="5">0.35</td><td rowspan="5">0.40</td><td rowspan="5">0.20</td><td rowspan="5">0.05</td></tr>
<tr><td>ZG230-450</td><td>0.30</td><td rowspan="4">0.90</td></tr>
<tr><td>ZG270-500</td><td>0.40</td></tr>
<tr><td>ZG310-570</td><td>0.50</td></tr>
<tr><td>ZG340-640</td><td>0.60</td></tr>
</table>

注：1. 对上限减少0.01%（质量分数）的碳，允许增加0.04%（质量分数）的锰，对ZG200-400的锰最高至1.00%（质量分数），其余四个牌号锰的质量分数可高至1.2%。

2. 除另有规定外，残余元素不作为验收依据。

(1) 铸造碳钢的性能　铸造碳钢的性能主要有力学性能、物理性能、化学性能、铸造性能及焊接性能等。下面主要介绍力学性能和铸造性能。

1) 铸造碳钢的力学性能。常用铸造碳钢的力学性能见表2-5。

表2-5　常用铸造碳钢的性能

牌　号	力学性能	铸造性能
ZG230-450	有一定的强度，良好的塑性，可加工性能尚好	铸造性能较好，熔点较高，实际流动性较差，易氧化，铸件线收缩率为1.5%～2.0%，浇注温度为1500～1550℃
ZG310-570	有较高的强度和硬度，塑性和冲击韧度较差，可加工性能良好	铸造性能较差，易产生较大的铸造应力而形成裂纹，铸件线收缩率为1.5%～2.0%，浇注温度为1480～1530℃
ZG340-640	有较好的强度、硬度和耐磨性，但塑性和冲击韧度差，脆性较大，可加工性能中等，综合力学性能差，常用低合金钢代替	铸造性能很差，易产生较大的铸造应力而形成冷裂、热裂，铸造线收缩率为1.5%～2.0%，浇注温度为1470～1520℃

2) 铸造碳钢的铸造性能（见表2-4）。与铸铁相比，铸钢的铸造性能较差，主要表现在：流动性较差；钢液容易氧化，形成夹渣；体收缩率和线收缩率都较大，因而缩孔、缩松、热裂和冷裂的倾向也较大；易产生气孔。

金属在液态和凝固过程中的收缩量以体积的改变量表示，称为体收缩率。铸件线收缩率是指铸件从线收缩起始温度冷却至室温的线收缩率，以模样与铸件的长度差除以模样长度的百分比表示。

$$\varepsilon = (L_{模} - L_{铸件})/L_{模} \times 100\%$$

式中　ε——铸件线收缩率；

$L_{模}$、$L_{铸件}$——同一尺寸在模样与铸件上的长度。

由于铸件的线收缩率将使铸件各部分尺寸小于模样原来的尺寸，因此，为了使铸件冷却后的尺寸与铸件图示尺寸一致，需要在模样或芯盒上加上其收缩的尺寸。在制作模样时，为了方便，常采用特制的“收缩尺”。收缩尺的刻度比普通尺长，其加长的尺寸等于收缩量。根据实际需要，可做成0.83%、1%、1.5%、2.0%等各种比例的收缩尺，以供选用。

铸件线收缩率主要和铸造合金的种类及成分有关，同时也与铸件在收缩时受到阻力的大小，以及与铸件的结构和尺寸、壁的厚薄、砂型（芯）的韧性、浇冒口系统的类型和开设位置、砂箱的结构及箱带的位置等有关。

(2) 铸造碳钢的用途　常用铸造碳钢的用途见表2-6。

表2-6 常用铸造碳钢的用途

牌 号	用 途
ZG230-450	用于工作温度不超过400℃的铸钢件，如隔板、高压管道（压力不高于3.2MPa，温度不高于250℃）、阀门以及压榨机上
ZG310-570	用于工作温度不超过450℃、强度要求较高的铸钢件
ZG340-640	用于形状简单、强度、硬度和耐磨性要求较高的铸钢件

2. 铸造低合金钢

铸造碳钢虽然应用很广，但是在性能上有许多不足之处，如淬透性差，大截面工件无法通过热处理进行强化，力学性能有限，使用温度范围只限于 -40～450℃（因为温度低于 -40℃时铸钢件将发脆，温度高于450℃时铸钢件将发软），耐磨、耐热性能较差，已不能满足现代工业发展对铸钢件的多方面需要，因而，合金钢铸件得到了广泛的应用。

（1）铸造低合金钢的牌号　铸造低合金钢（大型低合金钢铸件）的牌号是以化学成分表示的。具体如下：

1）在牌号中“ZG”后面的一组数字表示铸钢的名义碳含量的万分数。平均碳含量大于1%（质量分数）的铸钢，在牌号中则不表示其名义含量；平均碳含量小于0.1%（质量分数）的铸钢，其第一位数字为“0”；只给出碳含量上限，未给出下限的铸钢，牌号中碳的名义含量用上限表示。

2）在碳的名义含量后面排列各主要合金元素符号，每个元素符号后面用整数标出其名义质量百分数。

3）锰元素的平均含量小于0.9%（质量分数）时，在牌号中不标元素符号；平均含量为0.9%～1.4%（质量分数）时，只标出元素符号不标含量。其他合金元素平均含量为0.9%～1.4%（质量分数）时，在该元素符号后面标注数字1。

4）当钼元素的平均含量小于0.15%（质量分数），其他合金元素平均含量小于0.5%（质量分数）时，在牌号中不标元素符号；钼元素的平均含量大于0.15%（质量分数）小于0.9%（质量分数）时，在牌号中只标出元素符号不标含量。

5）当钛、钒元素的平均含量小于0.9%（质量分数），铌、硼、氮、稀土等微量合金元素的平均含量小于0.5%（质量分数）时，在牌号中标注其元素符号，但不标含量。

6）当主要合金元素多于三种时，可以在牌号中只标注前两种或前三种元素的名义含量。

7）当牌号中必须标两种以上主要合金元素时，各元素符号的标注顺序按它们的名义含量的递减顺序排列。若两种元素名义含量相同，则按元素符号的字母顺序排列。若需首先标出表示铸钢类别的合金元素，则可不按其名义含量递减的顺序，而直接将其标注在名义碳含量之后。

8）在特殊情况下，当同一牌号分几个品种时，可在牌号后面用“—”隔开，用阿拉伯数字标注品种序号。

例如，ZG15Cr1Mo1V 的含义如下：

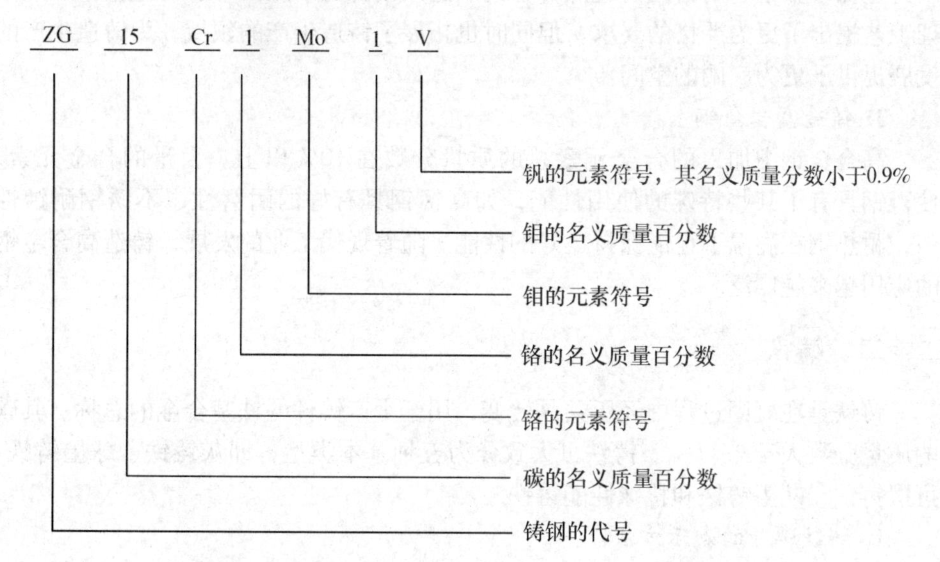

（2）低合金钢的主要类别及钢种　铸造低合金钢的钢种繁多，主要可分为普通铸造低合金钢、超高强度铸造低合金钢、高温用铸造低合金钢、低温用铸造低合金钢及耐磨用铸造低合金钢等。

1）普通铸造低合金钢：主要采用锰系、锰硅系及铬系等钢种。

锰系铸造低合金钢一般指锰的质量分数为 1.0% ~1.75% 和碳的质量分数为 0.2% ~0.5% 的铸钢，锰的质量分数不宜超过 2% 。锰是通过固溶于铁素体和细化珠光体来提高钢的强度、硬度和耐磨性的。锰可以改善钢的淬透性，降低相变温度，细化晶粒。当锰的质量分数大于 2% 时，会使其固溶强化作用减少，晶粒粗大，产生过热敏感性和回火脆性，对焊接性能有不良影响。

锰硅系铸造低合金钢中硅的作用主要是固溶强化，提高钢的耐磨性和耐蚀性。硅和锰配合适当时，可减少钢热处理时晶粒长大的倾向。

铬系铸造低合金钢中，单元铬钢主要是 ZG40Cr1。铬能够提高钢的淬透性和耐回火性能，经调质处理后，具有较高的力学性能，常用于制造齿轮等重要受力零件。但铬钢热裂倾向大，同时具有回火脆性。当加入少量钼时，可减少铬钢的回火脆性，提高其淬透性及耐回火性，并能提高铬钢的高温强度；加入少量钒，能显著细化晶粒，使铬钢的强度、韧性都得到提高，但钒会降低铬钢的淬透性；当同时加入钼和钒时，既可细化晶粒，又可保持高的淬透性。铬镍钢的主要性能特点是高淬透性和高韧性，故主要用于制造高负荷、受冲击的调质零件。

2）特殊性能铸造低合金钢：主要有超高强度铸造低合金钢、高温用及低温用铸造低合金钢、耐磨用铸造低合金钢。这些钢种对冶炼技术、铸造技术、热处理工艺提出了更为严格的要求，但同时也拓展了铸造生产的领域，为铸造生产的发展提供了更为广阔的空间。

3. 铸造高合金钢

高合金钢中加入的合金元素总的质量分数在10%以上。大量的合金元素，使得钢具有了某些特殊的使用性能，如高锰钢具有好的耐磨性，不锈钢耐蚀性强，耐热钢在高温下也能保持良好的性能。随着现代工业的发展，铸造高合金钢的应用越来越广泛。

二、铸铁

铸铁是在凝固过程中经历共晶转变，用于生产铸件的铁基合金的总称。其碳的质量分数大于2.11%。铸铁可大致分为五种基本类型，即灰铸铁、球墨铸铁、可锻铸铁、蠕墨铸铁和特殊性能铸铁。

1. 铸铁牌号的表示方法

1）铸铁代号由表示该铸铁特征的汉语拼音字母的第一个大写字母组成。当两种铸铁名称的代号字母相同时，可在该大写正体字母后加小写字母来区别。同一名称的铸铁，需要细分，取其细分特点的汉语拼音字母的第一个大写正体字母排列在后面。

2）合金元素符号用国际化学元素符号表示，混合稀土元素符号用“R”表示；含量及力学性能用阿拉伯数字表示。

3）在牌号中常规碳、硅、锰、硫、磷元素一般不标注，当有特殊作用时，才标注其元素符号及含量。

4）合金元素的质量分数大于或等于1%时用整数表示，小于1%时一般不标注，只有对该合金性能有较大影响时才予以标注。

5）合金化元素按其含量递减次序排列，含量相等时按元素符号的字母顺序排列。

6）牌号中代号后面的一组数字表示抗拉强度值。当有两组数字时，第一组表示抗拉强度，第二组表示断后伸长率，两组数字间用“-”隔开。

7）当牌号中需标注元素符号、含量和抗拉强度时，抗拉强度置于元素符号

及含量之后，两者之间用“-”隔开。

铸铁牌号表示方法示例：

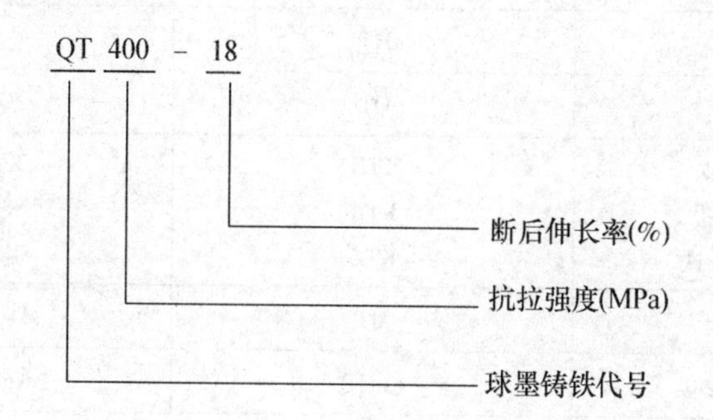

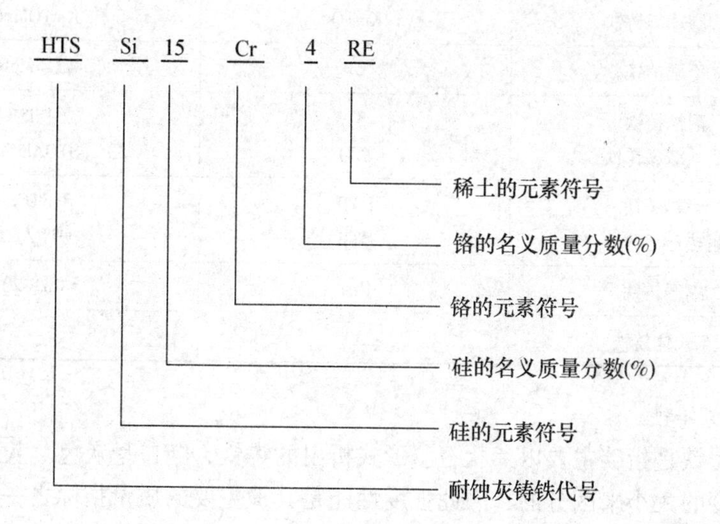

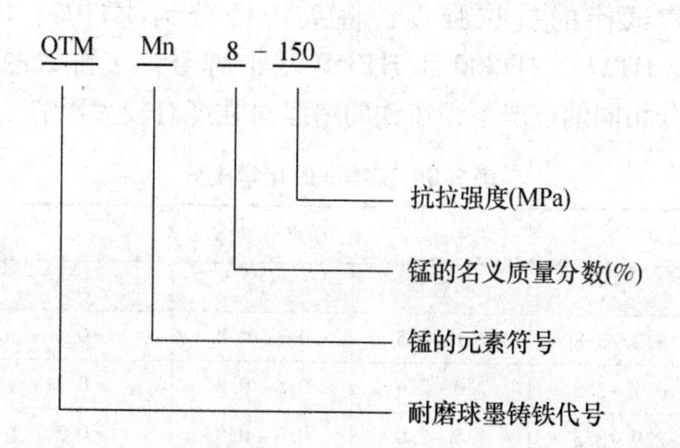

铸铁名称、代号及牌号的表示方法实例见表 2-7。

表2-7　铸铁名称、代号及牌号的表示方法实例

铸铁名称	代　号	牌号表示方法
灰铸铁	HT	HT150
球墨铸铁	QT	QT400-18
黑心可锻铸铁 白心可锻铸铁 珠光体可锻铸铁	KTH KTB KTZ	KTH300-06 KTB350-04 KTZ450-06
耐磨铸铁	MT	MTCu1PTi-150
抗磨白口铸铁	KmTB	KmTBMn5W3
抗磨球墨铸铁	KmTQ	KmTQMn6
冷硬铸铁	LT	LTCrMoR
耐蚀铸铁 耐蚀球墨铸铁	ST STQ	STSi5R STQAl5Si5
耐热铸铁 耐热球墨铸铁	HTR QTR	HRTCr2 QTRAl22
蠕墨铸铁	RuT	RuT420
奥氏体铸铁	AT	—

2. 灰铸铁

灰铸铁是指碳主要以片状石墨形式析出的铸铁，断口呈灰色。灰铸铁的牌号是按强度的大小来区分的，因此强度性能是其最主要的质量指标之一。根据直径为30mm的单铸试棒的抗拉强度，将灰铸铁分为HT100、HT150、HT200、HT225、HT250、HT275、HT300和HT350八个牌号。灰铸铁的化学成分见表2-8。在化学成分相同的情况下，铸铁的壁厚对强度有较大影响。

表2-8　灰铸铁的化学成分

灰铸铁牌号	质量分数（%）				
	C	Si	Mn	P	S
HT100	3.2~3.8	2.1~2.5	0.5~0.8	<0.4	<0.2
HT150	3.1~3.5	2.0~2.4	0.5~0.8	<0.3	<0.15
HT200	2.9~3.3	1.5~2.0	0.6~0.9	<0.3	<0.12
HT225	2.8~3.2	1.4~1.9	0.7~1.0	<0.2	<0.12
HT250	2.8~3.2	1.4~1.8	0.8~1.1	<0.2	<0.12

（续）

灰铸铁牌号	质量分数（%）				
	C	Si	Mn	P	S
HT275	2.7~3.2	1.3~1.7	0.8~1.1	<0.2	<0.12
HT300	2.7~3.2	1.2~1.5	0.8~1.1	<0.15	<0.12
HT350	2.7~3.1	1.0~1.4	0.9~1.2	<0.15	<0.1

（1）灰铸铁的性能　主要包括力学性能和铸造性能。

1）灰铸铁的力学性能。与铸造碳钢相比，灰铸铁的力学性能有以下特点：

① 强度性能较差。灰铸铁的抗拉强度、断后伸长率、冲击韧度和弹性模量都低于铸钢，仅硬度与铸钢相近。

② 对缺口不敏感。材料在受力时，由于存在缺口而引起的局部应力集中导致其名义强度降低的程度称为材料的缺口敏感性。灰铸铁对缺口几乎不敏感。

③ 良好的减振性。减振性是指材料在交变载荷下吸收振动的能力。

④ 耐磨性好。

2）灰铸铁的铸造性能。灰铸铁的铸造性能是保证铸件质量的重要性能。它主要包括以下内容：

① 具有良好的流动性。

② 收缩量小，内应力小，热裂、变形和冷裂倾向小。

（2）灰铸铁的用途　灰铸铁由于具有良好的减振性，因此在机床制造工业中常用来制造机床床身，以减少机床在运动过程中的振动，从而保证机件的加工精度。其由于耐磨性好，因此常用来制造机床导轨、刀架、柴油机缸套等铸件，从而保证机器的使用性能和寿命。

为了提高灰铸铁的强度，可对其进行孕育处理，即人为地在很短的时间内加入大量的结晶核心，降低铁液的过冷度，使共晶团细化，石墨的尺寸和分布得到改善，从而达到提高铸铁强度的目的。孕育铸铁仍属于灰铸铁的范畴，因而其断后伸长率和冲击韧度仍和灰铸铁相近。其抗拉强度为200~400MPa，抗弯强度为450~600MPa，抗压强度为1000~1300MPa。但孕育铸铁组织和性能的均匀性大为提高，对不同断面的敏感性很小。孕育铸铁的减振性较普通铸铁差，但耐磨性、抗生长性要比普通灰铸铁高。孕育铸铁的断后伸长率和冲击韧度仍然较低。因此，孕育铸铁常用于动载荷较小、静力强度要求高的重要铸件，如机床床身、发动机机体等。

当对铸件的强度要求较高时，可在灰铸铁中加入少量的合金元素，如Cr、Ni、Mo、Cu、V、Sn、Ti、B等，从而提高其强度。这种铸铁称为低合金高强度铸铁。

3. 球墨铸铁

球墨铸铁是指铁液经过球化处理（而不是在凝固后经过热处理），使石墨大部分或全部呈球状，有时少量为团絮状的铸铁。球墨铸铁通常分为珠光体球墨铸铁、铁素体球墨铸铁及贝氏体球墨铸铁三类。其中以珠光体球墨铸铁和铁素体球墨铸铁的应用最为广泛。

（1）珠光体球墨铸铁的性能及用途　珠光体球墨铸铁是指基体组织中珠光体的质量分数在80%以上，其余为铁素体的一种球墨铸铁。QT600-3、QT700-2、QT800-2三种牌号的球墨铸铁就属于这一类型。

1）珠光体球墨铸铁的性能

① 静拉伸性能。珠光体球墨铸铁具有很高的抗拉强度，尤其是屈服强度较高。

② 抗疲劳性能。球墨铸铁的疲劳强度比灰铸铁高0.5~1倍。

③ 抗冲击性能。珠光体球墨铸铁可在较小能量多次重复冲击载荷下工作，抗冲击性能强。

④ 耐磨性。珠光体球墨铸铁具有良好的耐磨性。

2）珠光体球墨铸铁的用途。珠光体球墨铸铁由于具有上述性能，因此可代替锻钢或铸钢制造曲轴等承受变动载荷的零件，适用于制造轴类及齿轮等耐磨零件。

（2）铁素体球墨铸铁的性能和用途　铁素体球墨铸铁是指基体中铁素体的质量分数在80%以上，其余为珠光体的球墨铸铁。牌号为QT400-18、QT400-15、QT450-10及QT500-7的球墨铸铁就属于这一类。

铁素体球墨铸铁的冲击韧度高于可锻铸铁，在常温时承受一次大能量冲击载荷的能力较大，承受小能量多次重复冲击的能力比可锻铸铁强。

铁素体球墨铸铁主要用于制造汽车、拖拉机底盘的许多零件，其次是农机零件和阀门以及电力线路机具等。

（3）贝氏体球墨铸铁的性能和用途　牌号为QT900-2的球墨铸铁就属于这一类。它既有很高的强度、耐磨性和硬度，又有良好的抗冲击性能，可用于承受变动载荷和制造耐磨性要求很高的零件。其主要用于制造高强度齿轮和凸轮轴等零件。

4. 蠕墨铸铁

金相组织中石墨形态主要为蠕虫状的铸铁称为蠕墨铸铁。蠕墨铸铁中石墨的形态介于球状和片状之间。蠕墨铸铁是一种新型铸铁材料，其牌号是按力学性能划分的，共有下述五种牌号：

（1）RuT300　该牌号的蠕墨铸铁是以铁素体为主的混合基体蠕墨铸铁，强度和硬度适中，有一定的塑性、韧性，热导率较高，致密性较好，是目前国内生产和

应用最多的蠕墨铸铁。在一般生产条件下，其化学成分为：碳当量为4.6% ~ 4.8%；$w(C)=3.5\% \sim 3.9\%$，$w(Si)=2.4\% \sim 2.8\%$，$w(Mn)=0.1\% \sim 0.7\%$，$w(P) \leqslant 0.1\%$，$w(S)=0.01\% \sim 0.03\%$。

（2）RuT340 该牌号的蠕墨铸铁是以珠光体为主的混合基体蠕墨铸铁，强度和硬度较高，具有较高的耐磨性和热导率。

（3）RuT380、RuT420 这两种牌号的蠕墨铸铁的基体为珠光体，因此具有较高的强度和硬度，较高的热导率以及良好的刚性和耐磨性，通常用于制造玻璃模具、活塞环、制动鼓、机床床身导轨、柴油机缸套和制糖机榨辊等要求高强度、高耐磨性的零件。

（4）RuT260 该牌号的蠕墨铸铁的基体为铁素体，具有较高的塑性和韧性及特别高的热导率，而且在经过高温阶段时，基体组织很少或没有相变，因此抗氧化生长和变形能力较好。

5. 可锻铸铁

白口铸铁通过石墨化或氧化脱碳退火处理，改变其金属组织或成分，而获得的有较高韧性的铸铁，称为可锻铸铁。根据其化学成分、热处理工艺以及由此导致的性能和金相组织的不同，可锻铸铁可分为两类：一类是黑心可锻铸铁和珠光体可锻铸铁，另一类是白心可锻铸铁。

（1）黑心可锻铸铁和珠光体可锻铸铁的性能和用途 黑心可锻铸铁是指白口铸铁在中性气氛中退火，使碳化铁分解成团絮状石墨与铁素体，正常断口呈黑绒状并带有灰色外圈的可锻铸铁。珠光体可锻铸铁是指基体主要为珠光体的黑心可锻铸铁。

黑心可锻铸铁常见的牌号有KTH300-06、KTH350-10。由于黑心可锻铸铁的基体是铁素体，因此其具有一定的强度和较高的塑性和韧性，常用于制造承受冲击、振动及扭转负荷的零件，如汽车和拖拉机中的后桥、轮壳、转向机构、弹簧钢板支座，机床附件，各种低压阀门，管件和纺织机，以及农机零件或农具等。

珠光体可锻铸铁常见的牌号有KTZ450-06、KTZ550-04、KTZ650-02、KTZ700-02。由于珠光体可锻铸铁的基体是珠光体，因而其强度和硬度较高，常用于制造高耐磨零件，如曲轴、连杆、齿轮、凸轮等。

（2）白心可锻铸铁 白心可锻铸铁是指白口铸铁经深度氧化脱碳退火，断口心部呈白色，心部无或有很少的退火石墨，并含有珠光体的可锻铸铁。白心可锻铸铁常见的牌号有KTB350-04、KTB380-12、KTB400-05、KTB450-07。白心可锻铸铁的金相组织取决于断面尺寸，因而其性能和用途也各不相同。

6. 耐热铸铁

耐热铸铁是可以在高温下使用，抗氧化或抗生长性能符合使用要求的铸铁。其按加入合金元素的不同分为三类，即铬系耐热铸铁、硅系耐热铸铁和铝系耐热铸铁。

（1）铬系耐热铸铁的性能和用途　该系列铸铁常见的牌号有HTRCr、HTRCr2及HTRCr16。

1）HTRCr和HTRCr2为低铬耐热铸铁。它利用铬稳定珠光体的作用，提高其在600℃以下的热稳定性，同时避免出现过多的碳化物而降低力学性能。因此，这两种低铬铸铁广泛应用于600℃以下的耐热零件，如送煤机的炉条、煤气炉炉箅、炼铁和焦化设备零件、矿山烧结车、退火箱、钢锭模、玻璃模、空气压缩机和柴油机上的耐热件等。

2）HTRCr16为中铬耐热铸铁，由于铬量提高，因此与低铬耐热铸铁相比，该铸铁的强度和硬度有较大的提高，但常温脆性较大。该牌号的铸铁件推荐使用的温度最高为900℃。这种铸铁具有高的室温强度及高温强度，高的抗氧化性，特别是抗温度急变能力较好，在铸造和使用中不易发生热应力裂纹，也可在常温和高温下作耐磨件使用，并有抗高浓度无机酸腐蚀的能力。目前，该牌号的耐热铸铁已应用于制造炉条、煤粉烧嘴、退火罐、水泥煅烧炉和化工机械零件等。

（2）硅系耐热铸铁　该系列铸铁常见的牌号有HTRSi5、QTRSi5、QTRSi4及QTRSi4Mo。

1）HTRSi5是一种耐热性较好，但承受机械和热冲击能力较差的耐热铸铁，多用于制造炉条、烧嘴、锅炉梳形定位板、换热器等零件。

2）QTRSi5和QTRSi4两种含硅耐热球墨铸铁，常温和高温性能明显优于HTRSi5。QTRSi5铸铁的使用温度为800～900℃，QTRSi4铸铁的使用温度为650～750℃。它们主要用于制造工业锅炉构件、燃烧器、箅条、烧结机、冶金和石化加热炉上的构件及烟道闸门等。

3）QTRSi4Mo铸铁由于加入Mo，因此明显提高了室温和高温强度，以及热疲劳性能。这种耐热铸铁的使用温度为700～800℃，主要用于大型烧结车、透平增压器壳体、燃气轮机热空气输入室、罩式退火炉导向器、汽车排气管、钛合金模具等。

（3）铝系耐热铸铁　该系列铸铁常见的牌号有QTRAl4Si4、QTRAl5Si5、QTRAl22。

1）QTRAl4Si4铸铁和QTRAl5Si5铸铁的耐热性良好，可以在950～1050℃温度范围内工作。这两种耐热铸铁适用于制造箅条、退火炉坩埚，以及在高温轻载荷条件下工作的耐热件。

2）QTRAl22铸铁具有最优良的抗氧化能力，有较高的高温和室温强度，韧性好，原材料来源丰富，熔制简便。其缺点是抗温度急变性差，高温冲击韧度低。它最适宜于制造高温（1100℃）、载荷较小、温度变化较缓和的工件，如热处理炉用件、加热炉辊道、锅炉和焙烧零件、钛合金模具等。

三、铸造有色金属合金

铸造有色金属合金是指除铸铁、铸钢以外的其他铸造合金。铸造有色合金有铸造铝合金、铸造铜合金、铸造镁合金、铸造钛合金及铸造轴承合金等，其中铸造铝合金、铸造铜合金及铸造轴承合金较常用。

1. 铸造有色金属及其合金牌号

（1）铸造有色纯金属的牌号　由“Z”和相应纯金属的化学元素符号及表示产品百分含量的数字或用一短横加顺序号组成。

（2）铸造有色金属合金的牌号　其表示方法如下：

1）铸造有色金属合金的牌号由“Z”和基体金属的化学元素符号、主要元素符号（其中混合稀土元素符号统一用RE表示）以及表明合金化元素名义质量分数（%）的数字组成。

2）当合金元素多于两种时，合金牌号中应列出足以表明合金主要特性的元素符号及其名义质量分数（%）的数字。

3）合金元素符号按其名义百分含量递减的次序排列。当名义质量分数（%）相等时，则按元素符号字母顺序排列。当需要表明决定合金类别的合金化元素时，不论其含量多少，该元素符号均应紧置于基体元素符号之后。

4）除基体元素的名义质量分数（%）不标注外，其他合金元素的名义质量分数（%）均标注于该元素符号之后。当合金化元素质量分数规定为大于或等于1%的某个范围时，采用其平均含量的修约化整数值，必要时也可用带一位小数的数字标注。合金化元素含量小于1%（质量分数）时，一般不标注。只有对合金性能起重大影响的合金化元素，才允许用一位小数标注其平均含量。

5）对具有相同主成分，需要控制低间隙元素的合金，在牌号后的圆括弧内标注ELI。

6）对杂质限量要求严且性能高的优质合金，在牌号后面标注大写字母“A”表示优质。

（3）牌号标示示例

1）铸造纯铝

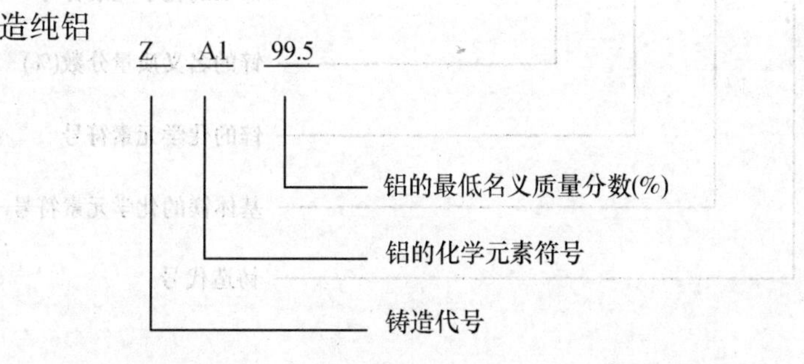

2）铸造纯钛

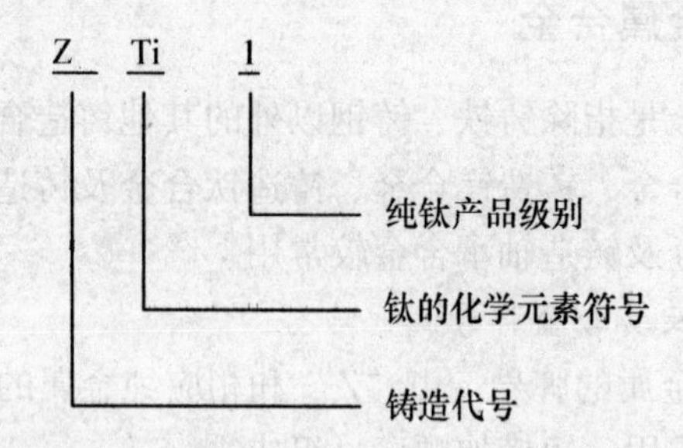

3）铸造优质铝合金

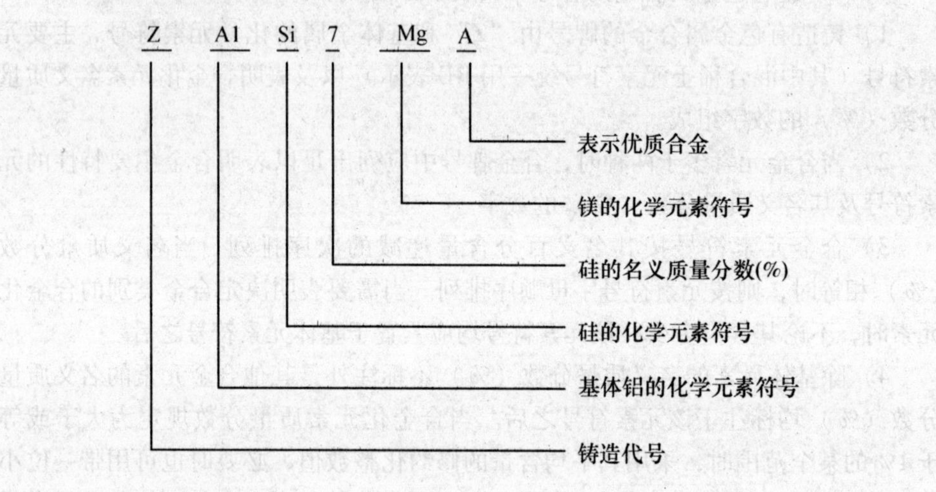

4）铸造镁合金

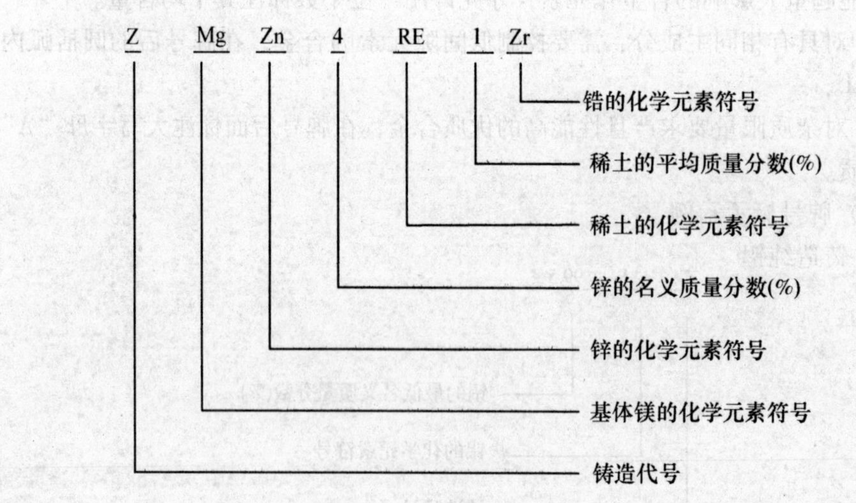

5）铸造锡青铜

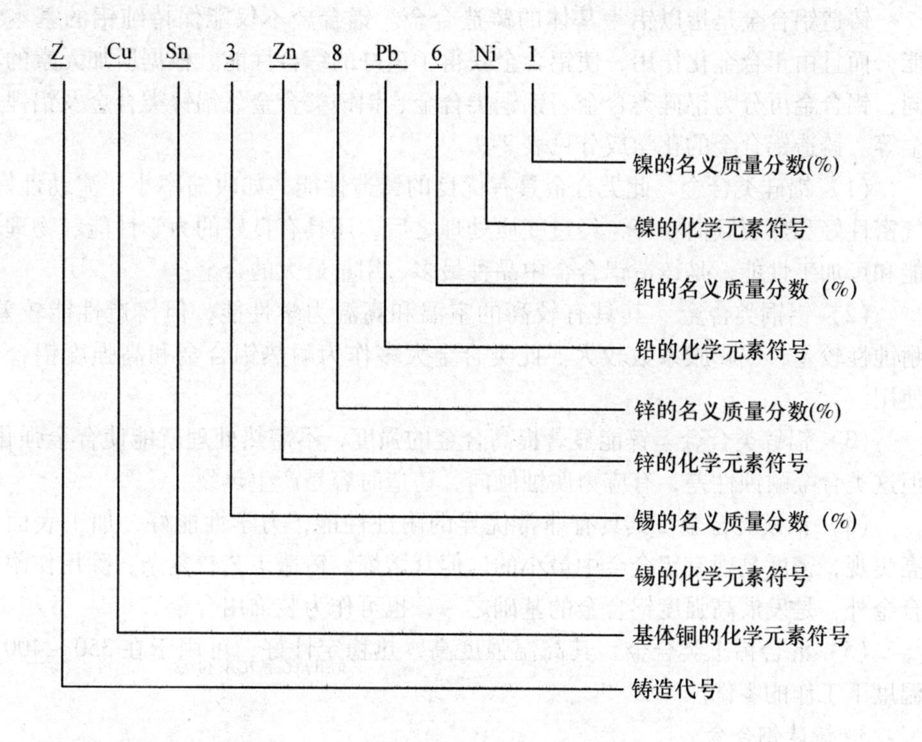

6）铸造钛合金

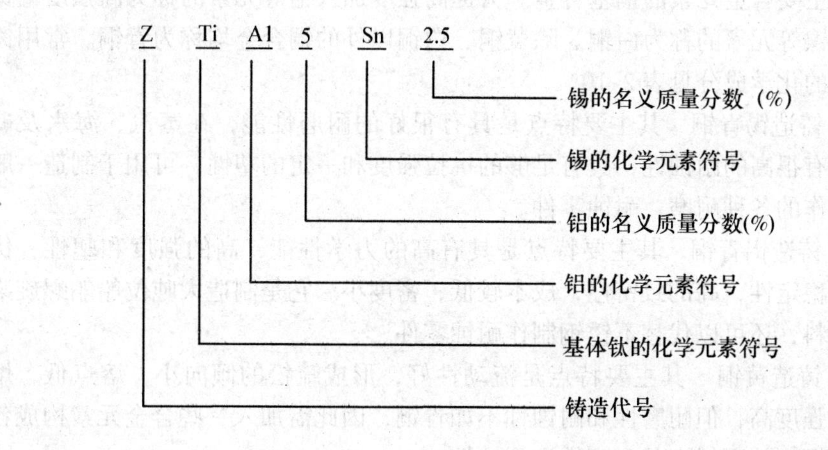

2. 铸造铝合金

铸造铝合金是指以铝为基体的铸造合金。铝合金不仅能保持纯铝的基本性能，而且由于合金化作用，使铝合金获得了良好的综合性能。根据所加元素的不同，铝合金可分为铝硅类合金、铝铜类合金、铝镁类合金、铝锌类合金及铝锂合金等。铸造铝合金的化学成分见表2-9。

（1）铝硅类合金　此类合金具有优良的铸造性能，如收缩率小、流动性好、气密性好和热裂倾向小等，经过变质处理之后，还具有良好的力学性能、物理性能和可加工性能，是铸造铝合金中品种最多、用量最大的合金。

（2）铝铜类合金　其具有较高的室温和高温力学性能，但铸造性能较差，耐蚀性较差，线膨胀系数较大。此类合金大多作为耐热铝合金和高强度铝合金使用。

（3）铝锌类合金　锌能显著提高合金的强度，不需热处理就能使合金强化，但这类合金耐蚀性差，有应力腐蚀倾向，铸造时容易产生热裂。

（4）铝镁类合金　其具有非常优异的耐蚀性能，力学性能好，加工表面光亮美观，密度是现有铝合金中最小的。但其熔炼、铸造工艺较复杂，除用作耐蚀合金外，是发展高强度铝合金的基础之一，也可作为装饰用合金。

（5）混合稀土类合金　其高温强度高，热稳定性好，可用于在350～400℃温度下工作的零件。

3. 铸造铜合金

铸造铜合金按其主要组成和性能分为两大类：铸造青铜和铸造黄铜。黄铜是指以锌为主要合金元素的铜基合金。为提高强度加入锰等元素的称为高强度锰黄铜，加入镍等元素的称为白铜。除黄铜、白铜以外的铜合金均称为青铜。常用铸造铜合金的化学成分见表2-10。

（1）铸造锡青铜　其主要特点是具有很好的耐磨性能，在蒸汽、海水及碱溶液中具有很高的耐蚀性，具有足够的抗拉强度和一定的塑性，可用于制造一般条件下工作的各种耐磨、耐蚀零件。

（2）铸造铝青铜　其主要特点是具有高的力学性能，高的强度和塑性，优良的化学稳定性，高的致密性，成本较低，密度小。它是制造大吨位船舶螺旋桨的优良材料，还可以代替不锈钢制作耐蚀零件。

（3）铸造黄铜　其主要特点是流动性好，形成疏松的倾向小，熔点低，熔炼方便，强度高，但耐磨性和耐蚀性不如青铜，因此需加入一些合金元素构成各种特殊黄铜，从而提高其耐磨性和耐蚀性。

表 2-9 铸造铝合金的化学成分

合金牌号	合金代号	质量分数(%)						其他
		Si	Cu	Mg	Zn	Mn	Ti	
ZAlSi7Mg	ZL101	6.5~7.5	—	0.25~0.45	—	—	—	—
ZAlSi7MgA	ZL101A	6.5~7.5	—	0.25~0.45	—	—	0.08~0.20	—
ZAlSi12	ZL102	10.0~13.0	—	—	—	—	—	—
ZAlSi9Mg	ZL104	8.0~10.5	—	0.17~0.35	—	0.2~0.5	—	—
ZAlSi5Cu1Mg	ZL105	4.5~5.5	1.0~1.5	0.4~0.6	—	—	—	—
ZAlSi5Cu1MgA	ZL105A	4.5~5.5	1.0~1.5	0.4~0.55	—	—	—	—
ZAlSi8Cu1Mg	ZL106	7.5~8.5	1.0~1.5	0.3~0.5	—	0.3~0.5	0.10~0.25	—
ZAlSi7Cu4	ZL107	6.5~7.5	3.5~4.5	—	—	—	—	—
ZAlSi12Cu2Mg1	ZL108	11.0~13.0	1.0~2.0	0.4~1.0	—	0.3~0.9	—	—
ZAlSi12Cu1Mg1Ni1	ZL109	11.0~13.0	0.5~1.5	0.8~1.3	—	—	—	Ni0.8~1.5
ZAlSi9Cu2Mg	ZL111	8.0~10.0	1.3~1.8	0.4~0.6	—	0.10~0.35	0.10~0.35	—
ZAlSi7Mg1A	ZL114A	6.5~7.5	—	0.45~0.75	—	—	0.10~0.20	Be0~0.07
ZAlSi5Zn1Mg	ZL115	4.8~6.2	—	0.4~0.65	1.2~1.8	—	—	Sb0.1~0.25
ZAlSi8MgBe	ZL116	6.5~8.5	—	0.35~0.55	—	—	0.1~0.30	Be0.15~0.40
ZAlCu5Mn	ZL201	—	4.5~5.3	—	—	0.6~1.0	0.15~0.35	—

（续）

合金牌号	合金代号	质量分数(%)						其他
		Si	Cu	Mg	Zn	Mn	Ti	
ZAlCu5MnA	ZL201A	—	4.8~5.3	—	—	0.6~1.0	0.15~0.35	—
ZAlCu4	ZL203	—	4.0~5.0	—	—	—	—	—
ZAlCu5MnCdA	ZL204A	—	4.6~5.3	—	—	0.6~0.9	0.15~0.35	Cd0.15~0.25
ZAlCu5MnCdVA	ZL205A	—	4.6~5.3	—	—	0.3~0.5	0.15~0.35	Cd0.15~0.25 V0.05~0.3 Zr0.15~0.25 B0.005~0.6
ZAlRE5Cu3Si2	ZL207	1.6~2.0	3.0~3.4	0.15~0.25	—	0.9~0.12	—	Ni0.2~0.3 Zr0.15~0.2 RE4.4~5.0
ZAlMg10	ZL301	—	—	9.5~11.0	—	—	—	—
ZAlMg5Si1	ZL303	0.8~1.3	—	4.5~5.5	—	0.1~0.4	—	—
ZAlMg8Zn1	ZL305	—	—	7.5~9.0	1.0~1.5	—	0.1~0.2	Be0.03~0.1
ZAlZn11Si7	ZL401	6.0~8.0	—	0.1~0.3	9.0~13.0	—	—	—
ZAlZn6Mg	ZL402	—	—	0.5~0.65	5.0~6.5	—	0.15~0.25	Cr0.4~0.6

注：成分中余量元素为铝。

表 2-10 铸造铜合金的化学成分

合金牌号	合金名称	质量分数(%)									
		Sn	Zn	Pb	P	Ni	Al	Fe	Mn	Si	Cu
ZCuSn3Zn8Pb6Ni1	3-8-6-1 锡青铜	2.0~4.0	6.0~9.0	4.0~7.0	—	0.5~1.5	—	—	—	—	其余
ZCuSn3Zn11Pb4	3-11-4 锡青铜	2.0~4.0	9.0~13.0	3.0~6.0	—	—	—	—	—	—	其余
ZCuSn5Pb5Zn5	5-5-5 锡青铜	4.0~6.0	4.0~6.0	4.0~6.0	—	—	—	—	—	—	其余
ZCuSn10P1	10-1 锡青铜	9.0~11.5	—	—	0.8~1.1	—	—	—	—	—	其余
ZCuSn10Pb5	10-5 锡青铜	9.0~11.0	—	4.0~6.0	—	—	—	—	—	—	其余
ZCuSn10Zn2	10-2 锡青铜	9.0~11.0	1.0~3.0	—	—	—	—	—	—	—	其余
ZCuPb10Sn10	10-10 铅青铜	9.0~11.0	—	8.0~11.0	—	—	—	—	—	—	其余
ZCuPb15Sn8	15-8 铅青铜	7.0~9.0	—	13.0~17.0	—	—	—	—	—	—	其余
ZCuPb17Sn4Zn4	17-4-4 铅青铜	3.5~5.0	2.0~6.0	14.0~20.0	—	—	—	—	—	—	其余

（续）

合金牌号	合金名称	质量分数(%)									
		Sn	Zn	Pb	P	Ni	Al	Fe	Mn	Si	Cu
ZCuPb20Sn5	20-5 铅青铜	4.0~6.0	—	18.0~23.0	—	—	—	—	—	—	其余
ZCuPb30	30 铅青铜	—	—	27~33.0	—	—	—	—	—	—	其余
ZCuAl8Mn13Fe3	8-13-3 铝青铜	—	—	—	—	—	7.0~9.0	2.0~4.0	12.0~14.5	—	其余
ZCuAl8Mn13Fe3Ni2	8-13-3-2 铝青铜	—	—	—	—	1.8~2.5	7.0~8.5	2.5~4.0	11.5~14.0	—	其余
ZCuAl9Mn2	9-2 铝青铜	—	—	—	—	—	8.0~10.0	—	1.5~2.5	—	其余
ZCuAl9Fe4Ni4Mn2	9-4-4-2 铝青铜	—	—	—	—	4.0~5.0	8.5~10.0	4.5~5.0	0.8~2.5	—	其余
ZCuAl10Fe3	10-3 铝青铜	—	—	—	—	—	8.5~11.0	2.0~4.0	—	—	其余
ZCuAl10Fe3Mn2	10-3-2 铝青铜	—	—	—	—	—	9.0~11.0	2.0~4.0	1.0~2.0	—	其余
ZCuZn38	38 黄铜	—	其余	—	—	—	—	—	—	—	60.0~63.0

（续）

合金牌号	合金名称	质量分数(%)									
		Sn	Zn	Pb	P	Ni	Al	Fe	Mn	Si	Cu
ZCuZn25Al6Fe3Mn3	25-6-3-3 铝黄铜	—	其余	—	—	—	4.5~7.0	2.0~4.0	2.0~4.0	—	60.0~66.0
ZCuZn26Al4Fe3Mn3	26-4-3-3 铝黄铜	—	其余	—	—	—	2.5~5.0	2.0~4.0	2.0~4.0	—	60.0~66.0
ZCuZn31Al2	31-2 铝黄铜	—	其余	—	—	—	2.0~3.0	—	—	—	66.0~68.0
ZCuZn35Al2Mn2Fe1	32-2-2-1 铝黄铜	—	其余	—	—	—	0.5~2.5	0.5~2.0	0.1~3.0	—	57~65
ZCuZn38Mn2Pb2	38-2-2 锰黄铜	—	其余	1.5~2.5	—	—	—	—	1.5~2.5	—	57.0~60.0
ZCuZn40Mn2	40-2 锰黄铜	—	其余	—	—	—	—	—	1.0~2.0	—	57.0~60.0
ZCuZn40Mn3Fe1	40-3-1 锰黄铜	—	其余	—	—	—	—	0.5~1.5	3.0~4.0	—	53.0~58.0
ZCuZn33Pb2	32-2 铅黄铜	—	其余	1.0~3.0	—	—	—	—	—	—	63.0~67.0
ZCuZn40Pb2	40-2 铅黄铜	—	其余	0.5~2.5	—	—	0.2~0.8	—	—	—	58.0~63.0
ZCuZn16Si4	16-4 硅黄铜	—	其余	—	—	—	—	—	—	2.5~4.5	79.0~81.0

复习思考题

1. 铸造生产有哪些基本工序？
2. 简述造型方法的分类。
3. 简述手工造型的操作顺序。
4. 手工造型安放模样时应注意什么？
5. 简述手工造型时砂型紧实度的分布情况。
6. 扎通气孔时应注意什么问题？
7. 常见的定位方法有哪些？
8. 开型时应注意什么问题？
9. 修型过程中应注意什么问题？
10. 浇注系统由哪几部分组成？开设浇注系统时应注意什么？
11. 合型时应注意什么？
12. 什么叫合金？常用的合金有哪些？
13. 什么叫弹性变形和塑性变形？
14. 什么叫屈服强度和抗拉强度？它们有什么实际意义？
15. 什么叫退火？其主要目的是什么？
16. 什么叫淬火？其主要目的是什么？
17. 什么叫回火？其主要目的是什么？
18. 什么叫化学热处理？常见的化学热处理有哪些？
19. 铸铁热处理有什么特点？
20. 简述铸钢的分类情况。铸钢力学性能的主要指标有哪些？
21. 简述碳钢的力学性能和铸造性能。
22. 简述灰铸铁的性能和用途。
23. 指出以下各牌号属于什么类型的合金：

ZG230-450、ZG15Cr1Mo1V、RuT300、KTZ450-06、QTRSi4、QT400-18、ZCuAl10Fe。

24. 简述铁素体球墨铸铁的性能和用途。
25. 简述黑心可锻铸铁的性能和用途。
26. 简述铝硅类合金的性能和用途。
27. 铸造铜合金怎样分类？其定义是什么？
28. 简述铸造锡青铜的主要特点。

第三章

材料准备

培训学习目标 了解造型材料的分类、选择条件及对铸件质量的影响，掌握型砂及涂料的配制和使用方法。

造型材料的含义很广，凡是用来制造铸型（包括砂芯）的材料统称为造型材料。铸造生产中使用的铸型有砂型、金属型、陶瓷型、石膏型、石墨型等。其中，最普遍且大量使用的是砂型。

造型材料的种类及质量将直接影响铸造工艺和铸件质量，因此，了解各种造型材料的性能及其影响因素，是获得优质铸件的前提和保证。目前，每年应用砂型生产的铸件量占总铸件量的80%以上，因此本章仅介绍砂型铸造使用的造型材料。

第一节 造型原材料

一、铸造用砂

铸造用砂分为两大类：一类是铸造用硅砂，它是以石英（SiO_2）为主要矿物成分的耐火颗粒物，粒度一般为0.020～3.35mm，按其开采和加工方法的不同，分为水洗砂、擦洗砂、精选砂等天然硅砂和人工硅砂；另一类是非硅石铸造用砂，其矿物成分为含少量或不含有二氧化硅的岩石砂，如石灰石原砂、锆砂、镁砂、铬铁矿砂、刚玉砂等。

1. 铸造用硅砂

其牌号表示如下：

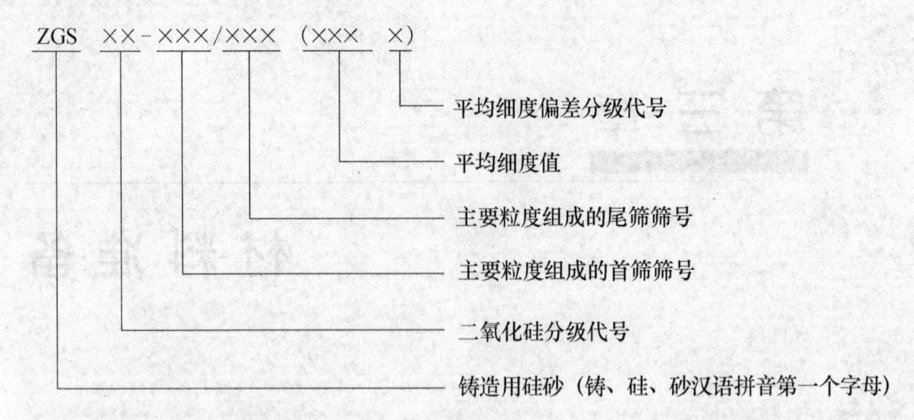

示例：ZGS 90-50/100（54A），表示该牌号硅砂的二氧化硅含量最小为90%，主要粒度组成为三筛，其首筛筛号为50，尾筛筛号为100，平均细度为54，平均细度偏差值为±2。

铸造用硅砂按二氧化硅含量分级和各级的化学成分见表3-1。

表3-1　铸造用硅砂按二氧化硅含量分级和各级的化学成分

分级代号	SiO_2（质量分数,%）	杂质化学成分（质量分数,%）			
		Al_2O_3	Fe_2O_3	CaO + MgO	$K_2O + Na_2O$
98	≥98	<1.0	<0.3	<0.2	<0.5
96	≥96	<2.5	<0.5	<0.3	<1.5
93	≥93	<4.0	<0.5	<0.5	<2.5
90	≥90	<6.0	<0.5	<0.6	<4.0
85	≥85	<8.5	<0.7	<1.0	<4.5
80	≥80	<10.0	<1.5	<2.0	<6.0

铸造用硅砂按含泥量分级见表3-2。

表3-2　铸造用硅砂按含泥量分级

分级代号	最大含泥量（质量分数,%）
0.2	0.2
0.3	0.3
0.5	0.5
1.0	1.0

铸造用硅砂按颗粒形状、角形因数分级见表3-3。

表3-3 铸造用硅砂按颗粒形状、角形因数分级

形　状	分级代号	角形因数
圆形	○	≤1.15
椭圆形	○-□	≤1.30
钝角形	□	≤1.45
方角形	□-△	≤1.63
尖角形	△	>1.63

铸造用硅砂按平均细度偏差分级见表3-4。

表3-4 铸造用硅砂按平均细度偏差分级

分级代号	偏差值
A	±2
B	±3
C	±4
D	±5

铸造用硅砂以二氧化硅含量、含泥量、角形系数三项指标评定其质量。二氧化硅含量和含泥量两项指标作为铸造用硅砂分级的依据；粒度多采用三筛制，以中间筛的筛孔尺寸小数点后三位数字作为粒度分组代号；角形系数是铸造用硅砂的实际比表面积与理论比表面积的比值，用来反映铸造用硅砂的颗粒形貌。

(1) 铸造用硅砂的组成及性能

1）矿物及化学成分。铸造用硅砂的主要成分为硅石（SiO_2），其次为长石，以及少量云母、铁的氧化物、碳酸盐、硫化物等。长石和云母等矿物质的硬度低，且都含有碱金属或碱土金属氧化物。这种氧化物与硅石形成易熔物质，造成铸件化学粘砂。因此，除硅石外，其他各种矿物质都降低原砂的耐火度和耐用性。

2）含泥量。原砂中的含泥量是指颗粒尺寸小于0.022mm的组成物的含量，它主要是硅石、长石、云母等矿物的细粉。含泥量高会降低型砂的强度、透气性和耐火度，特别是采用油类粘结剂或合成树脂粘结剂时，含泥量对型砂强度影响更大，如图3-1所示。因此，为了提高硅砂的质量，需对其进行水洗、擦洗、浮选等，以降低其含泥量。

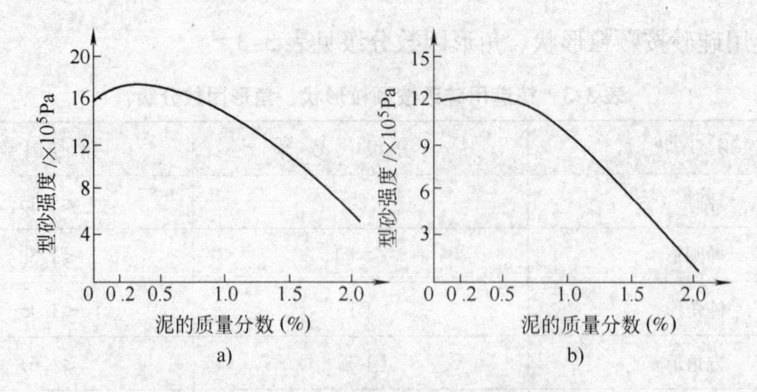

图3-1　原砂含泥量与型砂强度的关系

a）树脂砂　b）水玻璃砂

3）颗粒的组成。颗粒形状、大小、均匀率以及颗粒表面形态等，对型砂的透气性、强度和耐火度都有一定的影响。

4）热稳定性。原砂在高温作用下，体积膨胀和收缩的性能称为热稳定性。它对铸件质量影响很大。

（2）铸造用硅砂的选用　其选择原则主要是满足型砂性能要求，保证铸件质量，另外还要考虑来源丰富，取材方便，以及节约粘结剂等方面。

铸钢件的浇注温度高达1500℃以上，因此要求原砂应有较高的耐火度和透气性，二氧化硅含量应较高，一般二氧化硅的质量分数大于或等于94%，有害杂质含量应严格控制，同时要求硅砂颗粒较粗、均匀。

铸铁的熔点低于铸钢，浇注温度一般在1400℃以下，因而对原砂耐火度的要求比铸钢低，原砂选用的范围较宽。

铸铜的浇注温度约为1200℃，所以对原砂的化学成分要求不高，但铜合金的流动性好，容易钻入砂粒间的孔隙内，引起机械粘砂，因此宜采用较细、粒度较均匀的原砂。铝合金的浇注温度一般不超过800℃，对化学成分无特殊的要求，但这类铸件一般要求表面光洁，所以常选用粒度较细或特细的原砂。

刷涂料的干型和表面干型多用较粗的原砂，湿型宜用较细的原砂。一些对表面质量要求特别高的不加工小件，应选用特细砂。

若用桐油、合脂、水玻璃等作粘结剂，则选择原砂时宜选用含泥量尽量少的圆形砂，以充分发挥粘结剂的作用，节约材料，降低成本。用树脂作粘结剂的原砂，最好不用海砂，因海砂中含有碱金属等杂质，会引起树脂砂性能恶化和不稳定。

2. 非硅石铸造用砂

该类砂与硅砂相比，有高的耐火度、导热性、热容量和热化学稳定性，与金属液及其氧化物的浸润性低，膨胀系数小和铸件抗粘砂效果好等特点。

（1）石灰石砂 将天然石灰石经人工破碎、筛选而成石灰石砂，其颗粒形状以近圆形或多角形为最佳，硬度较低，主要用于大、中型铸钢件。

（2）镁砂 镁砂是将菱镁矿在高温下煅烧再经破碎分选而制成的。镁砂属于碱性耐火材料，不与氧化铁或氧化锰相互作用，因而常用作高锰钢铸件的面砂、芯砂或涂料。高温焙烧的镁砂涂料在烘干后不易产生龟裂。

（3）锆砂 锆砂又称锆英砂，属于酸性耐火材料，其耐火度高达2000℃以上。其热导率和蓄热系数比硅砂高一倍，故能使铸件冷却凝固较快并有良好的抗粘砂性能。当生产形状复杂的铸件时，可用它代替冷铁对铸件进行激冷。锆砂的热膨胀系数只有硅砂的1/3，一般不会造成型腔表面起拱和夹砂。因此，锆砂可用作大型铸钢件或合金钢铸件的特殊型（芯）砂及涂料、涂膏。

（4）铬铁矿砂 铬铁矿砂经900℃左右高温焙烧，加工破碎而成。其热导率比硅砂大几倍，耐火度高，不与氧化铁等起化学作用，有良好的抗碱性渣作用，在加热到1700℃以前无相变，体积基本上稳定。因此，铬铁矿砂主要用作大型或特殊铸钢件的面砂、芯砂或涂料。

（5）刚玉砂 其硬度、热导率高，高温时体积稳定。由于其结构致密，因此对酸和碱都具有很高的化学稳定性，但价格昂贵，主要在铸造精度高的合金钢铸件时作涂料用，同时也是精密铸造（熔模、陶瓷型）的良好造型制壳材料。

（6）高铝矾土 其为多孔性材料，密度小，热膨胀系数小，耐火度较高，铁及其氧化物对它的浸润性低，可用作大型碳素钢铸件的涂料和熔模铸造的制壳材料。

二、铸造用粘结剂

铸造用粘结剂是具有粘结性能的物质，在铸造中主要用于配制型（芯）砂、涂料、型芯胶粘剂等。在此主要介绍膨润土和粘土。

铸造用膨润土是指矿物组成主要为蒙脱石的粘土；铸造用粘土是指矿物组成主要为高岭石的粘土。它们都是型砂的主要粘结剂，被水润湿后具有粘结性和韧性，烘干后硬结具有较高的干强度，高温耐火性能也较好，成本低廉，所以应用广泛。

（1）铸造用膨润土 铸造用膨润土按其主要交换性阳离子可分为四类，以膨润土代号“P”及主要交换性阳离子的化学元素符号来表示。例如，以钠离子为主要交换性阳离子的膨润土用PNa表示，称为钠膨润土；以钙离子与钠离子为主要交换性阳离子的膨润土，用PCaNa（含量较多的阳离子的符号在前）表示，称为钙钠膨润土。铸造用膨润土分类见表3-5。钙膨润土中部分钙离子被钠离子所取代的膨润土又称为活性膨润土。

表3-5　铸造用膨润土分类

等级代号	类　别
PNa	钠膨润土
PCa	钙膨润土
PNaCa	钠钙膨润土
PCaNa	钙钠膨润土

按pH值的不同，膨润土又可分为酸性（S）、碱性（J）两类。铸造用膨润土按工艺试样湿压强度值分级见表3-6。铸造用膨润土按工艺试样热湿拉强度值分级见表3-7。

表3-6　铸造用膨润土按工艺试样湿压强度值分级

等级代号	工艺试样湿压强度值/kPa
10	>100
7	>70～100
5	>50～70
3	≥30～50

表3-7　铸造用膨润土按工艺试样热湿拉强度值分级

等级代号	工艺试样热湿拉强度/kPa
25	>2.5
20	>2.0～2.5
15	>1.5～2.0
5	0.5～1.5

铸造用膨润土的牌号以膨润土矿物特性强度值等级表示。在强度值等级中，前者为湿压强度值等级，后者为热湿拉强度值等级。例如，湿压强度为30～50kPa，热湿拉强度为0.5～1.5kPa的酸性钙膨润土，其牌号为PCaS-3-5。

钠膨润土与钙膨润土性能差异很大，前者对水的极化作用大，能吸附较多的水分子，因而用于湿型时抗夹砂能力优于后者。

（2）铸造用粘土　铸造用粘土按耐火度的不同分为两级，见表3-8。高耐火度适用于干型铸钢件，低耐火度适用于干型铸铁件。铸造用粘土按工艺试样湿压强度分为三级，见表3-9。铸造用粘土按工艺试样干压强度分为三级，见表3-10。

表 3-8 铸造用粘土按耐火度分级

等 级	等级代号	耐火度/℃
高耐火度	G	>1580
低耐火度	D	1350～1580

表 3-9 铸造用粘土按工艺试样湿压强度分级

等级代号	工艺试样湿压强度/kPa
5	>50
3	>30～50
2	20～30

表 3-10 铸造用粘土按工艺试样干压强度分级

等级代号	工艺试样干压强度/kPa
50	>500
30	>300～500
20	200～300

铸造用粘土的牌号以耐火度等级和强度等级表示。在强度等级中，前者为湿压强度等级，后者为干压强度等级。例如：耐火度高，湿压强度为 30～50kPa，干压强度大于 500kPa 的铸造用粘土，其牌号为 NG-3-50。

三、辅助材料

为了改善型砂的某些性能，常需要添加一些附加物，这些附加物称为辅助材料。辅助材料分为以下三类：

（1）改善透气性的材料　有锯木屑、稻草、亚麻皮及其他纤维物质等。

（2）防止铸件粘砂的材料　有煤粉、石墨粉、硅石粉、滑石粉等，主要用于砂型（芯）敷料和涂料。

（3）防止型（芯）砂粘模的材料　当型（芯）砂对模样（芯盒）有较强的粘附倾向时，可将煤油、石松子粉、滑石粉等喷（刷）或撒在模样（或芯盒）的工作表面上，从而防止粘模。

第二节 型砂应具备的性能及影响因素

所谓的型砂是指按一定比例配合的造型材料，经过混制后符合造型要求的混合料。根据其所用粘结剂的不同，型砂的种类也不同，其性能相差很大。下面主要介绍粘土型砂的性能及其影响因素。

一、强度

型砂强度是指型砂试样抵抗外力破坏的能力，包括湿强度、干强度、热强度等。型砂必须具备一定的强度，否则在起模、搬运、下芯、合型等过程中，砂型就可能破损塌落，浇注时可能承受不住金属液的冲刷，冲坏砂型表面，使铸件产生砂眼等缺陷，甚至造成胀砂或跑火现象。但是，其强度也不应太高，否则会使铸件收缩阻力增大，导致铸件开裂，落砂也较困难。因此，型砂的强度要控制恰当。

影响型砂强度的主要因素有：

（1）原砂的粒度和形状　在同样紧实条件下，原砂的粒度越细且越分散，则其强度越高。一般尖角形砂比圆形砂的接触面大，相互啮合作用也大，理论上其强度应比圆形砂大，但是由于尖角形砂不易紧实，因而尖角形砂的强度往往比圆形砂低。

（2）粘土含量与水含量　型砂中粘土含量增加，湿压强度最大值可随之增加，但粘土过多时，湿压强度就不再升高，如图3-2所示。型砂中粘土含量太多，会使型砂混碾困难，形成粘土团，型砂的其他性能亦变坏。当粘土量一定时，湿压强度开始随着型砂水含量的增加而增加，达到最大值时强度则随水含量的增加而下降，如图3-3所示。

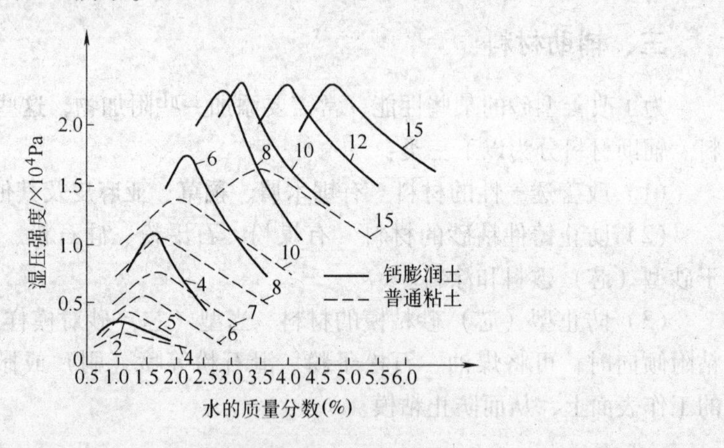

图3-2　粘土、水分对湿压强度的影响

（3）混砂工艺　当粘土砂混制不好时，型砂中会出现粘土团，使型砂的强度和其他性能都降低。混砂工艺主要控制加料顺序和混砂时间。

（4）紧实度　型砂的紧实度越高，其强度也越高。

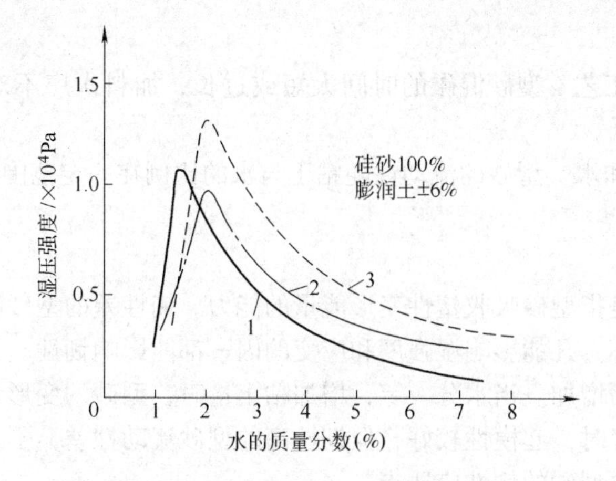

图3-3　三种不同膨润土对型砂的湿压强度曲线

1—仇山　2—九台　3—黑山

二、透气性

透气性是表示紧实砂样孔隙度的指标，即在标准温度和98Pa气压下，1min内通过1cm^2截面和1cm高紧实砂样的空气体积。金属液浇入砂型时，尤其是湿砂型时，会产生大量气体，因此砂型必须具备良好的排气能力，否则浇注时可能发生呛火，造成金属液喷溅，也可能使铸件形成气孔、浇不到等缺陷。砂型的排气能力，一方面取决于与型腔穿通的出气孔和冒口以及从砂型背部扎出的不贯穿的出气孔，另一方面取决于型砂的透气性。

影响型砂透气性的因素有：

（1）原砂粒度　粒度越粗、越均匀，则型砂的透气性越好。

（2）粘土含量　当型砂中水的含量一定时，粘土加入量越多，则透气性越差。

（3）水分含量　合适的水分含量能保证型砂具有良好的透气性，但水分不宜过多，否则会降低透气性。

三、流动性

型砂在重力或外力的作用下，沿模样表面和砂粒间相对移动的能力称为流动性。若型砂的流动性好，则可得到各处紧实程度较均匀、无局部疏松、轮廓清晰、表面光洁、尺寸精确的型腔，有利于防止机械粘砂，并可以减少紧实型砂劳动量，提高生产率。

影响型砂流动性的因素有：

（1）原砂粒度和形状　若采用粒度大而集中的圆形砂，则型砂的流动性较好。

（2）混砂工艺　型砂混碾的时间太短或过长，加料次序不对，都可能使型砂的流动性降低。

（3）粘土和水　型砂的流动性随粘土与水的比例在一定范围内增大而降低。

四、韧性

型砂韧性是指型砂吸收塑性变形能量的能力。韧性差的型砂制造的砂型在造型起模时易损坏。凡能影响湿强度和应变的因素都能影响韧性。型砂的变形量随着水分的增加而增加。当水分一定，增加粘土量时，型砂的变形量也增加。

型砂韧性好时，起模性较好，但韧性高的型砂流动性差，不易舂实和得到好的砂型表面，故型砂的韧性应适当。

五、耐火度

型砂的耐火度是指型砂能经受高温的能力。影响型砂耐火度的因素主要有原砂的化学成分，原砂的颗粒度与颗粒形貌，粘土含量及其耐火度。

一般来说，原砂的二氧化硅含量高，型砂的耐火度就高；原砂的颗粒越大，耐火度就会越高；圆形砂粒比尖角砂粒耐火度高；粘土加入量多，型砂耐火度下降。

型砂除应具备上述主要性能外，还必须具备良好的落砂性及溃散性，较低的发气性等。

第三节　粘土砂的分类及配制方法

一、粘土砂的分类

1. 根据用途分

粘土砂根据用途可分为面砂、背砂和单一砂。

（1）面砂　面砂是指特殊配制的在造型时与模样接触的一层型砂。在浇注时，面砂直接与高温金属液接触，对铸件质量影响很大，因而面砂应具备较高的强度、韧性、流动性、耐火度、适宜的透气性、抗粘砂和夹砂性等。面砂一般用较多的新砂或全部用新砂配制。

（2）背砂　背砂是指在模样上覆盖面砂后填充砂箱用的型砂。背砂只要求具有较好的透气性和一定的强度。背砂一般由旧砂加水配制，必要时加入少量粘土，混砂时间比较短。

（3）单一砂　单一砂是指不分面砂与背砂的型砂，通常用于中、小件机器造型。单一砂的性能应接近面砂。

采用面砂和背砂，不但便于保证铸件质量，而且能降低原材料的消耗，减少舂砂、落砂和混砂的劳动量，但在机器造型车间会使供砂系统复杂，并且降低造型机生产率。因此，手工造型多使用面砂和背砂，而机器造型只是在一些重大件（如气缸等）的铸造时才使用面砂和背砂。

2. 按砂型种类分

粘土型砂按砂型种类可分为湿型砂、表面干型砂和干型砂。

3. 根据所浇金属种类分

有铸铁件用粘土型砂、铸钢件用粘土型砂、有色合金铸件用粘土型砂。其中，铸铁件及有色合金铸件用粘土砂都有湿型砂、表面干型砂和干型砂之分；铸钢件用粘土型砂则主要有湿型砂和干型砂两种。

二、粘土砂的配制方法

（1）湿型砂　湿型砂是指以膨润土作粘结剂，所制的砂型不经烘干就可浇注金属液的型砂。

湿型砂的主要特点是：发气量大，强度较低；浇注后，砂型内因水分迁移，使性能很不均匀，透气性降低；另外，由于砂型表面不使用涂料，因此，铸件表面质量较差。

湿型砂对成分的要求如下：

1）原砂。铸铁湿型砂常采用颗粒较细的圆形或多角形的天然砂。

2）粘土。一般选用粘结性能较好的膨润土，以保证在用量最少的情况下得到足够的强度、透气性和低的发气量。

3）煤粉和重油。铸铁件湿型砂中常加入煤粉，在重要件的面砂中还加入重油，以提高型砂的抗粘砂和抗夹砂的能力。

湿型砂的配比与合金种类有关。表 3-11 ~ 表 3-13 分别是铸铁件、铸钢件、有色合金铸件湿型砂的配比及性能指标。

表 3-11　铸铁件湿型砂的配比及性能

使用范围	配比（质量分数,%）							性能
	新砂	旧砂	膨润土	煤粉	碳酸钠	重油	水分	湿压强度/$\times 10^4$ Pa
单一砂	10 ~ 20	80 ~ 90	2 ~ 3	2 ~ 3	0 ~ 0.1	0 ~ 1.0	4.0 ~ 5.0	6 ~ 8
面　砂	40 ~ 50	50 ~ 60	4 ~ 6	4 ~ 6	0 ~ 0.2	1 ~ 1.5	4.5 ~ 5.5	9 ~ 11
背　砂	0 ~ 10	90 ~ 100	0 ~ 1.5	—	—	—	4.5 ~ 5.5	4.5 ~ 5.5

表3-12　铸钢件湿型砂的配比及性能

使用范围	配比（质量分数,%）					性能
	新砂	膨润土	糖浆或纸浆	碳酸钠	水分	湿压强度/×10^4Pa
<200kg	100	5~7	1.5~2.0	—	4.0~5.0	6~7
>200kg	100	8~10	1~1.5	0.3~0.5	5.0~6.0	7~8

表3-13　有色合金铸件湿型砂的配比及性能

使用范围	配比（质量分数,%）				性能
	新砂	旧砂	膨润土	水分	湿压强度/×10^4Pa
小件	20~40	80~60	2~3	4~6	2~4
大件	100	—	6~10	4.5~6	8~9

制备湿型砂时的加料顺序为：旧砂、新砂、粘土、煤粉、水。其制备工艺一般是先干混2~3min，再湿混6~10min，然后出砂。

（2）表面干型砂　表面干型砂是指砂型经自然风干、刷涂料和表层烘干至十几毫米深度即进行浇注的型砂。

表面干型砂是采用粗粒砂、活化膨润土、木屑等混制而成的。其工艺特性同湿型砂相比，具有较高的表层强度、较好的透气性。另外，由于其表面可以刷涂料，因此制得的铸件表面质量较好。

同干型砂相比，表面干型砂可节省烘炉，节约燃料和电力，缩短生产周期，改善劳动条件。

表面干型砂一般用于铸铁件和有色合金铸件。铸铁件表面干型砂的配比及性能见表3-14。

表3-14　铸铁件表面干型砂的配比及性能

配比（质量分数,%）						性能	应用范围
新砂	旧砂	膨润土	碳酸钠	木屑	水分	湿压强度/×10^4Pa	
50	50	10~12	0.5~0.6	2	6.5~7.5	10~12	>10t
20	80	4~6	0.2~0.3	1	6.5~7.5	9~11	5~10t
20	80	4~6	0.2~0.3	1	6.0~7.0	9~11	<5t

表面干型砂混砂工艺为：先干混2~3min，再湿混8~10min，然后出砂。

（3）干型砂　干型砂是指砂型经烘干后再进行浇注的型砂。

干型砂一般用于单件、小批量生产的大型或重型铸件，或者用于表面要求

高、受高压或结构特别复杂的铸件。

干型砂的配比与合金种类有关。表3-15～表3-17分别是铸铁件、铸钢件及有色合金铸件干型砂的配比及性能指标。

表3-15 铸铁件干型砂的配比及性能

使用范围	配比（质量分数,%）						性能	
	新砂分组代号			旧砂	粘土	水分	湿压强度/×10^4Pa	干切强度/×10^4Pa
	60	42	30					
大件面砂	20	50	—	30	8～10	7～8	5～7	>15
中件面砂	—	30	—	70	4～5	7～8	4.5～6	>15
中小件面砂	—	—	30	70	4～6	7～8	4.5～6	>15

表3-16 铸钢件干型砂的配比及性能

使用范围	配比（质量分数,%）					性能	
	新砂分组代号		粘土	纸浆或糖浆	水分	湿压强度/×10^4Pa	干切强度/×10^4Pa
	60	42					
小件	—	100	7～8	—	6.5～7.5	3.5～5.0	≥15
中小件	—	100	10～12	1～1.5	6.5～7.5	4.0～6.0	≥15
中大件	30	70	10～12	1.5～2.0	7.0～8.0	5.0～7.0	≥20
大件	70	30	12～14	—	7.0～8.0	5.0～7.0	≥15

表3-17 有色合金铸件干型砂的配比及性能

配比（质量分数,%）				性能
新砂分组代号	旧砂	粘土	水分	湿压强度/×10^4Pa
21				
10	90	1.0	7.5～8.5	>6.0

1）铸铁件干型砂。其工艺特点是有较高的湿强度和干强度，较好的透气性，较高的耐火度和热化学稳定性，以及低的残留强度和好的溃散性。

2）铸钢件干型砂。其工艺特点是具有高的湿强度和干强度，高的耐火度和热化学稳定性。

3）有色合金干型砂。铜和铝的浇注温度较低，因此对型砂耐火度要求不高，透气性也可低一些，但要求型砂有好的流动性。一般中、小件采用湿型或表面干型铸造，只有重大件铜合金才采用干型铸造。

铸件采用干型铸造，可以减少或避免气孔、冲砂、粘砂、夹砂等缺陷，表面质量也容易得到保证。但干型铸造需要专用的烘干设备，增加燃料消耗，增加起重机作业次数，延长生产周期，缩短砂箱寿命，落砂困难，劳动生产率低等。

复习思考题

1. 什么叫造型材料？
2. 什么叫强度？影响型砂强度的因素有哪些？
3. 什么叫透气性？影响型砂透气性的因素有哪些？
4. 什么叫流动性？影响型砂流动性的因素有哪些？
5. 型砂中辅助材料分为哪几类？各有什么作用？

第四章

工装设备

培训学习目标 了解常用造型（芯）设备的名称、型号、构造、性能和使用方法，以及砂型紧实度、紧实方法和起模方法等。

造型和制芯是铸造生产过程中一道重要的工序，其机械化的程度决定着铸造生产率的高低、铸件质量的优劣及工人劳动条件的好坏，同时还对运输机械、浇注设备、落砂机械的选用起着重要的作用，在一定程度上决定着整个车间的面貌。机器造型（芯）是实现铸造生产机械化和自动化的前提条件，是铸造生产发展的需要。

第一节 粘土砂机器造型

粘土砂造型机和造芯机实质上是一样的，有的造型机同样可以造芯。它们的主要作用是填砂、紧实和起模。填砂就是用制备好的型砂填充砂箱的过程。紧实是指使砂箱（芯盒）内型（芯）砂提高紧实度的操作过程。起模是指使模样与砂型分离或砂芯与芯盒分离的操作过程。

对于粘土砂的机器造型来说，其主要工作过程就是紧实。紧实方式不同，所需造型机的构造也就不同，型号多种多样。

一、粘土砂机器造型（芯）的特点

粘土砂机器造型（芯）和手工造型（芯）相比较，有以下几方面的特点：

1）铸件质量高。机器造型所得到的砂型强度和硬度都高，紧实度均匀，浇注时的型壁移动量小，故能提高铸件的尺寸精度，并降低铸件的表面粗糙度。由于其所得铸件加工余量小，因此既能节约金属材料，又能减轻机械加工工作量。

2）生产率高。机器造型时紧实型砂和起模操作都由机器在较短的时间内完成，且砂型不用修整和开挖浇道，因此极大地提高了生产率。

3）劳动强度低，劳动条件较好。手工造型劳动强度大，粉尘多，温度高，劳动条件恶劣，而机器造型时操作者只需站在机器旁边，用按钮控制生产，因此劳动强度和条件大为减轻和改善。

4）技术等级较低的生产工人能较快地掌握生产技能。

5）机器造型除需造型机、动力设备等外，还需配备专用砂箱和工具，且模板制造周期长，费用也较大，因此，机器造型只适用于大批量生产的铸件。

二、粘土砂砂型紧实度、紧实方法和起模方法

1. 对砂型紧实度的工艺要求

型砂紧实后的压缩程度称为紧实度。其可用密度（g/cm^3）或砂型硬度表示。

几种常见的型砂用密度表示紧实度的数值为：十分松散的型砂，紧实度为 $0.6\sim1.0g/cm^3$；从砂斗填到砂箱的松散砂，紧实度为 $1.2\sim1.3g/cm^3$；一般紧实的型砂，紧实度为 $1.55\sim1.7g/cm^3$；高压紧实后的型砂，紧实度为 $1.6\sim1.8g/cm^3$；非常紧密的型砂，紧实度为 $1.8\sim1.9g/cm^3$。

确定一个砂型的平均紧实度是比较容易的，只要知道砂型总的重量和体积就可以算出。但在实际生产中，砂型各处的紧实度是不同的，因此需要测量砂型内部各点的紧实度。其方法是：用一种钢套管或特制的钻头把被测部分的型砂取出来，称重并计算其体积。这种方法相当麻烦，并且不准确，往往还要破坏砂型。

在实际生产中，通常采用砂型硬度计测量砂型的表面硬度，从而确定砂型的紧实度。一般紧实后的砂型表面硬度为60~80单位，高压造型可达90单位以上。使用硬度计测量砂型的紧实度非常方便，并不会破坏型腔，但不能测量砂型内部的紧实度。

通常情况下，砂型的密度越大，其表面硬度也就越高，但两者并不成简单的比例关系。对于不同的砂型，如型砂的粘土含量、水分或其他附加物含量不同时，两者的关系也就不一样。

砂型经过紧实后应具有一定的强度。对紧实后的砂型最低的要求是能经受住搬运或翻转过程中的振动而不塌落；浇注时能抵抗住金属液的压力，减小型壁移动，以保证铸件的尺寸精度，并获得低的表面粗糙度值。但是，紧实度过高的砂型，透气性差，容易引起气孔、夹砂等缺陷。因此，砂型的紧实度应控制在一定的范围内。

2. 粘土砂机器造型时紧实型砂的方法

(1) 压实法　通过液压、机械或气压作用于压板、柔性膜或组合压头，使

砂箱内的型砂紧实的过程称为压实。

平板压实法造型时，将压板压入辅助框中，随着砂柱高度的降低，型砂逐渐紧实，如图4-1所示。辅助框用于补偿压实过程中砂柱受压缩的高度。辅助框的高度由型砂的紧实度和砂箱的高度确定。

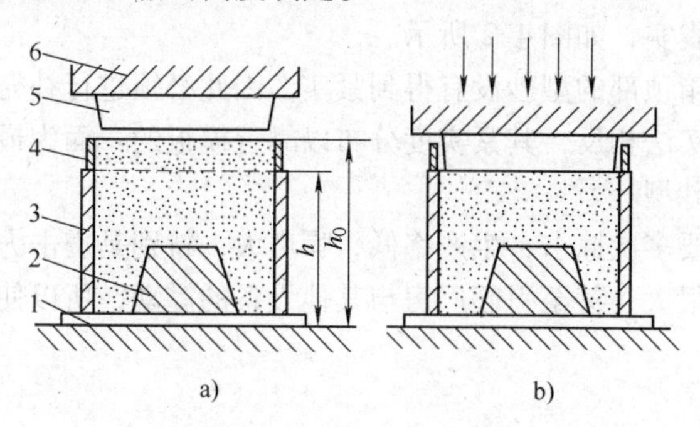

图4-1 平板压实造型

a）加压前 b）加压后

1—工作台 2—模样 3—砂箱 4—辅助框 5—压板 6—压板架

平板压实法主要在砂箱高度不超过150mm，而且深凹比比较小，模样顶上的砂柱较高的情况下使用。若砂箱比较高，或者模样很复杂，则必须采用其他紧实方法，或者加以一定的辅助措施，使紧实度不足的地方得到必要的紧实。因此，平板压实法的使用范围十分有限。但是平板压实法动作简捷，生产率高，造型机的结构简单，无噪声，所以仍被广泛采用。

当平板压实法不能满足砂型紧实度的要求时，可采用以下方式提高砂型紧实度：

1）高压造型。提高压实比压，不但可以提高砂型的紧实度，而且可以使砂型内的紧实度更均匀，砂型深凹部和侧壁的紧实度也得到提高。但比压过大会使型砂的透气性降低，铸件容易产生气孔、粘砂等缺陷，同时起模时易损坏砂型。因此，高压造型的比压通常为0.7～1.5MPa。

2）使紧实度均匀化的方法。高压造型虽然在一定程度上能使紧实度均匀化，然而对于较复杂的模样还是不能获得紧实度均匀的砂型，因此，常采用以下方法使砂型的紧实度均匀化：

① 减小压缩比的差别：应用成形压板、多触头压头、压膜、模样退缩装置等。

② 模板加压与对压法：把压板加压与模板加压结合起来，得到两面紧实度都较高的砂型，称为对压法。

③ 提高压前的型砂紧实度：采用压前预实型砂的方法；控制型砂中水分的含量；提高填砂紧实度，可提高压前的型砂紧实度。

④ 微震：在压实的同时进行微震。

⑤ 多次加压和顺序加压：对于特别高的模样，可以采用多次加压、多次填砂的方法，使深凹部位的型砂得到补充紧实，达到紧实度均匀化的目的。

（2）震实法　在低频率和高振幅运动中，下落冲程撞击使型砂因惯性获得紧实的过程称为震实，如图4-2所示。

震实后，砂箱顶部的型砂没有得到紧实，因此必须进行补充紧实。

震实法与压实法相反，其紧实度分布以靠近模板的一面为最高，所以适用于制作模样较高的砂型。

震实造型需要多次撞击，生产率低，噪声大，特别是震击力直接作用在机器的基础上，震动很大，甚至引起厂房与其他设备的震动，所以使用范围很小，并逐渐被淘汰。

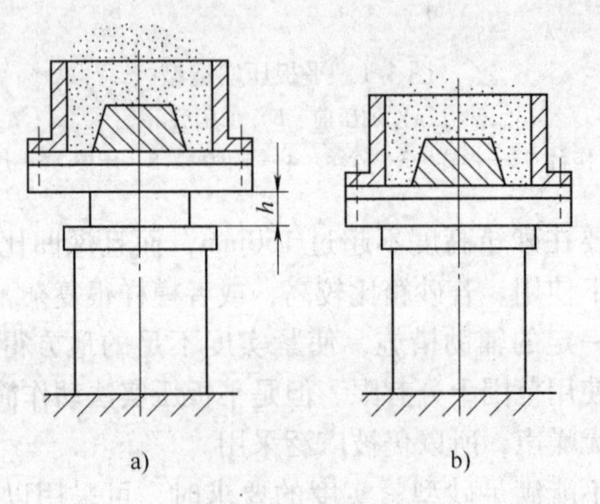

图4-2　震实法

a）工作台举起　b）下落震击

（3）射砂紧实法　利用压缩空气将型砂以很高的速度射入砂箱（或芯盒）而使砂型得到紧实的方法称为射砂紧实法。

射砂所得的紧实度一般较均匀，而且射砂过程很快，所需时间不到1s，射砂既是填砂过程又是紧实过程，是一种高效率的生产方法，普遍应用于制芯。

射砂紧实法的主要缺点是，所得到的紧实度不够高。对于尚需固化的砂芯来说，射砂紧实法所得紧实度能满足要求，但是对于湿砂芯和造型来说则还不足，因此，常将射砂紧实法与压实法结合起来，得到具有一定紧实度的砂型。许多造型机常用射砂方法，如垂直分型无箱射压造型机及水平分型脱箱射压造型机等。

（4）抛砂紧实法　利用离心力抛出型砂，使型砂在惯性力下完成填砂和紧实的造型方法称为抛砂紧实造型。其适宜于制造较大的砂型。

（5）其他紧实型砂的方法　常见的紧实型砂的方法还有挤压法、滚压法、气鼓法和辊压法等。

3. 机器造型起模方法

起模是造型机上的一个主要工序，其方式主要可以分成两种：顶箱起模和翻转起模。起模时要求动作平稳，没有冲击，特别是在模样与砂型相脱离的一瞬间，要求速度缓慢，所以造型机上的起模机构绝大多数采用液压或气压传动，起模过程中速度可以调节。

（1）顶箱起模　顶箱起模的特点是：在不翻转砂箱的情况下，将模样自砂型中起出。顶箱起模可分为顶杆法和托箱法。

1）顶杆法。顶杆法是指造型完毕后，造型机的四个顶杆向上运动，顶着砂箱的四个角垂直上升与模板分离的起模方法，如图 4-3 所示。

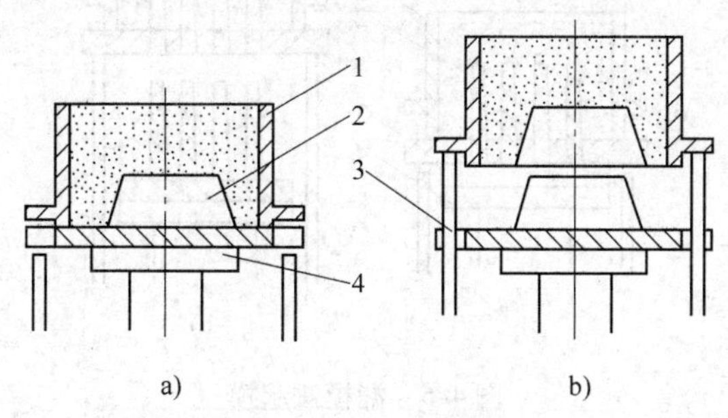

图 4-3　顶杆法起模

a）造型　b）起模

1—砂箱　2—模板　3—顶杆　4—造型机工作台

为了保证将砂箱平稳顶起，必须使四根顶杆的上下运动完全同步，所以顶杆都装在一个顶杆架上，随着顶杆气缸一起上下运动。

2）托箱法。起模时砂箱被托住不动，而模样下降，这种起模方式称为托箱法，如图 4-4 所示。

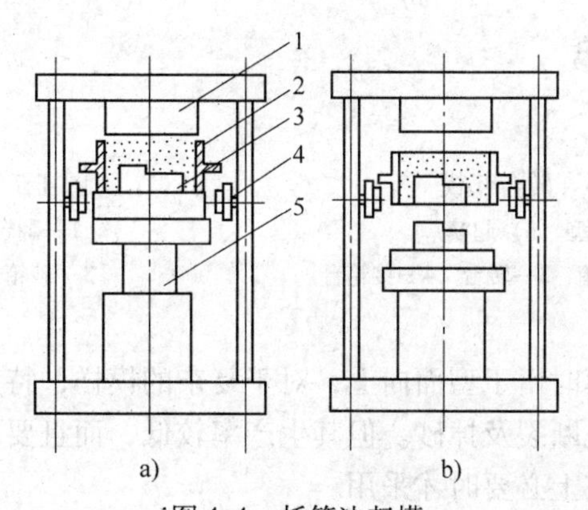

图 4-4　托箱法起模

a）造型　b）起模

1—压台　2—砂型　3—模样　4—边辊道　5—压实机构

顶箱起模时，砂型下面没有物体托住，型腔容易损坏，所以顶箱起模多用于形状简单、高度较小的模样造型。为了避免这一缺点，对于较复杂或高度较大的模样，可以采用一种漏板，在起模时沿着模样四周把砂型支撑住，称为漏模法，如图4-5所示。

（2）翻转起模　起模前，把砂箱连同模板一起翻转180°，用接箱台把砂箱接住，然后接箱台连同砂箱一起下降实现起模，这种起模方法称为翻转起模。按其结构分为转台法和翻台法两种，如图4-6和图4-7所示。

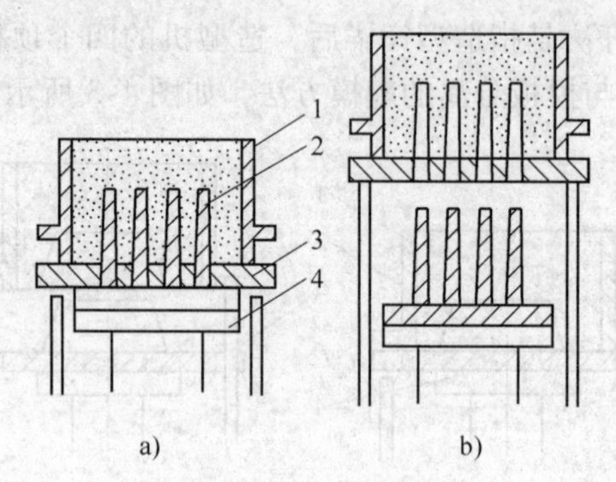

图4-5　漏模法起模

a）造型　b）起模

1—砂箱　2—模样　3—漏板　4—工作台

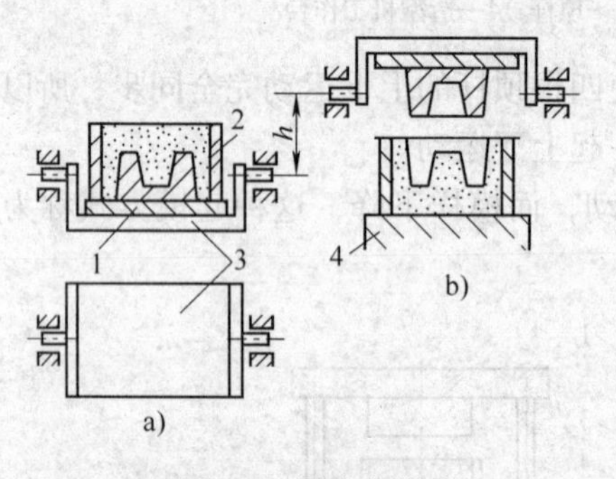

图4-6　转台起模

a）造型　b）起模

1—模板　2—砂箱　3—转台　4—接箱台

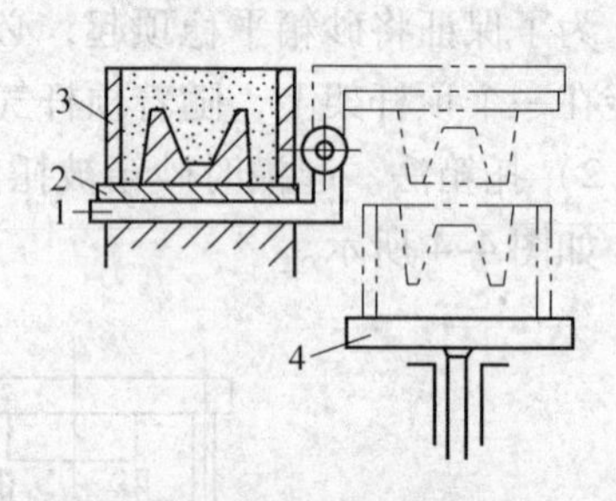

图4-7　翻台起模

1—翻台　2—模板

3—砂箱　4—接箱台

翻转起模法起模时由于型面向上，对于复杂的模样，特别是有较大的悬吊砂胎的砂型，可以避免断裂及掉砂。但其生产率较低，而且要求机器的结构也较复杂，所以只有在工艺上必要时才采用。

第二节 常用粘土砂造型机械的结构、性能和使用方法

随着生产发展的需要，粘土砂造型（芯）机的种类越来越多，性能也日趋完善。下面着重介绍Z145A型震压造型机的结构、性能和使用方法。

Z145A型震压造型机主要用于小型铸件生产，其最大砂箱内腔面积为500mm×400mm，最小砂箱内腔面积为355mm×280mm是铸造机械厂的定型产品，多用于一些小型机械化的铸造车间。

1. Z145A型震压造型机的结构

整台机器可以分成震压气缸、压板和起模机构三大部分，如图4-8所示。其机架为悬臂单立柱结构。

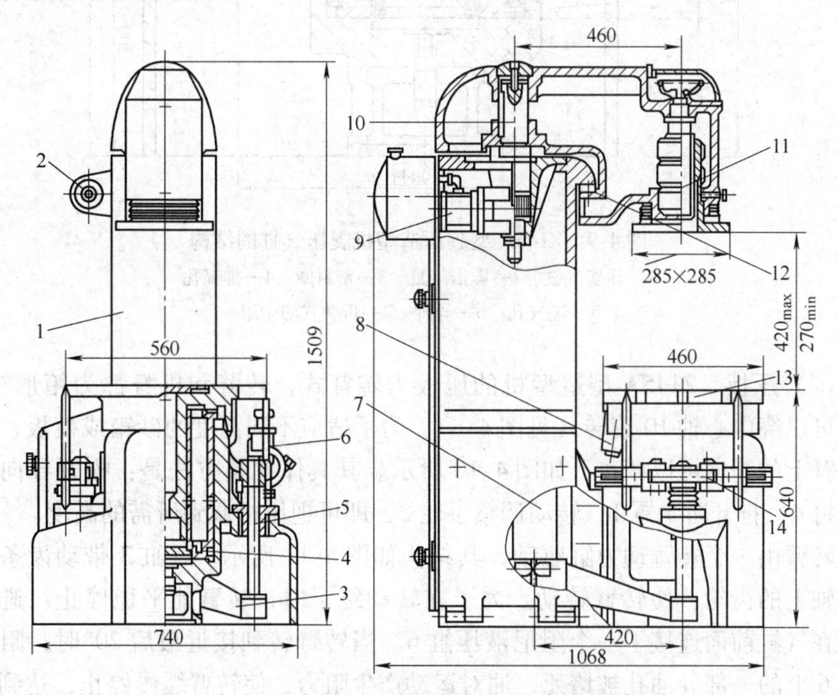

图4-8 Z145A型震压造型机的结构

1—机身 2—按压阀 3—起模同步架 4—震压气缸 5—起模导向杆 6—起模顶杆 7—起模液压缸 8—震动器 9—转臂动力缸 10—转臂中心轴 11—压板机构 12—垫块 13—工作台 14—起模架

（1）震压气缸 如图4-9所示，压缩空气由震压活塞中心的ϕ6mm孔进入

气缸，使活塞上升，在活塞上升一段距离后，气缸壁上的排气孔打开，由于排气孔比进气孔大得多，因此随着压缩空气的迅速排出，缸内气压降低，活塞靠惯性上升一段距离，然后下落直到发生撞击，如此不断循环。这种震压气缸的特点是结构比较简单，但空气浪费较多，只适用于小型的震压造型机。

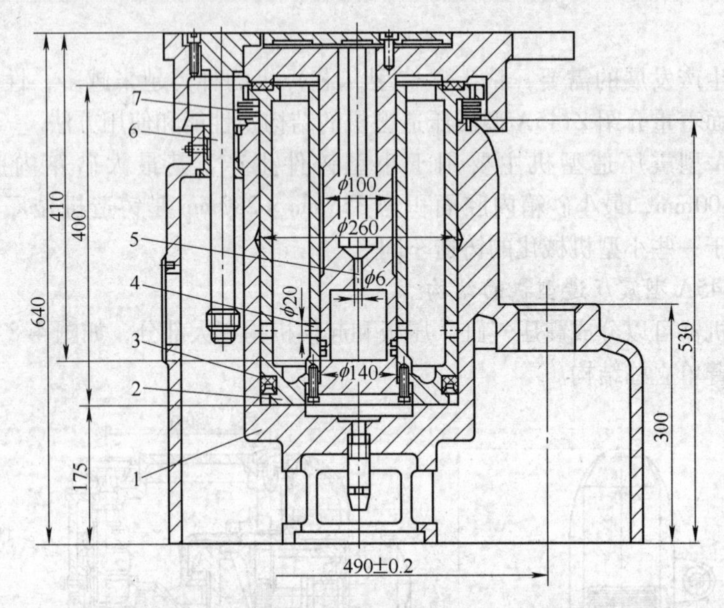

图4-9　Z145A型震压造型机震压气缸的结构

1—压实气缸　2—震击气缸　3—密封圈　4—排气孔
5—进气孔　6—导杆　7—折叠式防尘罩

（2）压板　Z145A型造型机的压板为转臂式，转臂和机身都为箱形结构。转臂可以绕中心轴10旋转（见图4-8）。为了适应不同高度的砂箱或模板，压板在转臂上的高度可以调整，如图4-10所示。其具体调整方法是：松开导向及锁紧螺钉4，打开防尘罩1，转动调整手轮2，即可把压板调到所需的高度。

转臂由一个转臂动力缸驱动，其结构如图4-11所示。气缸3带动齿条7推动转轴上的齿轮，使转臂转动。为了在转动终了时，转臂能平稳停止，避免冲击，在气缸前面连接了一个阻尼液压缸6。当转臂转到接近最后20°时，阻尼液压缸6上的一部分油孔被堵死，油对运动产生阻力，使转臂缓慢停止，达到缓冲的目的。

（3）起模机构　Z145A型震压造型机采用顶杆法起模。如图4-8所示，在工作台的四个角上，分别有四根起模顶杆。起模顶杆的位置可以根据砂箱的大小进行调节，其调节范围如图4-12所示。具体调节方法是：松开螺钉6，使顶杆支架3借助外支架2绕小轴8转动，从而调整4根顶杆间的距离。

为了保证起模平稳，起模缸采用气压油驱动，其结构如图 4-13 所示。

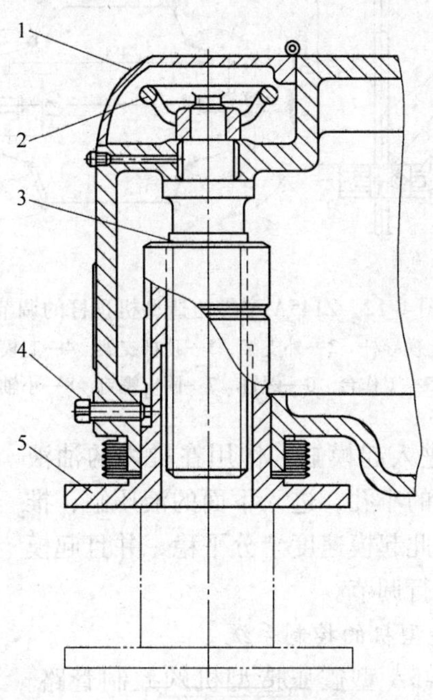

图 4-10 压板高度的调整

1—防尘罩 2—调整手轮 3—调整螺杆 4—导向及锁紧螺钉 5—压板

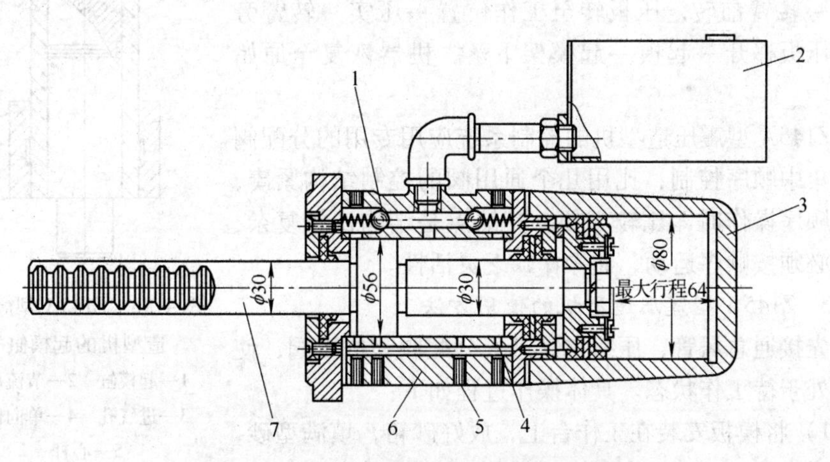

图 4-11 Z145A 型震压造型机的转臂动力缸

1—钢球 2—高位油箱 3—气缸 4—阻尼油孔 5—圆销 6—阻尼液压缸 7—活塞杆及齿条

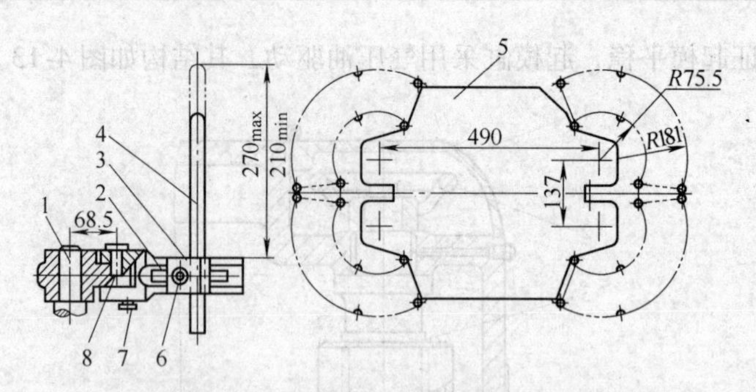

图4-12　Z145A型震压造型机顶杆的调节

1—起模导杆　2—外支架　3—顶杆支架　4—起模顶杆

5—工作台　6—螺钉　7—固定螺钉　8—小轴

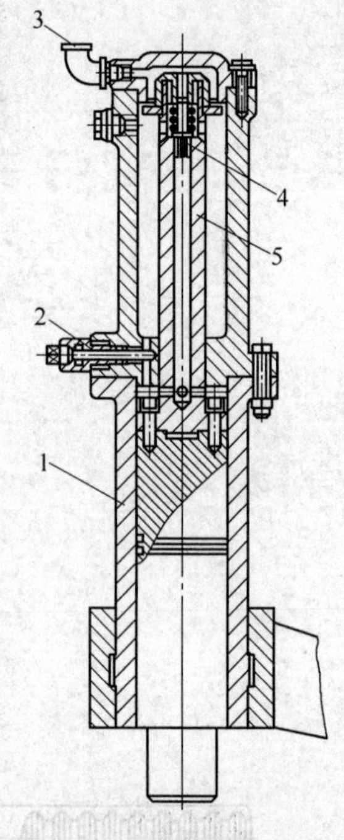

图4-13　Z145A型震压造型机的起模缸

1—起模缸　2—节流阀

3—进气孔　4—单向阀

5—心杆

空气由进气孔3进入起模缸，作用在缸内的油液上，油液通过节流阀2的小孔，进入下面的液压缸，推动起模缸向上运动，因此起模速度十分平稳，并且起模的速度可通过节流阀进行调节。

2. Z145A型震压造型机的控制系统

图4-14所示为Z145A型震压造型机的控制管路。压缩空气由总截止阀进入，经油雾器2进入分配阀4，再由分配阀依次接向各动力缸及气缸。分配阀的动作由按压阀3控制。每按一次按压阀，依次完成以下动作：震击→转臂前转，压板转至工作位置→压实→转臂旁转，压板移开→起模→起模架下落，机器恢复至原始位置。

Z145A型震压造型机的控制系统应用专用的分配阀进行集中顺序控制，比用几个通用阀的控制结构紧凑，在按顺序操作时，比较方便。其缺点是结构比较复杂，而且必须按顺序运动，使操作缺乏灵活性。

3. Z145A型震压造型机的使用方法

先接通总风管，压缩空气进入分配阀和按压阀，使机器处于待工作状态。具体操作过程如下：

1）将模板安装在工作台上，放好砂箱，填满型砂，准备震击。

2）先按按压阀，压缩空气由分配阀进入震击气缸，使其震动，震击结束后，将砂箱上部的型砂摊平。

3）第二次按按压阀，震实结束，分配阀与转臂缸接通，转臂转至工作

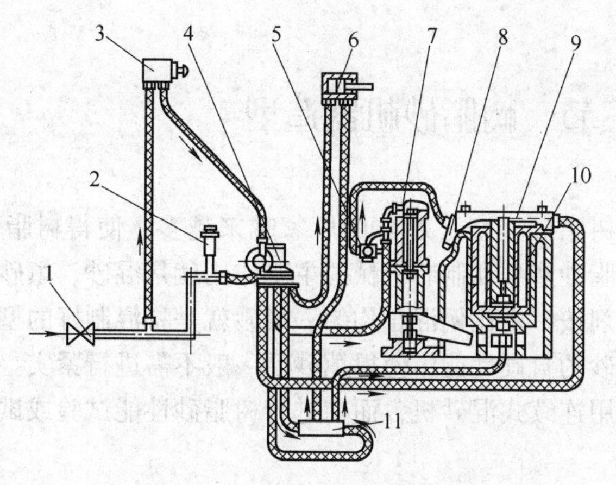

图 4-14 Z145A 型震压造型机的控制管路

1—截止阀 2—油雾器 3—按压阀 4—分配阀 5—起动阀 6—转臂缸 7—起模缸 8—震动器 9—工作台 10—压实活塞 11—换向阀

位置。

4）第三次按按压阀，压缩空气进入压实气缸，使工作台上升，把辅助框内的型砂压入砂箱内。

5）第四次按按压阀，压缩空气进入转臂缸，使转臂复位。

6）第五次按按压阀，压缩空气经分配阀、起动阀进入振动器，同时进入起模缸，起模顶杆上升将砂箱顶起，实现起模。造型工序结束，运出砂型。

7）第六次按按压阀，起模顶杆下降，各机构全部处于排气位置，机器恢复到初始位置。

4. Z145A 型震压造型机的维护

由于 Z145A 型震压造型机在工作时噪声大，粉尘多，机件容易磨损，因此必须进行经常性的维护和保养。其具体方法如下：

1）使用的压缩空气必须经过空气过滤器去除水分。

2）在连接造型机和压缩空气的管路前，要彻底清除管路内的锈蚀、砂粒及灰尘等。

3）操作前要检查所有的固定螺钉，不应有松动现象。

4）操作前检查各主要机构是否正常，主要检查震击机构、压实机构。（要求压实活塞在上升与下降时应均匀、平稳，不得与限制器发生撞击）和起模机构（要求起模架上升和下降应平稳，既不卡住，也不歪斜，并按所生产的砂型大小，调节起模顶杆的位置）。

5）按机器的润滑要求对各部分进行润滑。

◈◈◈ 第三节　树脂砂机器造型

目前，应用树脂砂造型（芯）的厂家越来越多，使得树脂砂的应用范围也在不断扩大。树脂砂造型和制芯机械的主要作用就是混砂、填砂。混砂就是将原砂、树脂、固化剂按一定比例混合均匀。填砂就是将混制好的型砂填充砂箱、芯盒的过程。树脂砂的自硬性能，使得填砂后一般不需进行紧实。

在生产中多用连续式混砂机，而在进行树脂砂性能试验或试验性生产时则用间歇式混砂机。

一、树脂砂造型（芯）的特点

应用树脂砂造型（芯）有以下特点：

1）可进行连续性生产，主要体现在混砂过程的连续性，对一些用砂量较大的造型（芯），混砂、填砂可以一次性连续完成。

2）树脂砂造型可提高铸件的尺寸精度和表面质量。

3）相对于粘土砂手工造型而言，可大大减轻操作者的劳动强度。

4）提高了劳动效率。树脂砂混砂机可安放在地轨上滑行，因此可以一边进行造型（芯）操作，一边进行摆放砂箱、模样或芯盒的操作，也可这边造型（芯）后，移至另一边再进行造型（芯），并且可以减少砂箱、芯盒和模样的吊运工作。

5）由于树脂、固化剂具有毒性和腐蚀性，且在造型（芯）过程中有较多粉尘，生产过程中要切实加强安全保护措施。

二、树脂砂混砂机的结构

树脂砂混砂机的结构大同小异，下面介绍 S6320 型连续式混砂机，其主体结构如图 4-15 所示。

新砂和回用砂分别储存在新砂斗 1 和回用砂斗 2 中，通过切换闸板 3，可以分别打开新砂斗或回用砂斗（或者关闭），向螺旋式输送机 4 中送入新砂或回用砂。通过电动机带动，螺旋式输送机 4 将新砂或回用砂连续送入混砂筒 5 中。此时，树脂由树脂输入孔 7 中进入，与原砂进行混合，并向出料口 9 推进。固化剂由固化剂输入孔 8 中进入，与原砂、树脂进一步混合均匀，混制好的型砂（芯砂）最终由出料口 9 中输出，进行填砂。

通过控制面板 6，操作者可以方便地调节螺旋式输送机 4 和混砂筒 5 的转动，从而对砂箱（芯盒）的各个部位进行填砂。通过控制面板 6，还可以对输送

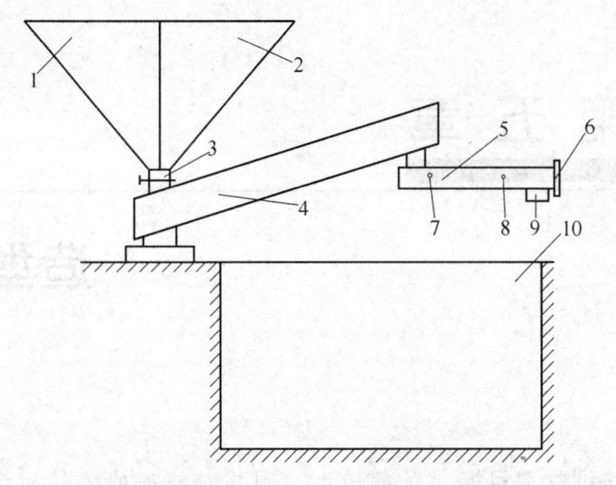

图 4-15　S6320 型连续式混砂机的结构简图
1—新砂斗　2—回用砂斗　3—切换闸板　4—螺旋式输送机
5—混砂筒　6—控制面板　7—树脂输入孔　8—固化剂输入孔
9—出料口　10—造型（芯）地坑

泵进行控制，调节树脂、固化剂的加入量。一般设置专门的电控柜，由专人操作，实现对树脂砂混砂机各部分动作的控制。

三、树脂砂混砂机的维护

1）检查电路系统是否连接可靠，有无短接或接触不良现象。

2）检查电动控制系统是否有效和灵敏，各工步电动机工作是否正常。

3）检查混砂机各转动部分是否灵活和润滑良好。

4）检查树脂、固化剂输送管路是否堵塞，有无渗漏现象；管道有无老化，确保通畅。

5）一次造完型后，应及时清除附着在混砂筒 5 内壁和叶片上的残砂，以免形成堵塞。

复习思考题

1. 树脂砂机器造型有什么特点？
2. 粘土砂机器造型和手工造型相比较有什么特点？
3. 对紧实后的砂型最低要求是什么？紧实度过高易引起铸件哪些缺陷？
4. 机器造型紧实型砂的方法有哪几种？
5. 机器造型起模方法有哪几种？各有什么特点？

第五章

造型与制芯

培训学习目标 了解造型、制芯与合型的操作知识，掌握铸件的多箱造型操作方法和轮盘类等简单铸件的浇注系统基本常识，了解震击式造型机、射芯机等设备的基本原理、操作方法及维护保养方法。

造型和制芯是铸造生产过程中两个重要的环节，是获得优质铸件的前提和保证。随着科学技术的发展，各种新材料、新工艺、新技术不断推广应用，造型与制芯方法也朝着机械化和自动化的方向发展。但是，手工造型由于其操作灵活，适应性强，仍是应用较广泛的造型与制芯方法。本章重点介绍粘土砂造型与制芯方法。

第一节 造型必备专业知识

一、砂箱造型

砂箱造型就是将模样放在砂箱内造型，是手工造型中最主要的造型方法。由于铸件结构、形状和大小的不同，砂箱造型的形式各种各样，常见的有整模造型、分模造型、活块造型、一箱多铸造型、脱箱造型、叠箱造型、假箱造型、吊砂造型、活砂造型、组芯造型、漏模造型、劈箱造型和劈模造型等。

1. 整模造型

将模样做成整体形状，分型面位于模样的某个断面上，模样可直接从砂型中起出，这样的造型方法叫做整模造型。其特点是造型简便、几何形状清晰、尺寸准确。整模造型过程如图 5-1 所示。

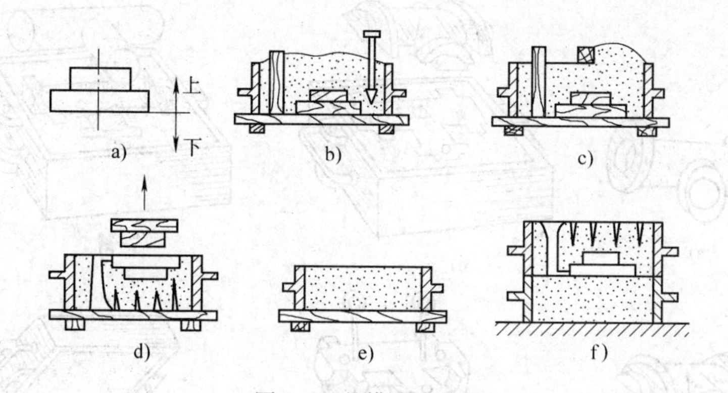

图 5-1　整模造型过程

a）铸件　b）造上型　c）刮平　d）翻转上型、起模　e）造下型　f）合型

2. 分模造型

有些铸件如圆柱体、套筒类、管子类等，都有一个共同的特点，即存在一个过轴线的最大截面，而模样往往沿着这个最大截面分成两部分，利用这样的模样造型叫做分模造型。有时对于结构复杂、尺寸较大、具有几个较大截面而又互相影响起模的模样，便将其分成几部分，采用分模造型。模样的分模面常作为砂型的分型面。

为了不让模样分开的各部分互相错位，常在分模面上安有定位装置，分型面上也有定位装置，以防合型时错型。

下面举例说明分模造型的过程。图 5-2a 所示为一种常见的三通管铸件，模样对称地分成上、下两半，如图 5-2b 所示。分模面上设有定位装置（下模的分模面上有定位孔，上模的分模面上有定位销），以保证上、下模对称。舂好下型后翻转，在下半模样上放好上半模样，如图 5-2c 所示。撒分型砂，套好上砂箱，安放浇冒口模样，填砂舂实刮平，扎通气孔，做合型号，开型、起模（见图 5-2d），开设浇冒口，烘干表面（湿型除外），下芯、合型后放上压铁，即可进行浇注。

3. 活块造型

模样侧面有较小的凸起部分，因勾砂而妨碍起模，因此，在制作模样时，需将凸块拆活，且用燕尾槽或活动销联接在模样上，起模或脱芯后，再将活块取出，这种造型方法叫做活块造型。

图 5-3 所示的铸件，两侧面上都有一个圆形凸台，无论怎样放置模样，凸台都会妨碍起模。因此，将模样上的一个凸台做成活块，舂砂后，先起出模样的主体部分（见图 5-4b），然后用弯折的起模针取出留在铸型中的活块，如图 5-4c 所示。

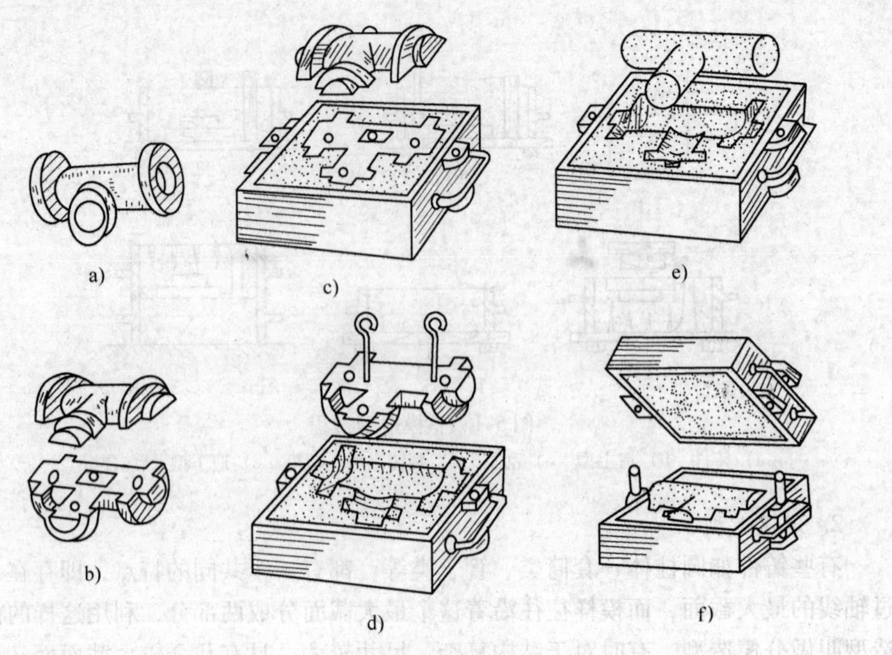

图 5-2　分模造型

a）铸件　b）模样　c）造上型　d）起模　e）安放砂芯　f）合型

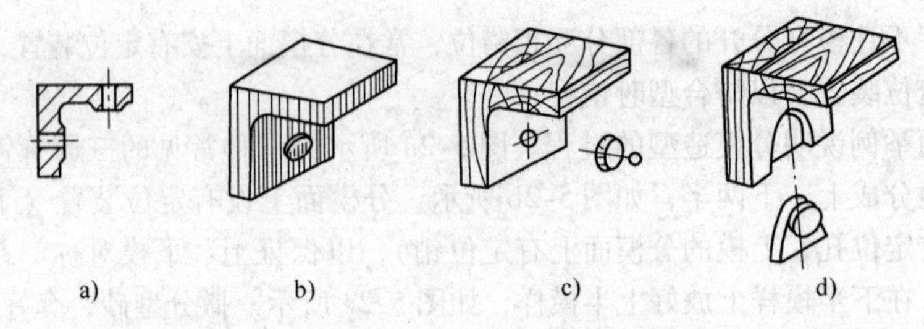

图 5-3　零件、铸件与模样

a）铸件图　b）铸件　c）用销钉联接的活块模　d）用燕尾销联接的活块模

活块与模样的连接，若采用燕尾槽形式，则操作方便；若采用销钉联接，造型时应在凸块四周用型砂舂实后即拔出销钉，否则模样还是无法取出。

活块模造型的优点是可以减少分型面数目和不必要的挖砂工作；缺点是操作复杂，生产效率低，常会因活块错动而影响尺寸精度。因此，活块造型只适宜单件、小批量生产。

4. 挖砂造型

有些模样按其结构形状需采用分模造型，但从强度和刚度因素考虑，又不允许将模样分开，而应做成整体模，在造型时将妨碍起模部分的型砂挖掉，这种造型方法就叫做挖砂造型。图 5-5 所示为一个壳体的挖砂造型过程。

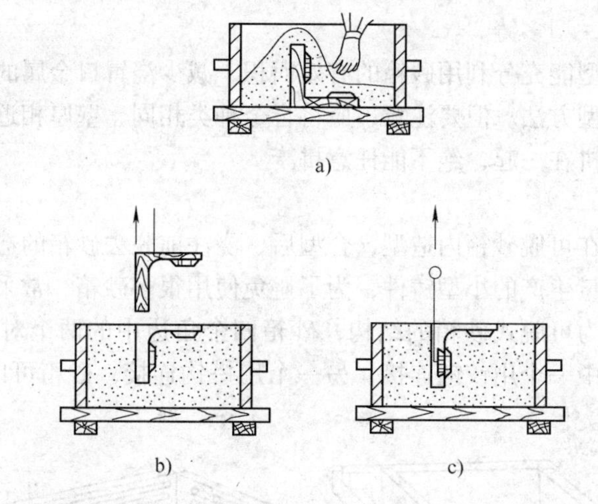

图 5-4　活块造型

a）舂制下砂型、拔出销钉　b）起出模样主体　c）取出活块

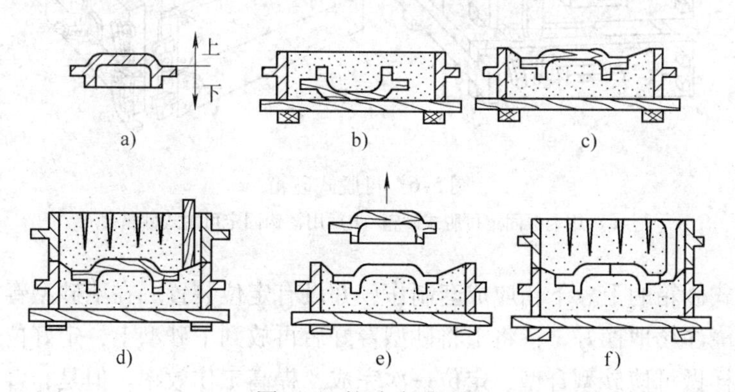

图 5-5　挖砂造型过程

a）铸件　b）造下型　c）翻转下型，修挖分型面

d）造上型　e）开型、起模　f）合型

在挖砂造型时，挖砂的深度要恰到模样最大截面处，挖制的分型面也应光滑平整，坡度合适，以便于开型和合型操作。由于挖砂造型的分型面是曲面，在上型形成部分吊砂，因此必须对吊砂进行加固。其方法是：①吊砂较低、较小时可插铁钉加固；②当吊砂较高且面积较大时，可用木片或砂钩加固，但木片和砂钩的吃砂量要合适。

挖砂造型的生产效率低，对工人的技术水平要求高，故只适用于单件、小批量生产。

5. 一型多铸

为了充分利用砂箱的容积，将几个相同材质铸件的模样，放在一个砂箱内造型的方法，称为一型多铸。

一型多铸造型能充分利用砂箱的有效面积，减少浇冒口金属的消耗，因而是一种较经济的造型方法。但要注意，应将合金种类相同、壁厚相近、大小和重量差距不大的铸件拼在一起，绝不能任意拼凑。

6. 脱箱造型

脱箱造型是在可脱砂箱内造型，合型后、浇注前脱去砂箱的造型方法。对于湿型浇注和成批量生产的小型铸件，为了避免使用很多砂箱，常采用脱箱造型。

图5-6所示为可脱式砂箱的结构，砂箱四个角边中的两个对角边做成固定的，另两个角边中一个用铰链连接，另一个用搭钩连接，砂箱可以方便地开合，以便造型后脱箱。

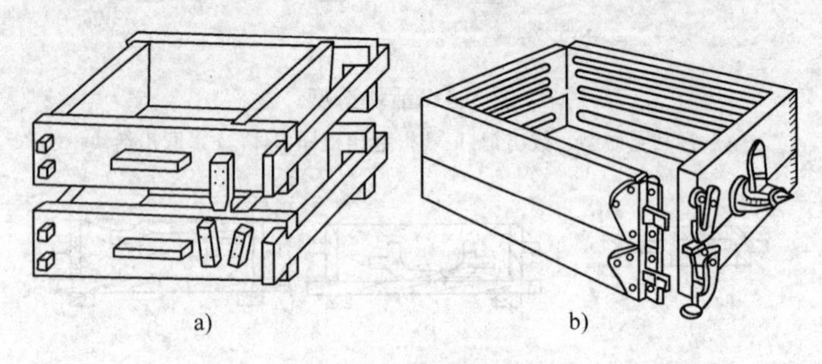

图5-6　可脱式砂箱

a）用卡板固定可脱式砂箱　b）用搭钩固定可脱式砂箱

可脱式砂箱的上、下箱应成套制作，并设有定位装置。在下砂型舂好后，先将其运到浇注场地摆好，待将上将砂型舂好后再放到下砂型上，定好位后再拆卸砂箱。这样做可使砂型合型、定位一次完成，提高工作效率。但是，舂好砂的砂箱在搬运中，砂型可能会从砂箱中滑落，因此，常在砂箱内壁做出沟槽，以便支撑砂型。

脱箱后的一个个砂型要摆放整齐，相互间的间隙不要过大。为了防止金属液的压力将砂型胀坏，砂型之间的空隙可用型砂填实；或者在砂型外套上一个简单的套箱，当浇注压头高、抬型力大时，还要压上压铁，以防抬型跑火。

脱箱造型操作过程如图5-7所示。

7. 叠箱造型

叠箱造型是将几个甚至十几个砂型重叠起来，采用共用直浇道浇注的造型方法。

叠箱造型分重叠式和阶梯式两种。图5-8所示是重叠式叠箱造型。其特点是：除去最上面和最下面两个砂型外，其余每个砂型的上、下两面都构成铸型的一部分，金属液则由一个共用的直浇道浇入，然后自下而上依次进入各个型腔

中，从而加快了浇注过程，减少了浇道金属材料的消耗，提高了生产率及造型场地的利用率，节约了型砂。

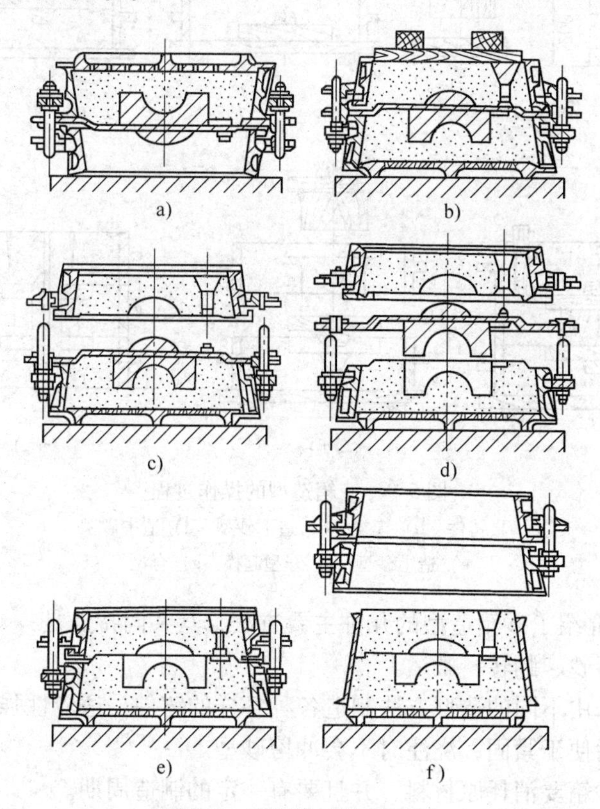

图 5-7　脱箱造型操作过程

a）制造下砂型　b）制造上砂型　c）提起上砂型　d）取出模板　e）合型　f）脱箱和套箱

叠箱造型多用于机器造型，一般设有专用的卡紧装置来紧固砂型，以防浇注时抬型跑火。

8. 多箱造型

多箱造型是指用三个以上砂箱造型，解决砂型具有两个以上分型面或高大件的手工造型方法。有些铸件尺寸较大或形状较复杂，且两端的截面又大于中间部分的截面，为了便于起模，需开设两个或两个以上的分型面，因此，需要采用多箱造型。图 5-9 所示为三箱造型的操作过程。

多箱造型由于分型面多，操作复杂，生产效率低，铸件尺寸精度也难以保证，因此只适用于单件、小批量生产。

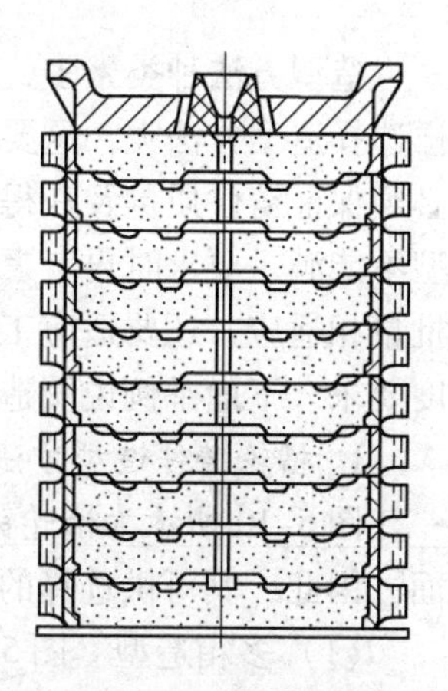

图 5-8　叠箱造型

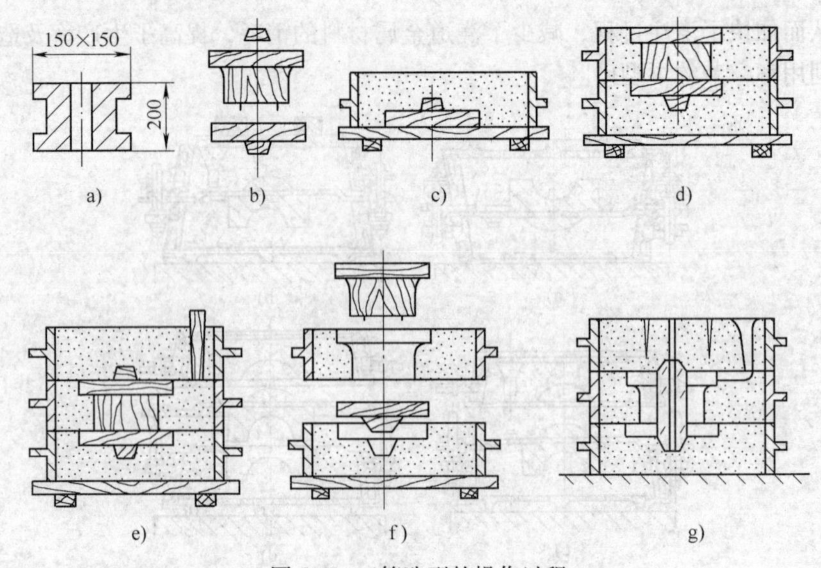

图5-9　三箱造型的操作过程

a）铸件　b）模样　c）造下砂型　d）造中砂型

e）造上砂型　f）开型起模　g）合型

以上简单介绍了砂箱造型的几种主要方法，其共同特点是：

1）便于舂砂、翻转、搬运。

2）可以采用不同的造型方法制造各种各样的铸件，适应性强。

3）合型后便于紧固，浇注时不会冲垮砂型。

4）制造砂箱要消耗原材料，并且要有一定的制造周期。

5）需占据很大的堆放场地，浇注时不太安全等。

二、造型方法的选择

造型方法种类繁多，相同的铸件可以采用不同的造型方法生产。那么究竟怎样选择造型方法呢？这要由铸件结构、生产数量、技术要求等因素决定。当然，必须保证铸件质量及获得良好的经济效益。一般来说，优先选用湿砂型，当湿砂型不能满足要求时再考虑使用表干砂型、干砂型或其他砂型；造型方法应与生产批量相适应，还要适应工厂的生产条件及生产习惯，要兼顾铸件的生产成本及精度要求。下面举例说明造型方法的选择。

1. 槽轮铸件造型方法的选择

图5-10所示为槽轮铸件，其结构特点是两端大、中间小，具有两个最大截面。因此，其可供选择的造型方法有以下几种：

（1）多箱造型　图5-11是槽轮铸件采用三箱造型的示意图。当生产数量小时，采用此方法可省去一副芯盒。

（2）两箱造型　用砂芯来形成槽轮的外轮廓，就可以采用两箱造型，如图 5-12 所示。采用这种造型方法造型时，模样只有一个分型面，铸件精度容易保证，造型简便，可提高效率，因此当生产数量较大时，应采用砂芯造型方法。

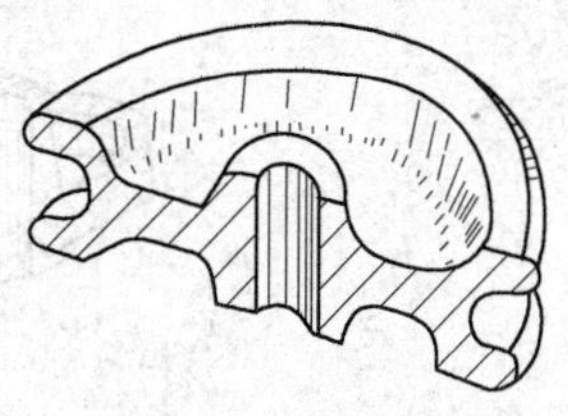

图 5-10　槽轮铸件

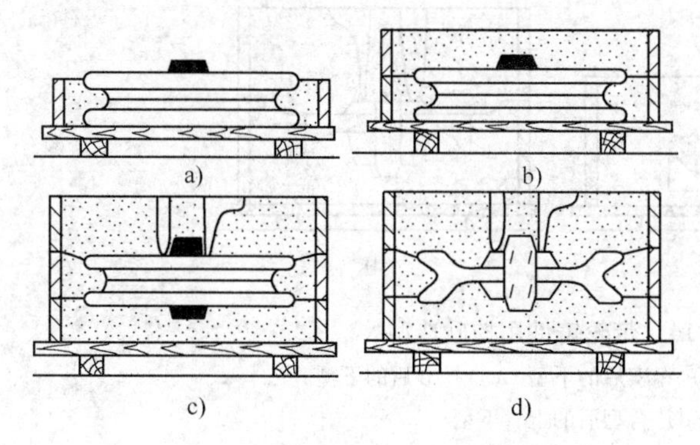

图 5-11　槽轮铸件用三箱造型

a）舂制中型　b）舂制下型

c）舂制上型　d）合型后的砂型

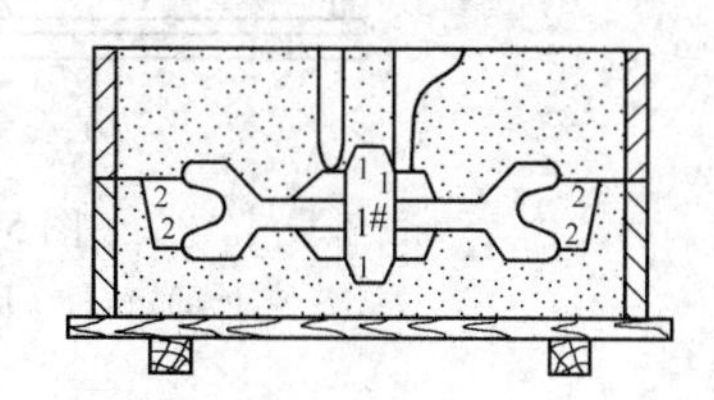

图 5-12　槽轮铸件用砂芯造型

槽轮铸件除选择上述造型方法外，还可以采用活砂造型、消失模造型等方法，这将在以后的章节中介绍。

2. 带轮铸件造型方法的选择

图 5-13 所示为带轮铸件，其外圈是一个光滑的圆柱面。根据其特点可选择下面几种造型方法。

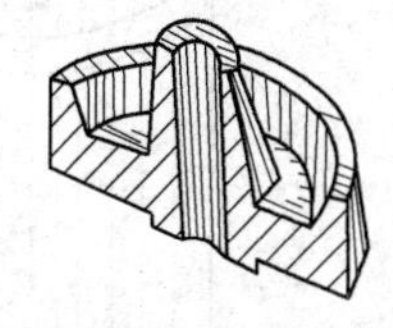

图 5-13　带轮铸件

（1）分模造型　模样沿最大截面处分开，最大截面以下部分处在下型，以上部分处在上型。当生产数量大时，可采用此方法，便于操作。

（2）挖砂造型　模样不用分开，采用整体模进行挖砂造型，如图 5-14 所示。用这种方法造型，模样不易变形，强度和刚度较大，特别是当底平面高度较小、生产数量较小时，可采用此方法。

除此之外，带轮铸件还可以采用假箱造型、消失模造型等方法。

3. 圆筒铸件造型方法的选择

图 5-15 所示为圆筒铸件，是由一个大圆柱和一个小圆柱相贯构成的。其可供选择的造型方法有以下几种：

（1）活块造型　图 5-16 所示为模样沿小圆柱处拆活，采用活块造型。当生产数量小并采用手工造型时用此方法，可省去一副芯盒。

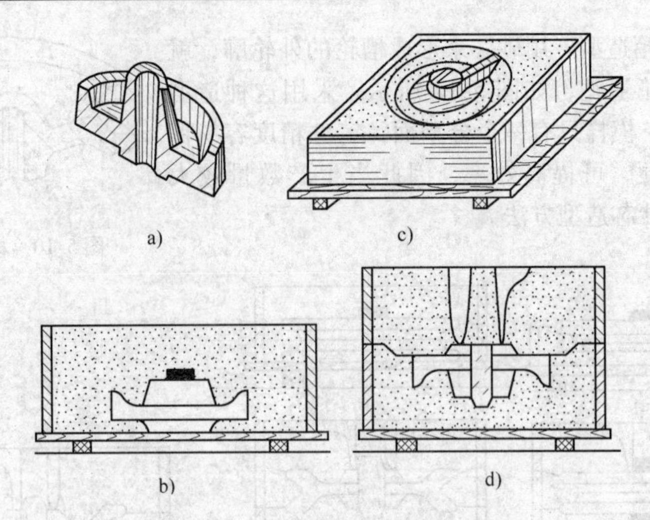

图5-14　带轮铸件用挖砂造型

a）铸件　b）舂实后的下型　c）挖砂后的下型

d）合型后的上、下型

（2）砂芯造型　用砂芯形成小圆柱的型线，利于起模，模样不用拆活，如图5-17所示。用这种方法造型，铸件精度易保证，造型操作方便，适用于大批量机器造型。

此外，圆筒铸件还可用分模造型、消失模造型等。

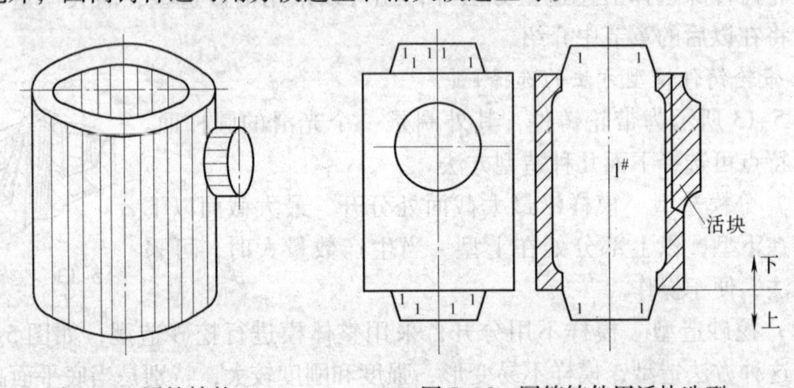

图5-15　圆筒铸件　　　图5-16　圆筒铸件用活块造型

以上简要介绍了造型方法的选择原则。有时一个铸件可以用几种造型方法获得，在实际生产中，究竟选择哪一种方案，需要进行多种方案的分析比较，综合评价，也需要对生产的深入了解，有一定的实际经验才能作出正确的判断，选出最优方案。

三、刮板造型

刮板造型是指不用模样而用刮板操作的造型和制芯方法。根据砂型型腔和砂

芯的表面形状，引导刮板做旋转、直线或曲线运动。对于某些特定形状的铸件，如旋转体类，当其尺寸较大、生产数量又较小时，若制作模样，则要消耗大量木材及制作工，因此可以用一块和铸件截面或轮廓形状相适应的刮板来代替模样，刮制出砂型型腔。

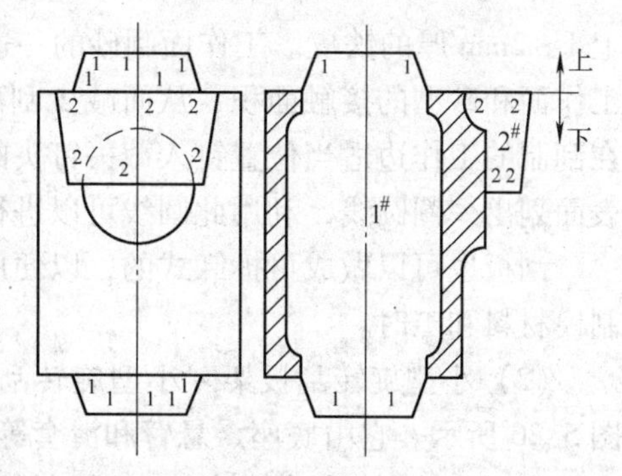

图 5-17 圆筒铸件用砂芯造型

刮板造型分为旋转刮板造型和导向刮板造型。旋转刮板造型又分为小型旋转刮板造型、中型旋转刮板造型和大型旋转刮板造型三种。在此只简单介绍小型旋转刮板和导向刮板造型。

1. 小型旋转刮板造型

旋转刮板造型是刮板绕一固定轴线旋转的造型方法。它是刮板造型中使用最广泛的一种方法，其中又以绕垂直轴线旋转的旋转刮板造型使用较多。在刮制砂芯时，常用绕水平轴旋转的旋转刮板制芯。

刮板上有与铸件形状、尺寸相对应的工作面，如图 5-18 所示。图 5-18 中铸件断面上的 A、B、C、D、E 各点，在刮板上都有相对应的 A'、B'、C'、D'、E' 点，所以，刮板的工作面在旋转过程中，就能刮出所需要的砂型形状。

（1）小型旋转刮板的结构　如图 5-19 所示，刮板一侧有木质的轴，轴的两端钉有截去钉头的钉子作轴心（上、下两轴心要同轴）。

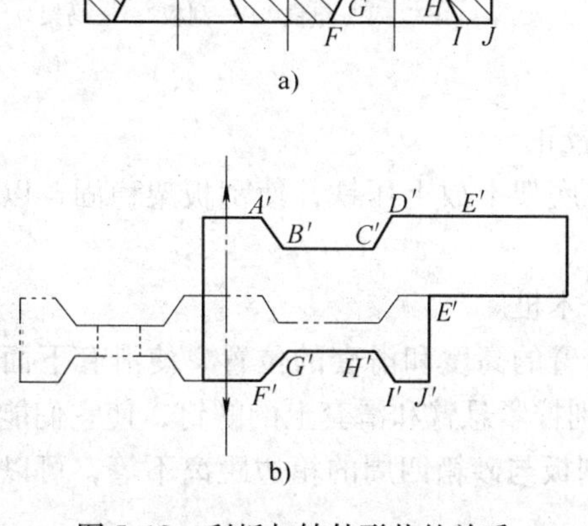

图 5-18 刮板与铸件形状的关系

a）铸件 b）刮板

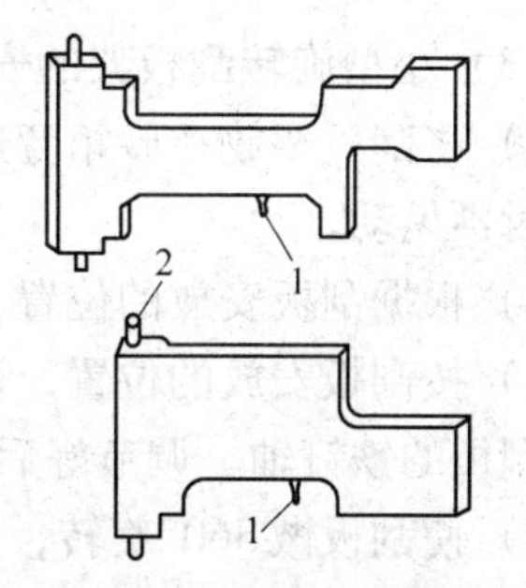

图 5-19 刮板的结构

1—铁钉 2—钉轴

刮板一般用木材制成，为了延长它的使用寿命，常在其工作面的边缘钉上1~2mm厚的铁皮。工作面刮砂的一边做成直棱，背面倒成斜角，这样可减少工作面和砂型的接触面积，从而减少刮砂阻力，使刮出的砂型表面光滑。同时，在刮制的工作边适当位置钉入截去钉头的铁钉，以便在刮制砂型的同时，在型腔表面划出一圈圆线，利用此圆线可以进行分肋划线或合型操作。

刮板也可以做成可拆卸式的，以便用一个刮板刮制出不同的砂型，从而节省制模材料和工时。

（2）小型旋转刮板架　小型旋转刮板架一般用于刮制尺寸较小的砂型，如图5-20所示。它由底座、悬臂和滑套等组成。

小型旋转刮板架的支柱与底座连在一起，旁边焊有撑肋，在支柱上装有悬臂，松开定位螺钉，悬臂可以上下移动，待调节到所需高度时，拧紧螺钉使悬臂固定。悬臂上装有一个下面带孔的滑套，松开上面的螺钉，滑套可在悬臂上滑动。刮板两端的铁钉轴分别插入滑套和埋入地下的木桩的孔中。

图5-21所示为小型旋转刮板架的另一种结构形式，俗称“马架”。单件生产的小型铸件，常用这种刮板架刮制砂型。

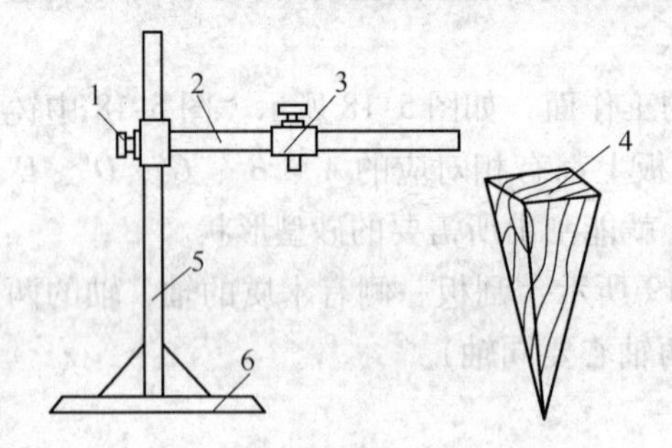

图5-20　小型旋转刮板架

1—定位螺钉　2—悬臂　3—滑套

4—木桩　5—支柱　6—底座

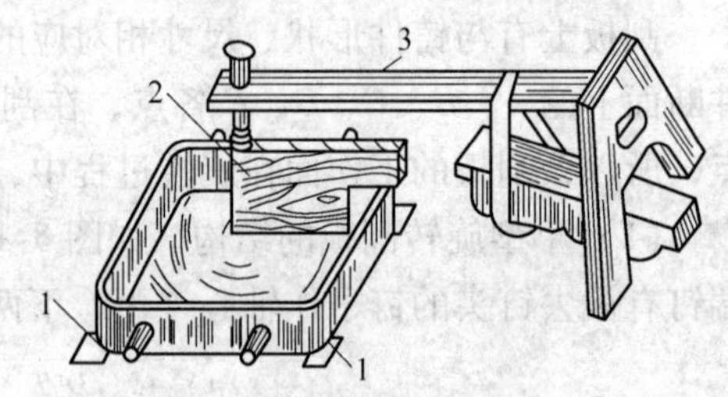

图5-21　马架的结构

1—垫铁　2—刮板　3—马架

（3）小型旋转刮板架的安装和校正

1）将刮板架放在砂箱旁边，在底架上放上压铁，使刮板架稳固，以便刮制砂型时不晃动。

2）根据刮板安放的位置，埋好木桩。

3）按刮板安放的位置，调节悬臂的高度和滑套的位置，使滑套下面的孔能套入刮板的铁钉轴。调节好后，分别拧紧悬臂和滑套上的螺钉，使它们能固定。

4）使刮板做360°旋转，如果刮板与砂箱四周的箱边距离不等，可以调节转臂和滑套来校正。

如果没有上述的小型旋转刮板架，则可用砂箱、木板、压铁等来架设。架设的形式有两种：一种是过桥式，如图5-22所示；另一种是悬臂式，如图5-23所示。

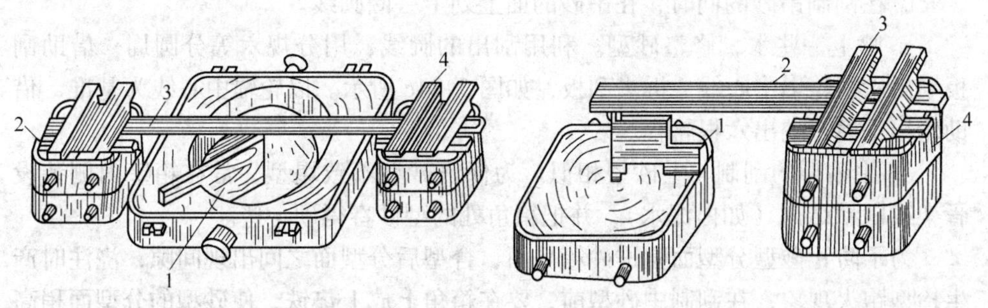

图 5-22　简易过桥式刮板的架设

1—刮板　2—木板　3—木制挡板　4—压铁

图 5-23　简易悬臂式刮板的架设

1—刮板　2—木制挡板　3—压铁　4—砂箱

过桥式刮板架要比悬臂式刮板架稳固，所以过桥式刮板架可以刮制尺寸较大的砂型。

（4）造型方法　下面举例说明小型旋转刮板的造型方法。带轮用刮板造型分两箱和三箱造型，前者适用于轮缘较厚而高度较小的带轮；后者适用于轮缘薄而高度较大的带轮。

1）三箱造型

① 上砂型的刮制过程如图 5-24 所示。

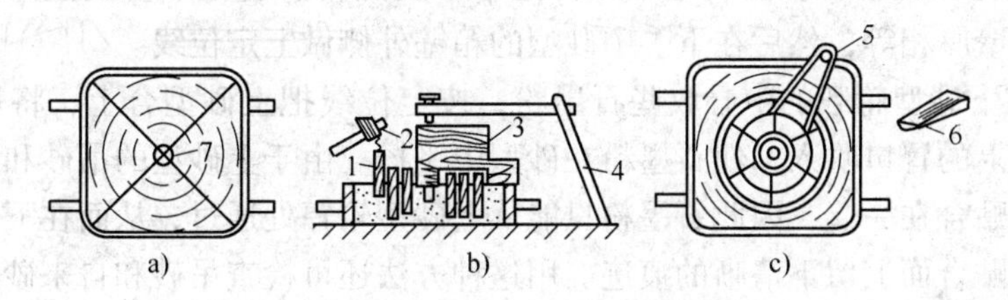

图 5-24　上砂型的刮制过程

1—木片　2—锤子　3—刮板　4—刮板架　5—分规　6—轮辐模样　7—木桩

a. 先在工作场地上铲出一块平整的砂地，撒上分型砂，放置好上砂箱。

b. 铲入型砂并舂实，用刮板刮平，在砂箱对角线的交点上敲入木桩，如图 5-24a 所示。

c. 校正好刮板使刮出的分型面略高于四周的箱边。敲入加强吊砂用的木片或铁片（见图 5-24b），但要注意把要挖轮辐部位的木片敲得低一些，以免妨碍挖轮辐。木片不要太长，以免超过砂型的顶面。

d. 铲入型砂并舂实，但不要将需刮去的型砂舂得太紧，否则不易刮去。

e. 刮制砂型时要来回反复刮动，不可强拉硬推，否则轴线容易产生位移，刮板也容易受到损害，砂型型腔也不准确。将砂型刮好后，在吊砂上扎出一些通气孔。筛上一层细砂，再刮一次，使砂型表面光洁。

f. 在刮制吊砂的同时，在吊砂的面上划上一圈圆线。

g. 喷上一些水，修整砂型。利用刮出的圆线，用分规六等分圆周，借助刮板划出六根轮辐中心线，拆去刮板，如图5-24c所示。以轮辐中心线为基准，借助轮辐木模，挖出六根轮辐。

② 中砂型的刮制与上砂型相似。为保证砂型不致塌型，常在箱壁内侧装设骨架或刷粘结剂（如白泥水），并把箱角处的型砂舂得硬一些。

为了防止砂型分型面陷进砂箱平面，合型后分型面之间出现间隙，浇注时产生抬型跑火现象，在刮制中砂型前，要在箱角上放上垫铁，使砂型的分型面稍高于砂箱平面。为此，砂箱的高度应略小于中砂型的高度。

③ 下砂型的刮制与上砂型相似，刮板也是用刮制上砂型的那一面。不同的是，下砂型上凸起的部分不是吊砂，故不需放木片等进行加固。下砂型的轮辐一般是在配型后再挖出，这样可避免轮辐错位。

④ 合型。带轮的上、中、下三个砂型是分开刮制的，根据其特点，通常利用中砂型来定位装配砂型。其具体操作过程如下：

a. 把上砂型平放在砂地上，套上中砂型并进行调整，使轮缘四周壁厚相等，然后在箱壁外侧做上定位线。

b. 把下砂型放在浇注场地上，再把中砂型翻转后套在下砂型上并调整，使轮缘四周壁厚相等，然后在下、中砂型的箱壁外侧做上定位线。

c. 在下砂型轮毂的中心放些石墨粉，按定位线把上砂型合上，将压缩空气通过轮毂上的冒口吹入，使石墨粉在砂型中飞扬。由于上砂型的吊砂和下砂型的自来砂芯贴合在一起，因此石墨粉只能从上砂型轮辐处通过，从而在下砂型的自来砂芯的贴合面上留下清晰的痕迹。用这种方法还可检查吊砂和自来砂芯是否贴合，若吊砂和自来砂芯之间贴合的不好，则会有间隙，石墨粉就会从轮辐处飘漫到间隙中。

d. 取下上、中砂型，按石墨粉的痕迹，借助于轮辐木模，挖出下砂型的轮辐。

e. 按定位线合上中砂型和上砂型。

2）两箱造型：对于轮缘厚度较大而高度较小的带轮，采用两箱造型比较方便。两箱造型的刮制方法和三箱造型基本一样。但两箱造型由于没有中砂型，因此合型方法与三箱造型不同。两箱造型常用的合型方法有冒口合型法、圆线合型法和十字线合型法等。

① 冒口合型法。在刮制好的上砂型面上，沿轮缘外边，均匀地挖出四个下部等于轮缘厚度的扁形冒口。合型时，如果通过四个冒口都看不到下砂型的分型面，则表示上、下砂型合型准确，如图5-25所示。

② 十字线合型法。在上砂型和下砂型的分型面上，通过砂型的圆心分别向

箱壁划出两根垂直的直线，把直线引到砂箱的外侧，并做上定位线，如图5-26所示。合型时，上砂型和下砂型便可根据砂箱外侧的四根定位线进行合型。

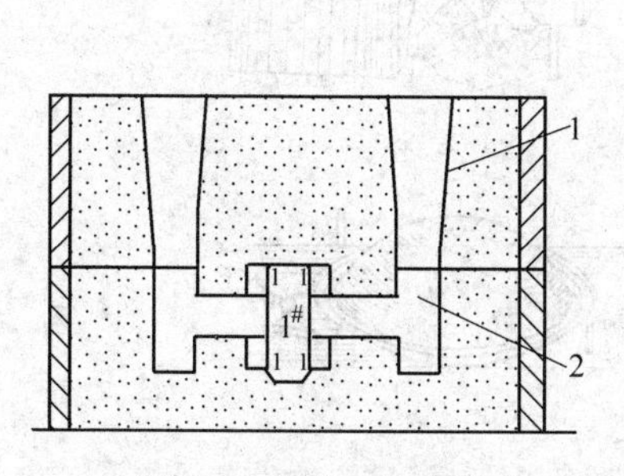

图5-25　冒口合型法

1—冒口　2—型腔

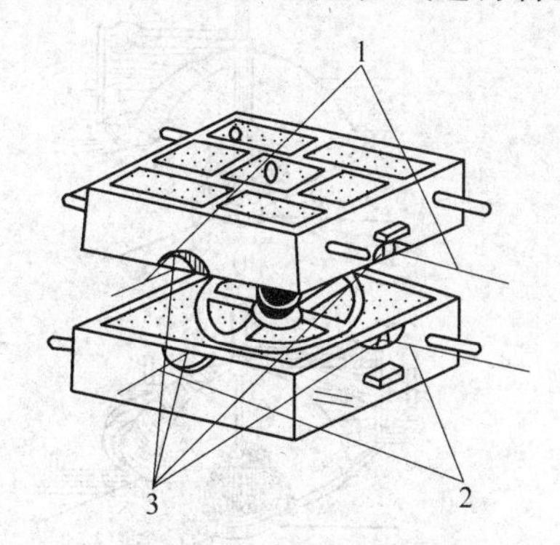

图5-26　十字线合型法

1—上砂型十字线　2—下砂型十字线　3—定位线

③ 圆线合型法。圆线合型法有两种：一种是用内圆线，另一种是用外圆线。两者都是根据上、下砂型半径相等的圆线进行合型的。

a. 内圆线合型法。在刮制上砂型和下砂型的同时，分别在分型面靠近箱角处刮出同心圆线，然后将下砂型四周圆线外侧的分型面挖低5～10mm，再把上砂型对应处的型砂挖空，如图5-27所示。合型时，就可根据上、下砂型四角处的圆线合准砂型。

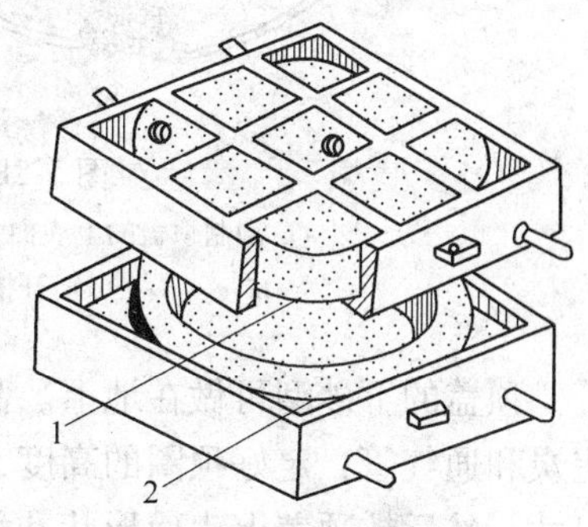

图5-27　内圆线合型法

1—上砂型圆线　2—下砂型圆线

b. 外圆线合型法。在上、下砂箱四面的外壁上粘贴一层红砂泥（一种粘性较好的粘土砂），然后以带轮的圆心为圆心，以此砂箱壁到圆心的垂直距离大约5mm的尺寸为半径，在各个红砂泥上刮出圆弧线，并按圆弧线修整红砂泥。合型时，只需使上、下红砂泥的圆弧线对齐即可。

圆线合型法是刮板造型中应用较多的一种合型方法。对于内圆线合型法与外圆线合型法，前者操作比较麻烦，要花费较多的时间挖去砂箱四角的型砂，合型后还要把挖空的四角填实，以防浇注时抬型；后者操作方便，但红砂泥在砂型吊运时容易被碰坏或掉落。

以上介绍的带轮刮板造型，由于上、下砂型是分别刮制的，因此需要采用一些较特殊的合型方法。但这些合型方法由于刮制上、下砂型所用基准的变化及定位记号产生的误差，会使砂型的装配精度降低。下面介绍一种装配定位精度较高的刮板造型方法。

顶盖铸件的形状如图5-28所示。其造型和装配过程如下：

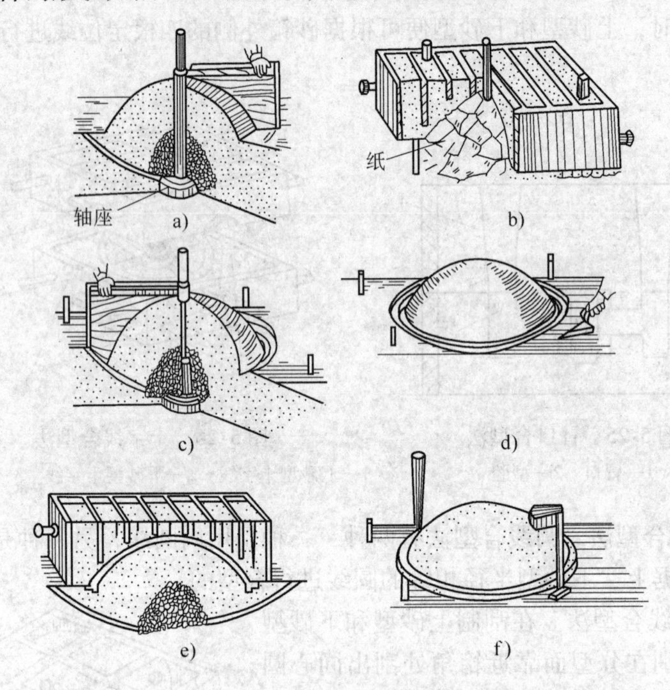

图5-28　顶盖铸件的刮板造型

a）刮制顶盖的上表面　b）舂制上砂型　c）刮制顶盖的下表面

d）开挖浇道　e）合型　f）铸件

顶盖的下砂型可做在地上。刮制前先挖一个砂坑，安放和校好刮板架，放入焦炭和通气管，定好顶圈的高度，分别在转动臂上预先调整好上、下砂型刮板的尺寸，然后按顶盖上表面形状和大小填入型砂并将其舂实，用刮板刮出顶盖的上表面（见图5-28a)，并以此做模样，舂制上砂型，如图5-28b所示。为防止上砂型和下砂型的砂粘连，可预先在砂型上铺一层纸隔离。在将上砂型舂制好后，打入定位导桩，并吊走、修整上砂型，然后在转动臂上再换上已调好的刮制下砂型的刮板，刮制顶盖的下表面，如图5-28c所示。刮完后，取出刮板和直轴，修整下型，并用型砂将砂型中央的孔填实。在将上、下砂型修好后，开挖浇道，如图5-28d所示。将上砂型沿导桩合在下砂型上，如图5-28e所示。最后即可进行浇注，浇出的铸件如图5-28f所示。

（5）分肋方法　采用刮板造型的铸件通常都是带轮、齿轮等类零件。根据铸件的大小和工作条件不同，这些铸件的轮缘和轮毂之间，常用不同数目的轮辐连接。所以，在刮板造型时，必须准确地确定轮辐中心线的位置，并按此中心线，挖制出形状和位置正确的轮辐。轮辐一般采取等分圆周的方法进行设置，因

此只要知道等分圆的弦长，就能确定轮辐中心线的位置，如图 5-29 所示。

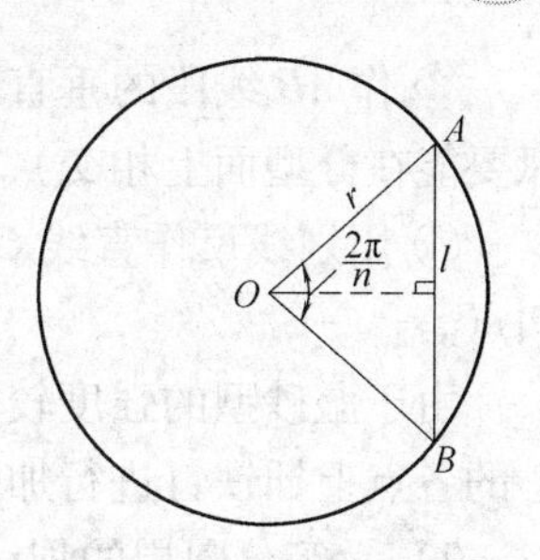

图 5-29　弦长和等分数的关系

弦长 l 与等分数 n 的关系如下：

$$l = 2r\sin\frac{\pi}{n}$$

例如六等分圆周时：

$$l = 2r\sin\frac{\pi}{n} = 2r\sin\frac{180°}{6} = r$$

即六等分圆周时，弦长等于圆的半径。

轮类铸件的轮辐数一般为 3～6 根，因此其弦长分别通过上式求得：3 根时 $l_3 = 1.732r$；4 根时 $l_4 = 1.414r$；5 根时 $l_5 = 1.176r$；6 根时 $l_6 = r$。

但是，对于轮辐数为奇数的铸件，等分数要取轮辐数的两倍，这样进行等分精度较高。例如轮辐数为 5，等分数要取 10。这样，在确定轮辐中心线时，只要连接圆周上的两个对称点，就可找出轮辐中心线，但划线时，要每间隔一个等分点划一条轮辐中心线。因此，计算奇数轮辐的弦长实际转变为求偶数轮辐的弦长。例如：3 根时，$l_6 = r$；5 根时，$l_{10} = 0.618r$

由于圆线的半径可以根据砂型的大小任意确定，这时 r 可取容易计算的数值，从而进一步简化轮辐的分肋计算。

在实际生产中，对一些特殊数目的轮辐，可利用几何划线的方法确定轮辐中心线的位置，而不需要计算等分圆周的弦长。下面介绍双数轮辐的划线方法。

1）四等分圆周的划线方法，（见图 5-30）

① 在刮板所划的圆周上确定出 A 点，如果要使四根轮辐的中心线与砂箱边垂直（或平行），则 A 点应位于砂箱某一边的中心线上。

② 用划线尺靠准 A 点，并通过定位桩上的圆心 O 点划直线，与圆周交于 B 点。为了对准圆心，可用提钩的平直端，紧贴划线尺的侧面，在砂胎底部划出一条直线，如图 5-31 所示。

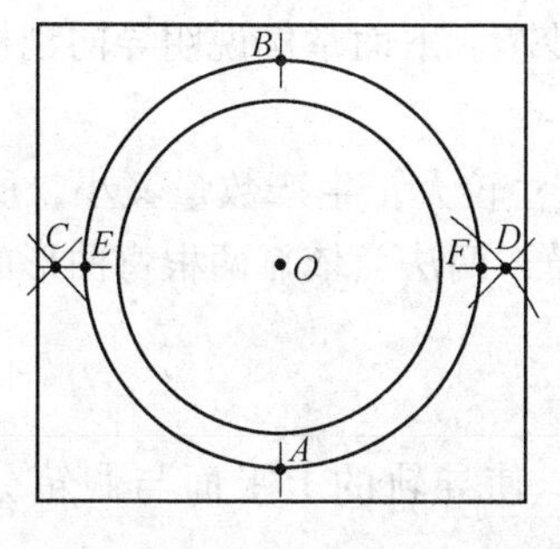

图 5-30　四等分圆周法

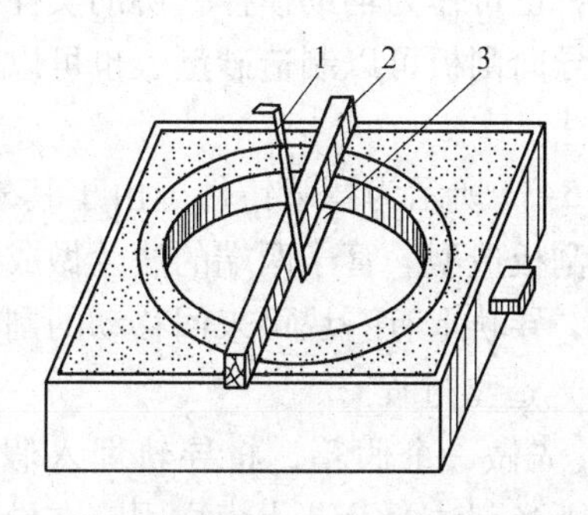

图 5-31　划线方法
1—提钩　2—划线尺　3—所划线条

③ 作AB线段的垂直平分线，即以A、B为圆心，适当长度为半径（所划圆弧要能在分型面上相交），划圆弧交于C、D点。

④ 用划线尺作直线CD，交圆周于E、F点，则A、B、E、F为等分圆周的四点。

由于湿砂型的强度较低，在划线时难以承受分规脚的压力，因此可在作为圆心的各点上插铁钉进行加强。

2）六等分圆周的划线方法：测量刮板钉轴中心到划线铁钉中心之间的距离，此距离就是六等分圆周的弦长，以划线圆上任一点作为A点，以A点为圆心，以弦长为半径划圆弧，分别交圆周于B、C点，再以B点为圆心，用同样的方法得到D点（E、F点的作法同），这些点就是六等分该圆的各点，如图5-32所示。

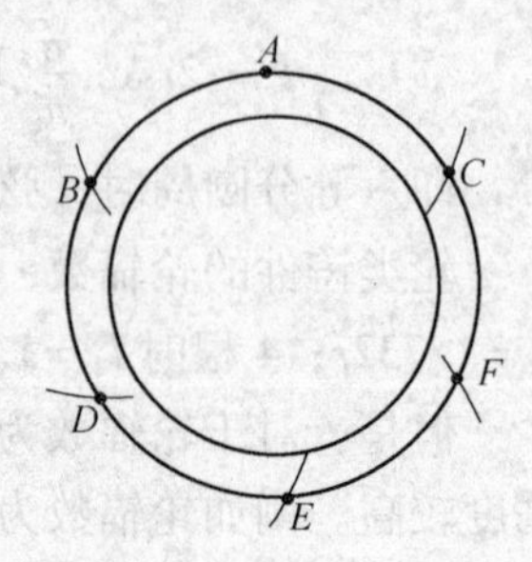

图5-32　六等分圆周法

在划线时，由于测量误差、划线技术等因素的影响，有时会出现误差，因此应根据误差的大小，修正等分圆周的弦长，直到能准确地将圆周等分为止。

当上、下砂型需要分别挖出轮辐型腔时，有时会由于划线误差，造成上、下砂型分别挖出的轮辐错位。为了防止其错位，可采用以下方法挖制轮辐：

① 先在下砂型上挖出轮辐，再将未挖轮辐的上砂型合在下砂型上，将轮缘壁厚调整好后，做出合型定位泥号。

② 在浇道处放一些石墨粉，再从浇道吹入压缩空气，粉状物通过下砂型中已挖好的半面轮辐，在上砂型面留下清晰的痕迹。

③ 开型，根据痕迹在上砂型上挖出轮辐。

2. 导向刮板造型

所谓导向刮板造型是指将导板（导轨）放在分型面上，刮板沿着导板移动而刮去多余型砂使之成型的造型方法。其适用于单件、小批量生产的管子和弯管类铸件，也可作为辅助模样，协助实样模完成局部砂型的制作，以简化实样模的结构。导向刮板可以制造砂型，也可以制造砂芯。下面举例说明导向刮板造型的操作方法。

图5-33所示为弯管铸件。由于其外形尺寸较大，生产数量又小，所以常采用导向刮板造型。管子两端的法兰做成实样模，两法兰依靠两根弯曲形的导轨连接起来，导轨上有一块可来回移动的刮板。

（1）造型过程

1）先做一个假箱，将导轨埋入假箱中，使导轨的上平面与假箱分型面平齐，将上半部法兰及芯头模样固定在导轨上。

2）安放上砂箱、浇冒口模样，填砂舂制上砂型。为了减少填充、舂实和刮制型砂的工作量，可在舂砂前，在需要将型砂刮去的部位放上一些木块、砖头之类的填充物，刮平后扎出通气孔。

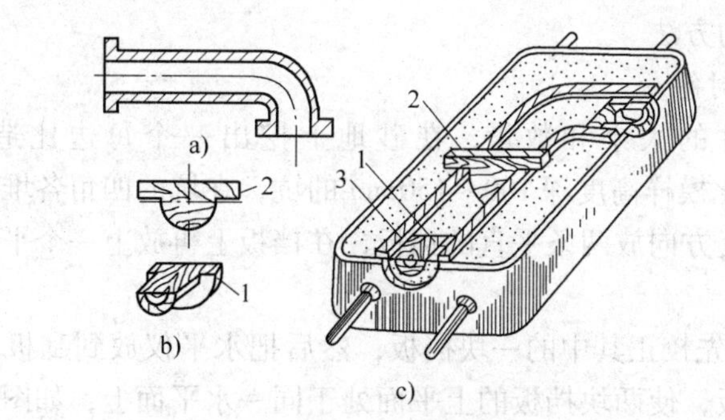

图5-33　导向刮板造型
a）弯管铸件示意图　b）刮板与实样模部分　c）刮制上砂型
1—法兰及芯头模样　2—刮板　3—导轨

3）翻转砂型，取出填充物，再用刮板沿着导轨刮去多余的型砂。当刮制弯曲部分时，应注意保持刮板与圆周切线方向垂直。

4）拆去导轨和法兰，开挖浇道，修整上砂型。

下砂型的刮制方法与上砂型基本相同，并用同一块刮板刮制，但在安放导轨时，应注意弯管的弯曲方向和上砂型保持对称（即上砂型向右弯，下砂型应向左弯）。

（2）合型方法　导向刮板造型时，上、下砂型是分别刮制的，所以合型时要注意防止错型。常用的合型方法有直观法和划线法。

1）直观法：铸造弯管使用的砂箱，如果侧壁开有用于砂芯排气的缺口，合型时可直接进行观察，或用手伸进去摸一摸，看上、下型腔的边缘是否对齐，对齐后在箱壁的外侧做出定位合型号，吊起上砂型，安放砂芯，按定位合型号合型。

2）划线法：在上、下砂型的分型面上，分别把管子、弯头的型腔边线延长到砂箱的外壁，并做出定位线，然后按定位线合型。

管类铸件的管壁一般都较薄，不允许错型，因此合型后需进行检验。检验的方法是：在下砂型的分型面上用粉袋撒上一层石墨粉，再把上砂型按定位线合上，在上、下砂型贴合后再吊起，根据石墨粉的贴合痕迹，就可判断有无错型现象。另外，也可在下砂型型腔的边缘放上泥条，合型后再吊起（在泥条上放纸片以防止粘连），通过看泥条的压痕也可判断是否错型。

四、地坑造型

地坑造型是指在地平面以下的砂坑中或特制的地坑中制造下砂型的造型方

法。当生产一些大型铸件，数量小且没有现成的砂箱时，常采用地坑造型的方法。这样既可节约一套砂箱的费用，又可缩短生产周期，降低铸件成本。下面简单介绍地坑造型的方法。

1. 软砂床的制备

1）根据铸件的大小和数量，在砂地上挖出一个每边比造型所需长度长150~200mm，比模样高度深100~150mm的坑，在坑的四角各堆上一堆砂，在砂堆上沿坑的长度方向放两条平直的挡板，在挡板上再放上一个平直的刮板，如图5-34a所示。

2）用水平仪先校正其中的一块挡板，然后把水平仪放到刮板上，通过刮板再校正另一块挡板，使两块挡板的上平面处于同一水平面上，如图5-34a所示。

3）在挡板的两侧铲入少量型砂并舂实，以便固定挡板。舂砂时要小心，避免挡板移动。在将挡板固定好后，可向坑中铲入处理过的松散型砂，把地坑装满并装高一些，必要时，可将下面的型砂稍加舂实。

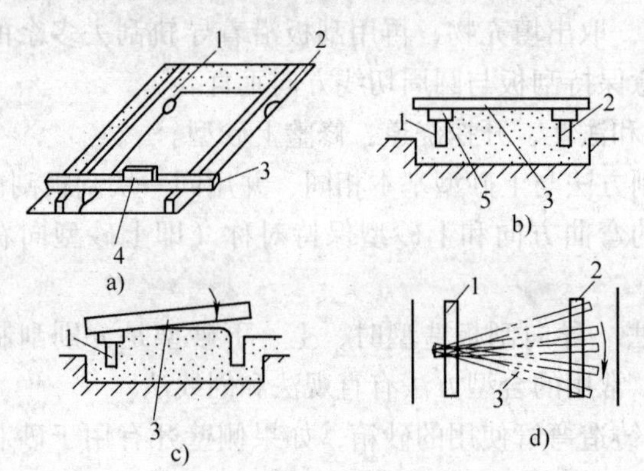

图5-34　软砂床的制备

a）校平挡板　b）刮平型砂　c）压实型砂　d）压实方法

1、2—挡板　3—刮板　4—水平仪　5—垫板

4）在两块挡板上各放上一块厚度约为10mm的垫板，沿着垫板用刮板刮去高出垫板的型砂，如图5-34b所示。

5）去掉垫板，压下高出挡板的型砂，如图5-34c所示。一人将刮板的一端按在挡板上，另一人将另一端由上向下压，将高出挡板的型砂压下，并依次压成图5-34d所示的扇形面。接着，另一个人用同样的方法压出另一个扇形面，轮流交叉进行，直到高出挡板的型砂全部被压入为止。最后，用刮板沿着挡板将型砂刮平。

对于长期固定使用的软砂床，为了省去每次繁琐的校正工作，可用金属（如钢轨或槽钢等）制作挡板，待校正后，将其焊好并固定在地坑内。

软砂床中的型砂是松散的，硬度低，可将模样直接敲入砂床内造型，简单方便，省工省力，是地坑造型一个很重要的优点。但软砂床因硬度很低，不能承受较大的金属液压力，同时砂型下面的气体也很难从地坑中排出，所以只能用来浇注矮小的铸件，如芯骨、吊砂骨架等。地坑造型浇出的铸件表面粗糙，易产生粘砂、胀砂、气孔等缺陷。这不但对芯骨没有影响，而且正是它所要求的。因此，软砂床大都用来铸造芯骨等对表面要求不高的铸件。

2. 造型方法

地坑造型根据造型中是否使用盖箱，可分为无盖地坑造型和有盖地坑造型。有盖地坑造型大都要在硬砂床上进行，既不能像软砂床那样用压入模样的方法获得型腔，也不能像砂箱造型那样，把型砂覆盖在模样上进行舂制，而是要采取另外的比较复杂的方法，对操作者的技术要求也较高，在此只介绍无盖地坑造型方法。

（1）无盖地坑造型的操作方法　无盖地坑造型常在软砂床上进行，适用于铸件顶面平直及不太重要的铸件。图 5-35 所示为无盖地坑造型。

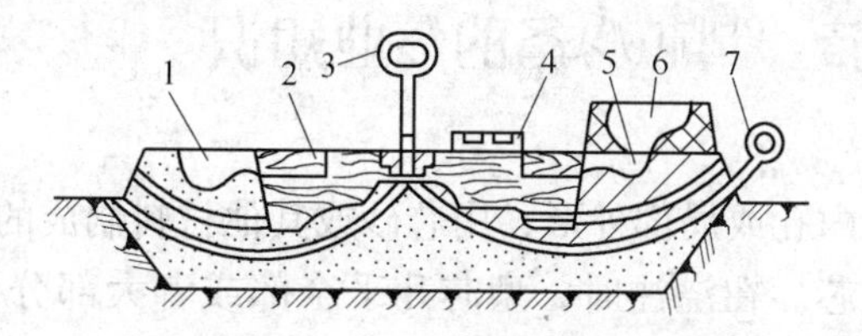

图 5-35　无盖地坑造型

1—金属液溢出口　2—模样　3—起模针
4—水平仪　5—浇道　6—浇口盆　7—通气针

1）将模样放在制备好的砂床上，用锤子轻轻敲击，使模样压入砂床内（为了避免敲坏模样，可在模样上垫上一块木板后再敲击）。待模样顶面降至与砂床相平时，用水平仪校正。必要时将模样四周的型砂补充填实，再校正一下模样的水平度。用刮板刮去高出模样顶面的型砂，并用镘刀修光。

2）用弯曲的通气针扎出通气孔。

3）在砂型上开设浇道，并放上浇口盆。

4）为了避免金属液溢出或浇不到，造成金属液的浪费或使铸件报废，可在金属液流到的地方做一个溢出口。它可比砂型顶面低 2 ~ 3mm。浇注时，见到金属液进入溢出口便可停止浇注。

在砂床上造型时，为了减小造型面积，在保证砂型不被冲垮的情况下，各砂型间的间隔应尽可能小一些，用两模样交叉进行造型。如果有砂芯，则可用压铁或钉子固定，如图 5-36 所示。

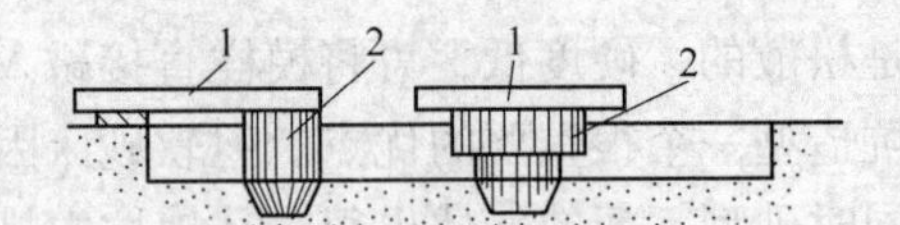

图5-36 用压铁固定砂芯

1—压铁 2—砂芯

浇注时，金属液辐射的光和热会影响浇注工作的进行，因此，可待铸件凝固后，立即铲上干砂将其覆盖，或用遮蔽物将其挡住。

(2) 无盖地坑造型的特点

1) 不用砂箱，免去了制造上砂型和开设浇注系统的工序。

2) 夹杂物容易进入型腔。

3) 铸件表面质量差，气孔和氧化也较严重。

因此，无盖地坑造型只适宜浇注芯骨、砂箱、炉栅等对质量要求不高的铸件。

第二节 制芯必备的专业知识

为获得铸件的内孔或局部外形，用芯砂或其他材料制成的，安放在型腔内部的铸型组元称为型芯。在浇注时，型芯几乎全部或者大部分被高温金属液包围着，工作条件恶劣。因此，型芯必须满足特殊的性能要求，才能保证铸件的质量。在铸造生产中，使用最多的型芯是砂芯。

一、砂芯的作用和要求

1. 砂芯的作用

(1) 形成铸件的内腔及孔 对于一些形状较复杂的内腔，必须用砂芯来形成，这是砂芯一个极其重要的作用。

(2) 形成铸件的外形 对于外部形状较为复杂的铸件，凸台、凸块较多，妨碍起模且不宜拆活，以及具有复杂的曲面形状，外模制作困难，常用砂芯来形成铸件的外部形状。

(3) 加强局部砂型的强度 在浇注大、中型铸件时，直浇道一般都很高，金属液冲刷力很大，而且对同一地方冲刷的时间也较长，这些地方的砂型往往因强度不够而被冲垮。因此，为了保证铸件质量，防止产生冲砂等缺陷，常在受冲刷力较强的地方嵌入高强度的砂芯块。

2. 对砂芯的要求

(1) 低的吸湿性和发气量 砂芯吸湿返潮，将会降低砂芯的强度，同时增

加砂芯的发气量，使铸件产生气孔等缺陷。为了减少气体的产生，就要求砂芯具有低的吸湿性和发气量。

（2）良好的透气性　在铸件浇注过程中，砂型和砂芯温度会急剧升高，水分迅速蒸发，有机物燃烧、分解、挥发，无机物发生化学反应，这些都会产生大量的气体。这些气体若不能顺利地排出，就必然要侵入金属液内部使铸件产生气孔。因此，要求砂芯具有良好的透气性。

（3）良好的韧性　铸件在冷却过程中，将产生较大的应力，若砂芯韧性不好，则铸件有可能产生变形，甚至产生裂纹等缺陷。

（4）高的耐火度　在浇注过程中，砂芯长时间地被高温金属液灼烤，容易使铸件表面产生粘砂现象。因此，要求砂芯具有较高的耐火度，避免铸件产生粘砂等缺陷。

（5）好的落砂性　好的落砂性会减少清理工作量，同时也会提高铸件表面质量。

（6）高的尺寸精度　砂芯主要用于形成铸件的内腔及孔，而这些地方一般都不再进行机械加工，因此，要求砂芯具有高的尺寸精度。

（7）好的稳定性和平衡性　只有具备好的稳定性和平衡性，才能保证砂芯在吊运、下芯时容易操作，稳定可靠。

3. 芯砂的选用

为了满足砂芯的各项性能要求，砂芯应选用二氧化硅含量较高、粒度分布集中、角形系数较小的新砂制作。

粘结剂，应根据砂芯的复杂程度来选择。对形状较复杂的砂芯，可选用干强度较高、落砂性较好的植物油作粘结剂，但成本高。目前常采用合脂及合成树脂来代替植物油，作为芯砂的粘结剂。由于它们的来源丰富，成本较低，性能良好，因此应用越来越广泛。对于简单的砂芯，可用粘土作粘结剂。

水玻璃粘结剂硬化快，强度高，常作为铸钢件砂芯的粘结剂。

4. 砂芯的分类

（1）按制造方法分类　按制造方法的不同，砂芯可分为手工制芯和机器制芯两种。对于生产数量少、形状复杂、尺寸较大且为非长期定型的产品，采用手工制芯；对于形状简单、尺寸较小又是长期定型的产品，则采用机器制芯。

（2）按尺寸分类　按尺寸大小，砂芯可分为小型、中型和大型三类。

（3）按制造材料分类　按制造材料的不同，砂芯可分为普通粘结剂砂芯和特殊粘结剂砂芯。普通粘结剂砂芯应用广泛，适应性强，可用作形状简单的各种尺寸的砂芯；形状较复杂，又有某些特殊要求时，则要采用特殊粘结剂砂芯。

（4）按砂芯复杂程度分类

1）一级砂芯：外形复杂，断面细薄，同金属液接触的表面积大，或者在重要铸件中用于形成细长窄小不加工内腔的砂芯，都属于一级砂芯。这类砂芯一般采用植物油、树脂作粘结剂。

2）二级砂芯：除砂芯主体外，还具有非常细小的凸缘、棱角或者横堤，同金属液接触面积较大，在重要铸件中用于形成完全或部分不加工内腔的砂芯，都属于二级砂芯。这类砂芯的芯头较一级砂芯要大一些，干强度可稍低一点，在配制芯砂时可加一些粘土，但主要采用特殊粘结剂的芯砂。

3）三级砂芯：复杂程度一般，没有非常细薄的断面，用于形成铸件加工内腔的砂芯属于三级砂芯。此类砂芯在配制芯砂时，可用粘土作粘结剂，或者部分用沥青、松香、水玻璃等作粘结剂。要求其在烘干前有较高的湿强度支持自身重量，烘干后具有较高的表面干强度。

4）四级砂芯：外形不复杂，对砂芯所构成的内腔无特殊要求，常见的砂芯都属于这一类。四级砂芯所用的粘结剂主要是粘土。

5）五级砂芯：此类砂芯多用来形成大型铸件的内腔，要求具有高的干强度、好的韧性、良好的透气性等。在制作这类砂芯时，常在砂芯中间部分放一些砖头、焦炭块等，以改善其透气性。

二、芯骨

放入砂芯中用以加强和支持砂芯并有一定形状的金属构架称为芯骨。

1. 芯骨的作用

（1）增加砂芯的刚度和强度　砂芯在翻转、吊运过程中要承受外力的作用，浇注时又要承受金属液的浮力作用，因此，要求砂芯具有足够的强度和刚度。除某些强度高的特殊粘结剂砂芯外，一般制作砂芯时都要利用芯骨来增强其强度和刚度。

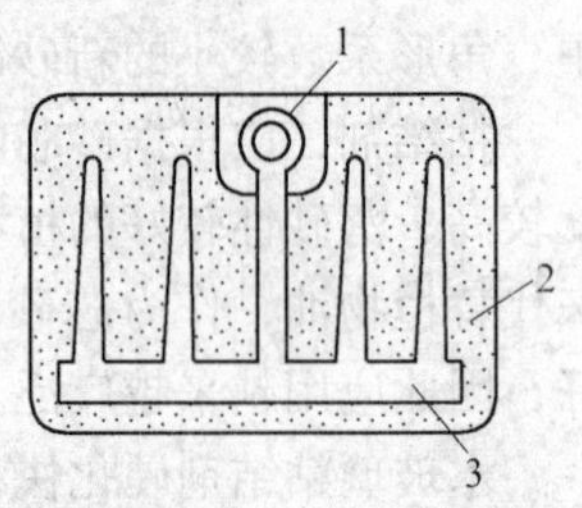

图5-37　芯骨上的吊环

1—吊环　2—砂芯　3—芯骨

（2）便于吊运　砂芯的移动和吊运是靠安置在芯骨上的吊环来实现的。芯骨上的吊环如图5-37所示。吊环一般用圆钢绕制而成，在浇注芯骨时，连同吊环一起浇注在芯骨中。吊环的尺寸根据砂芯的大小进行设置，必须保证安全可靠。

（3）固定砂芯　对于某些悬吊砂芯，或者在金属液的冲击和浮力作用下会移动的砂芯，以及合型时不便于用芯撑固定的砂芯，常用钢丝或螺杆拉住芯骨，并将其固定在砂箱箱带或其他物体上。

装配铸型时，尤其是多个砂芯组装起来的铸型，砂芯的固定是一项重要而又要求十分细致的工作，否则就会引起砂芯漂浮、塌毁、错动，以至造成铸件报废。

（4）排出气体　大、中型圆柱形砂芯，常用铁管作芯骨，管壁上钻有许多小孔，浇注时，砂芯中产生的各种气体便从小孔进入管中，再由两端排出型外。还可用钢管作芯骨，但钢管的刚度没有铁管好，变形量大。

2. 对芯骨的要求

（1）具备足够的强度和刚度　芯骨是砂芯的骨架。若芯骨强度不够，则砂芯在吊运过程中会因芯骨折断而毁坏；若芯骨刚度不够，则砂芯的变形量就会增大，必然要影响铸件的尺寸精度。

（2）尽量不妨碍铸件收缩　要求芯骨不伸到铸件内壁而阻碍其自由收缩，即要求芯骨有一定的吃砂量。芯骨的吃砂量见表5-1。

表5-1　芯骨的吃砂量　（单位：mm）

砂芯尺寸（长×宽）	吃砂量	砂芯尺寸（长×宽）	吃砂量
<300×300	15~25	1000×1000~1500×1500	30~50
300×300~500×500	20~30	1500×1500~2000×2000	40~60
500×500~1000×1000	25~40	2000×2000~2500×2500	50~70

（3）芯骨的吊运装置　设置芯骨吊环时，先要大概估计一下砂芯的重心位置，然后再确定设置吊环的数量和位置，以确保砂芯起吊后能基本保持平衡。

（4）易于从铸件内取出　要使芯骨易于从铸件中取出，芯骨框架的截面尺寸就要根据砂芯的大小来确定，否则，不能将芯骨从铸件中轻易地取出来。

芯骨框架的截面尺寸见表5-2。

（5）不妨碍开挖通气槽　在保证芯骨有足够的强度和刚度的前提下，应使其结构尽可能简单一些，以利于砂芯开挖通气槽。在实际生产中，有时可在芯骨上缠绕一些草绳，以便把砂芯内部的气体引向通气槽（烘芯时，草绳烧掉后便留下通气道），这样有利于砂芯的排气。

（6）经济实用　芯骨要结构简单、制造方便、成本低廉。由于铸铁芯骨脆性好，易于击断取出，成本又较低，故应用广泛。

表5-2　铸铁芯骨框架的截面尺寸$\left(\frac{长}{mm}\times\frac{宽}{mm}\right)$

砂芯尺寸$\left(\frac{长}{mm}\times\frac{宽}{mm}\right)$	砂芯高度/mm				
	<100	100~200	200~500	500~1000	>1500
<500×500	25×20	25×20	30×25	45×35	55×40
500×500~1000×1000	30×25	30×25	30×25	45×35	55×40
1000×1000~1500×1500	30×25	45×35	45×35	45×35	55×40
1500×1500~2500×2500	45×30	45×35	45×35	55×40	70×50
>2500×2500	45×30	45×35	55×40	55×40	70×50

3. 芯骨的分类

芯骨按所用材料和制造工艺的不同，可分为以下几类：

（1）钢丝芯骨　对于那些断面细薄、形状复杂的小砂芯，常用铁丝作芯骨。钢丝质软、韧性较好，可以随手弯制成各种复杂形状，铸件凝固时又不会阻碍收缩，而且清理时也便于取出来。钢丝芯骨的直径应根据砂芯大小来确定，见表5-3。

表5-3　钢丝和圆钢芯骨的直径

砂芯外形尺寸$\left(\frac{长}{mm}\times\frac{宽}{mm}\right)$	芯骨直径/mm	砂芯外形尺寸$\left(\frac{长}{mm}\times\frac{宽}{mm}\right)$	芯骨直径/mm
$<100\times100$	1.0～1.5	$300\times300\sim400\times400$	3.5～5.0
$100\times100\sim200\times200$	1.5～2.5	$400\times400\sim600\times600$	5.0～10.0
$200\times200\sim300\times300$	2.0～2.5		

（2）圆钢芯骨　此种芯骨比较坚硬，可以重复使用，但首次使用时变形量大，容易将砂芯撑裂，因此最好退火后再用。圆钢芯骨清理时不易敲断，适用于芯头较大的简单砂芯。圆钢直径的大小可参照表5-3选用。

（3）管子芯骨　对于较长、较大的圆柱体砂芯，可采用铁管或钢管作芯骨。管径一般为砂芯最小直径的1/3～2/3。为了便于砂芯排气，常在管壁上钻出许多小孔，孔径一般为5～7mm，孔与孔之间的距离为25～30mm。管子芯骨如图5-38所示。

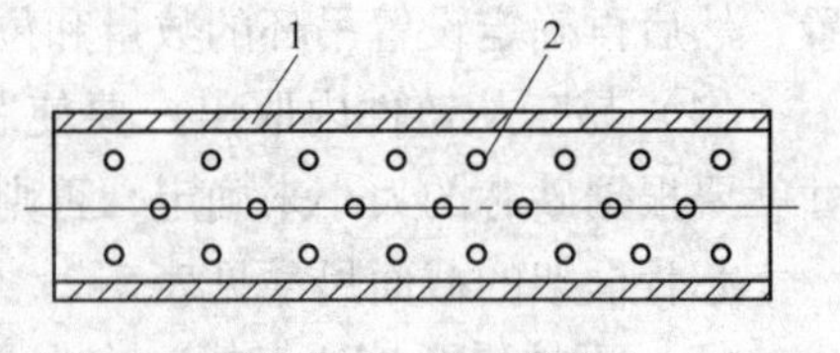

图5-38　管子芯骨
1—铁管　2—小孔

为了便于排气以及芯砂与芯骨的结合，常在管子外绕上草绳，浇注后草绳烧成灰烬，清理时管子便可轻易地从铸件中取出来，这样管子可重复使用。

（4）铸铁芯骨　由于铸铁芯骨刚度和强度较高，清理时又易于击断取出，因此应用非常广泛，特别适用于尺寸较大、形状复杂的砂芯。

铸铁芯骨由框架和齿两部分组成，一般在软砂床上制造。根据砂芯的轮廓尺寸和重量来确定框架的大小和截面尺寸，制造时用模样或芯盒在砂床上敲出框架形状；根据砂芯的高度尺寸确定齿的长短，用锥形齿棒插出齿。根据砂芯的形状，对于某些需要弯曲成形的齿，可在这些地方插入铁丝或圆钢，浇注后铁丝、圆钢便铸合在芯骨上，用时再弯制成所需的形状。图5-39为铸铁芯骨制造过程示意图。

在芯骨结构许可的情况下，可将芯骨做成可拆卸式的，如图5-40所示。清砂时，敲击芯骨的适当部位，便可分段取出芯骨，取出的芯骨可重复使用。

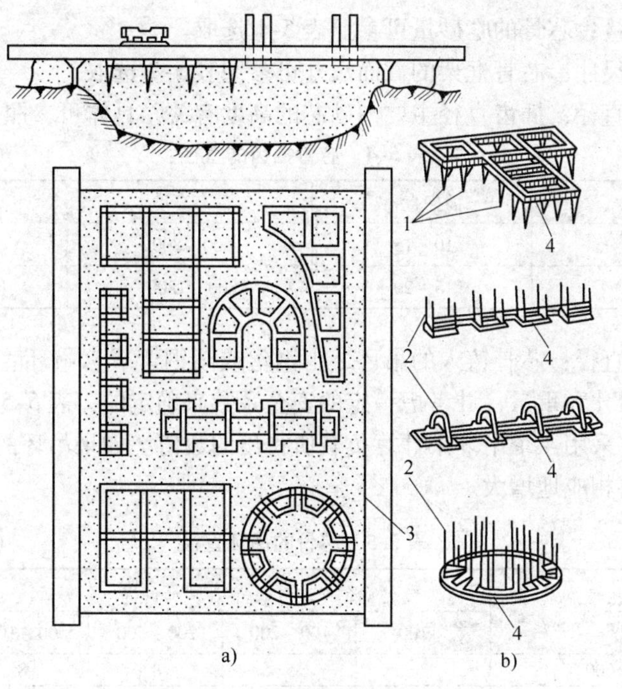

图 5-39　铸铁芯骨的制造过程

a）砂型　b）芯骨

1—齿　2—钢丝　3—软砂床　4—框架

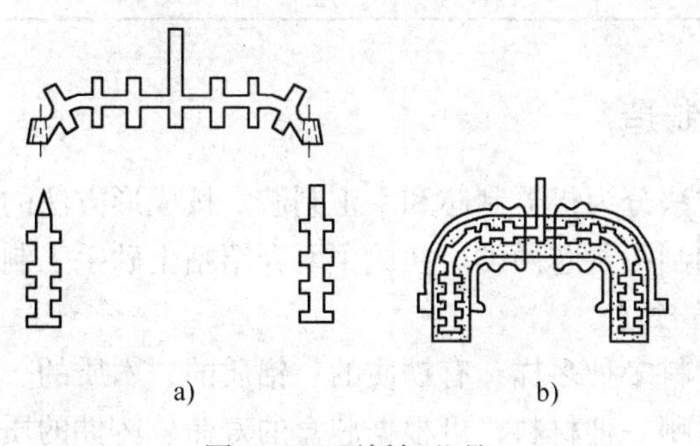

图 5-40　可拆卸芯骨

a）可拆卸式　b）装配好的芯骨

对于较小的砂芯，其框架大小一般是根据芯盒舂砂面的轮廓尺寸，并在周围留一定的吃砂量来确定的。依据这个尺寸，用钢丝绕成一个方框，在软砂床上轻轻压出痕迹，再用模样敲击框架。芯骨截面尺寸一般根据经验确定，齿的长短也不一定要很准确，如果齿太长，则可在使用时再敲断。

对于大、中型砂芯的铸铁芯骨，必须根据砂芯的尺寸、重量和制造工艺进行设计，主要确定下列尺寸：

1）吃砂量：芯骨的吃砂量可参照表5-1选取。

2）截面尺寸：芯骨框架的截面尺寸可参照表5-2选取。

3）插齿直径：插齿直径主要与砂芯的高度有关，具体可参照表5-4选用。

表5-4　芯骨插齿的直径　（单位：mm）

砂芯高度	插齿直径	砂芯高度	插齿直径
<300	10~15	500~800	20~25
300~500	15~20	800~1200	25~30

4）吊环直径：芯骨铸入的吊环，由钢丝或圆钢弯成。吊环直径主要是通过砂芯的轮廓尺寸和重量，并考虑一定的安全系数来确定的。表5-5中的吊环尺寸是按每个砂芯采用4个吊环来计算负载所得出的数值。如果吊环的个数减少，则吊环的直径要相应地增大。

表5-5　芯骨的吊环直径　（单位：mm）

砂芯尺寸$\left(\frac{长}{mm}\times\frac{宽}{mm}\right)$	砂芯高度				
	<100	100~200	200~500	500~1000	>1500
<500×500	3	5	8	8	12
500×500~1000×1000	8	8	10	12	12
1000×1000~1500×1500	8	8	12	12	15
1500×1500~2000×2000	8	12	12	15	15
>2500×2500	12	12	15	15	25

三、砂芯的制造

砂芯的制造方法分为机器制芯和手工制芯。按成形方法的不同，手工制芯又分为用芯盒制芯和刮板制芯两类。在此主要介绍粘土砂手工制芯的方法。

1. 用芯盒制造砂芯

制造芯盒的材料多种多样，有铁质的、铝质的、木质的、塑料的等。在实际生产中，究竟选择哪一种材料，可根据芯盒的寿命、铸件的质量要求、经济效益等方面来确定。按芯盒结构的不同，芯盒制芯可分为整体式、对分式和脱落式三种。

（1）整体式芯盒制芯　整体式芯盒适用于形状简单、自身斜度较大的砂芯。芯盒上面有较大的敞口，且敞口多为平面。

整体式芯盒制芯过程如下：

1）首先检查芯盒有无变形或损坏，并将芯盒内的杂物清扫干净，再按照工艺检查芯盒形状和尺寸，然后填入适量的芯砂并舂实。

2）粘土砂芯小型芯骨可在泥浆水中浸一下，较大的芯骨可用刷子刷上泥浆

水，以增强芯骨和芯砂的粘结力。

3）按框架在上、插齿和吊环在下的顺序，将芯骨安放在芯盒内，观察四周吃砂量是否合适，然后用锤子轻轻敲击芯骨，直至上部吃砂量合适为止。

4）放入通气材料，如炉渣、焦炭、干砂、草绳等，再填砂舂实。舂砂时，每层填砂厚度应适量，以保证紧实度均匀。

5）刮去高出敞口平面的芯砂，修整并刷上涂料。

6）将芯盒翻转180°，放到烘芯板上（为了使刷涂了的平面不粘在烘芯板上，可预先垫上一层纸）。

7）敲动芯盒，松动后取出芯盒，砂芯便留在烘芯板上。

8）挖出吊环，修整砂芯，刷上涂料。

图5-41为整体式芯盒制芯示意图。

当砂芯尺寸较大时，需借助起重机来翻转芯盒。

对于上、下两个端面都是平面的简单砂芯，特别是高度较低的小型砂芯，其芯盒可以简化为只有四周侧面的框架式样，如图5-42所示。

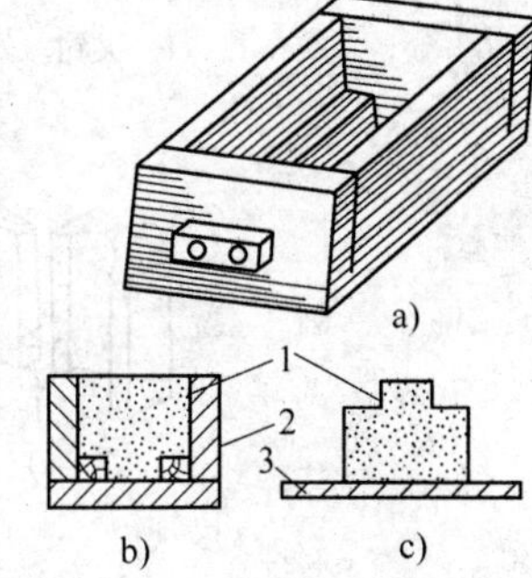

图5-41　整体式芯盒

a）芯盒　b）舂制砂芯

c）砂芯放在烘芯板上

1—砂芯　2—芯盒

3—烘芯平板

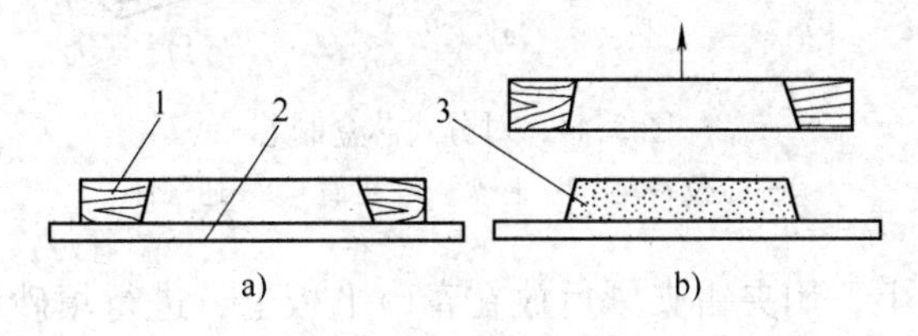

图5-42　框架式芯盒

a）芯盒放在平板上　b）取去芯盒

1—芯盒　2—平板　3—砂芯

（2）对分式芯盒制芯　圆柱体、长方体等类型的砂芯，虽然芯头的两个端面都是平面，但是由于砂芯的长度比直径大，如果将芯盒做成整体式，则舂砂和取出砂芯都比较困难，因此，将芯盒做成对分式。砂芯长度较短的，可将两半芯盒合成一个整体，然后用卡具卡紧再舂砂。对分式芯盒如图5-43所示。对于长度较长的砂芯，可在两半芯盒中分别舂制，然后再合成一个整体砂芯（在分芯面刷白泥水或其他涂膏作粘结剂）。

1）用对分式芯盒制造粗短砂芯。其操作过程如下：

① 检查芯盒定位销的配合是否良好，芯盒有无损坏或变形现象，尺寸是否准确，并清理芯盒的工作表面，如图5-44a所示。

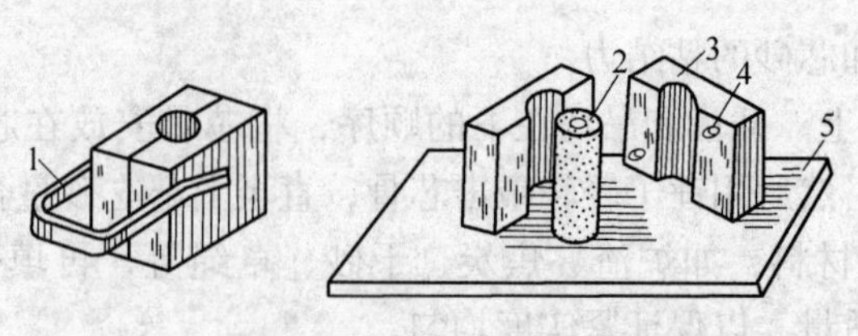

图5-43　对分式芯盒
1—夹钳　2—砂芯　3—芯盒　4—定位销　5—烘芯平板

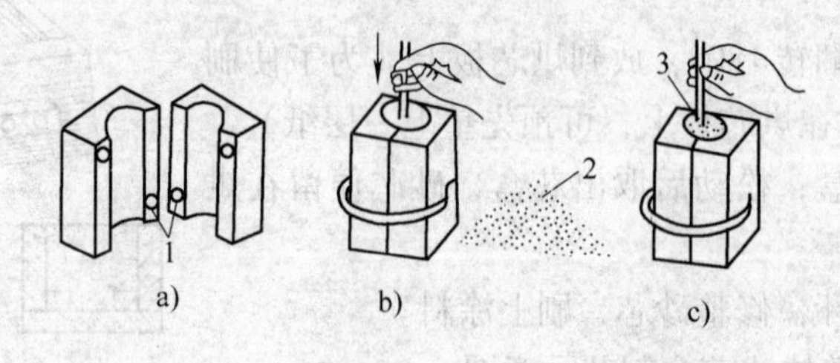

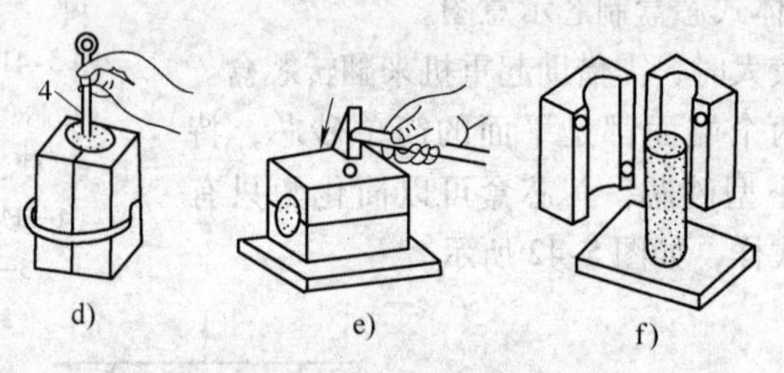

图5-44　对分式芯盒制芯
1—定位装置　2—芯砂　3—芯骨　4—通气针

② 将芯盒合上，用夹钳夹紧后放在舂砂平板上，进行填砂和舂砂操作，如图5-44b所示。

③ 舂砂至一定高度时，敲入芯骨（芯骨两端要埋入芯砂中5～10mm），如图5-44c所示。

④ 刮平上端面，沿砂芯的中心部位，用通气针扎出通气孔，如图5-44d所示。

⑤ 取出芯盒上的夹钳，把芯盒放平并轻轻敲击，然后取出上半芯盒，如图5-44e所示。

⑥ 取出砂芯，放在烘芯板上，刷好涂料，如图5-44f所示。

2）用对分式芯盒制造细长砂芯。其操作过程如下：

① 检查芯盒质量及定位装置，把芯盒清扫干净。

② 在一半芯盒内填砂舂实。在舂砂过程中放入芯骨，刮去多余芯砂，使芯砂稍高出芯盒的分模面。

③ 在另一半芯盒内填砂、舂实、刮平，并在刮平面的中心位置挖出一条排

气道。填砂时要防止芯砂落入定位销孔中。

④ 在刮平的砂芯表面刷上泥浆水，将两半芯盒合上，并将芯盒放平。

⑤ 轻轻敲击芯盒，促使两半砂芯粘合在一起，然后修平两端面，并保证出气孔上下贯通。

⑥ 松动芯盒，取出一半芯盒，用手扶住翻转 180° 倒出砂芯，修整后刷上涂料。

图 5-45 所示是分成两半制芯，以保证砂芯中段粗大部分能很好地舂实，然后再将两半芯盒拼合，使两半砂芯粘合在一起。如果两半砂芯的形状完全相同，则可以只做半个芯盒，再拼合起来。小型砂芯用泥浆水粘合，较大的砂芯可用钢丝或螺栓拉住两半砂芯的芯骨进行拼合。

对于大型砂芯，其在湿态时会因强度不够而在翻转时损坏，因此可在烘干后再将两半砂芯拼合起来。

（3）脱落式芯盒制芯　对于形状较复杂的砂芯，其外表面凹凸不平，砂芯不易从芯盒中取出，这时就要采用脱落式芯盒来制芯。脱落式芯盒制芯的原理是：根据砂芯的形状，选择一个便于舂砂的较大的平面作敞口，将芯盒四周妨碍起模的部分做成活块，翻转后芯盒脱落，而活块则留在砂芯中，然后从侧面适当的方向取出活块，砂芯制作完毕。脱落式芯盒制芯如图 5-46 所示。

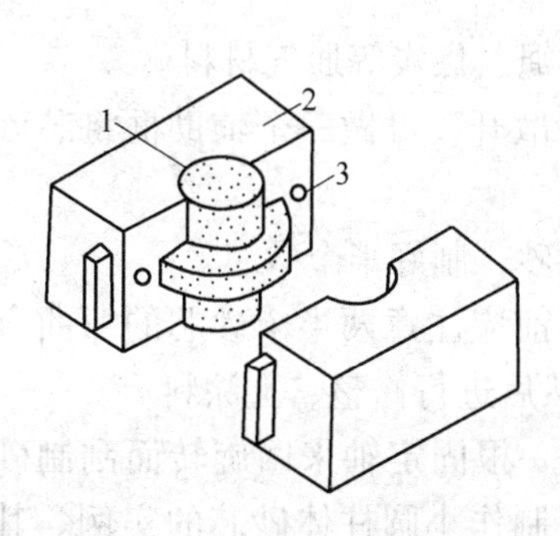

图 5-45　对分式芯盒的应用

1—砂芯　2—芯盒　3—定位销孔

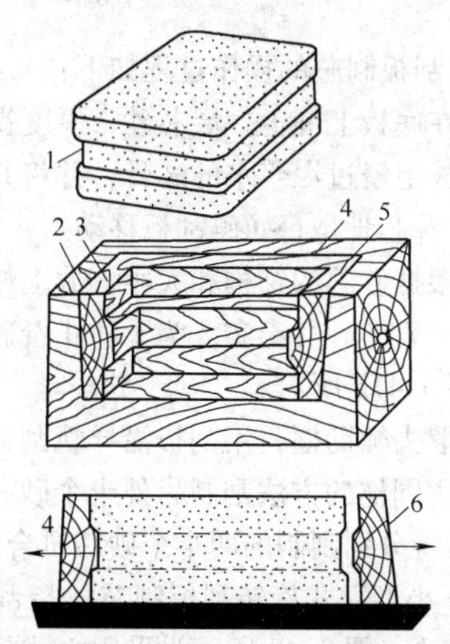

图 5-46　脱落式芯盒制芯

1—砂芯　2—芯盒框　3 ~ 6—芯盒中的活块

用脱落式芯盒制芯时应注意以下几点：

1）舂砂前需要检查各活块摆放的位置是否正确，定位是否可靠；对芯盒框要进行校正，防止歪扭；芯盒要紧固好，以免舂砂时尺寸胀大。

2）舂砂时，要先将活块周围的芯砂紧实，防止活块移动；对那些在舂砂过程中需要拔出定位销的，要确认活块不会再移动后才能取走销子。

3）砂芯制作完毕，活块应及时放回芯盒中并装配好，以免丢失。

2. 用刮板制造砂芯

刮板制芯分为导向刮板制芯和旋转刮板制芯两种。

（1）导向刮板制芯　导向刮板制芯与导向刮板造型原理是一样的。它是利用刮板沿着导轨来回移动来刮制砂芯的。这种刮板只能刮制截面没有变化的砂芯。导向刮板制芯如图5-47所示。

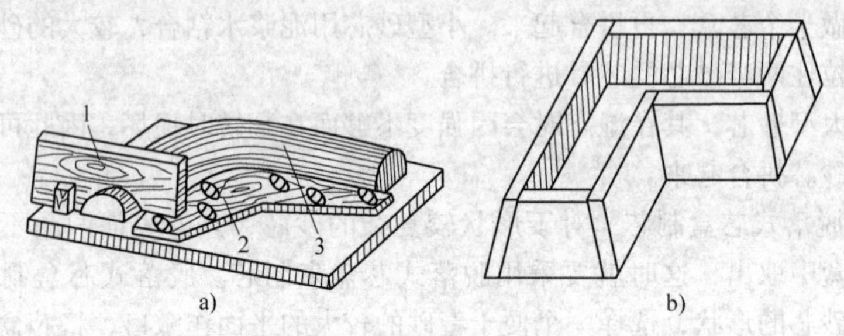

图5-47　导向刮板制芯

a）导向刮板制芯　b）辅助框

1—刮板　2—导轨　3—砂芯

导向刮板制芯的操作过程如下：

1）在底板上铺上一层芯砂，厚度视砂芯的大小而定，一般为20～30mm。

2）放上浸过泥浆水的芯骨，并将其摆放端正，然后用刮板沿着导轨来回试刮一次，看芯骨是否妨碍刮板移动。

3）根据砂芯的结构和大小，放上蜡线、草绳、焦炭等通气材料。

4）填入芯砂并舂实。为了防止舂砂时芯砂散开，可做一个辅助框将芯砂挡住，如图5-47b所示。

5）取去辅助框，用刮板沿导轨刮去多余芯砂，制好半个砂芯。

6）用同样的方法刮制另外半个砂芯，刮制前应注意两半个砂芯的弯曲方向要对称。将分别刮制的两半个砂芯拼合起来，然后进行修整、上涂料。

（2）小型立式旋转刮板制芯　指刮板绕着一根固定轴来回旋转而刮制砂芯的制芯方法。图5-48所示为采用立式旋转刮板制作小圆柱体砂芯的实例。其操作过程如下：

1）用小砂箱、木板、压铁搭好马架。

2）摆好底板，并将刮板轴两端的铁钉一头插入底板上的孔里，另一头插入马架槽板或滑套预制的小孔里，转动一下刮板，看是否灵活。

3）用水平仪检查底板、横板的水平度，并校正刮板的垂直度。

4）刮制前，先将芯砂逐步紧实成一个粗略的轮廓（略大于砂芯尺寸），然后转动刮板，将砂芯刮制好。

5）撤走刮板和马架，修整砂芯并刷上涂料。

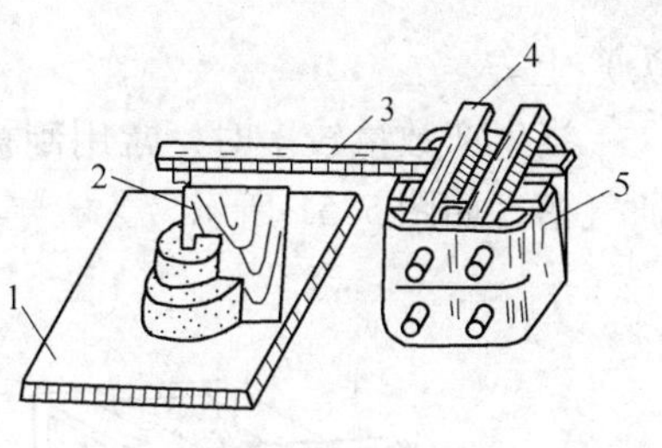

图 5-48　小型立式旋转刮板制芯
1—底板　2—刮板　3—横板
4—压铁　5—砂箱

3. 芯盒制芯和刮板制芯的特点

（1）芯盒制芯的特点

1）砂芯在芯盒中形成，填砂、舂实都很方便，生产效率高。

2）形状规整、尺寸准确。

3）适合制造各种尺寸及形状的砂芯。

4）但制造芯盒花费材料和工时，增加了铸件成本，如果选用木制芯盒，则容易变形、损坏。

（2）刮板制芯的特点

1）制芯工艺复杂，难度大，对操作者的技术要求较高。

2）不用制作芯盒，因此节约材料和制模工时。

3）适宜于制造尺寸较大、生产数量较小的砂芯。

四、砂芯的排气

铸件在浇注过程中，所产生的气体应能迅速、顺利地由通气道排到砂型外，否则将使铸件产生气孔，严重时会导致铸件报废。

砂芯的排气可根据其复杂程度、截面大小等不同而采取不同的方法。

1. 简单小砂芯的排气

对于简单的小砂芯，常用通气针从芯头处扎通气孔进行排气。通气针要从砂芯的中心部位扎入，且应贯通整个砂芯，并应避开芯骨。为了避免扎通气孔时把砂芯扎坏，可在制芯时预先把一根钢条埋入砂芯中，制好后再将其抽出，如图 5-49 所示。

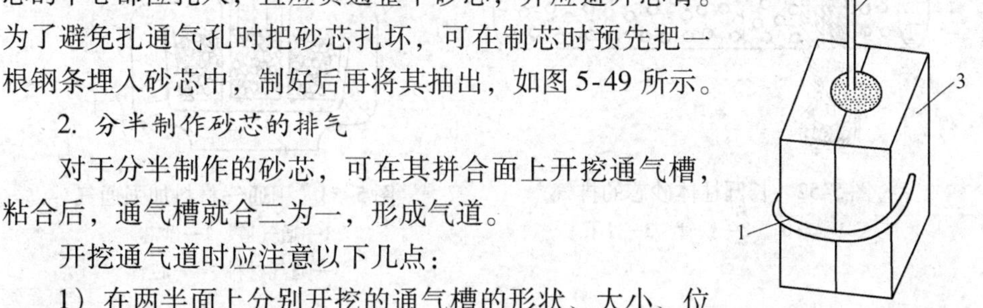

图 5-49　小砂芯的排气
1—卡具　2—钢条
3—芯盒

2. 分半制作砂芯的排气

对于分半制作的砂芯，可在其拼合面上开挖通气槽，粘合后，通气槽就合二为一，形成气道。

开挖通气道时应注意以下几点：

1）在两半面上分别开挖的通气槽的形状、大小、位置要一致。

2）所放芯骨不应妨碍开挖通气槽。

3）各个方向的通气槽要开挖到非工作面（芯

头）上。

当生产数量较多时，常用刮板刮出通气槽（见图5-50），或者用通气板压出通气槽，如图5-51所示。

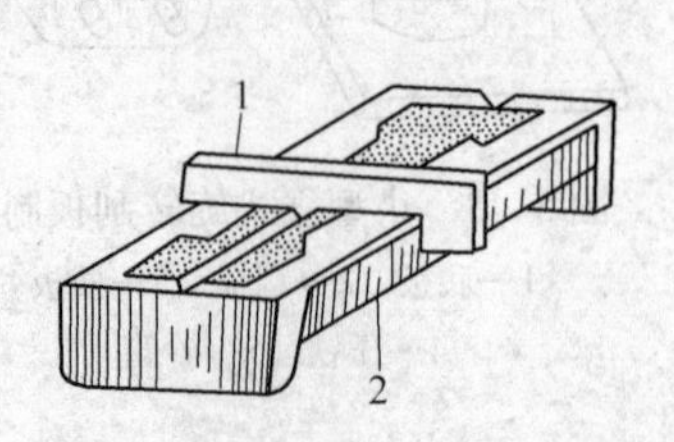

图5-50　用刮板刮出通气槽

1—刮板　2—芯盒

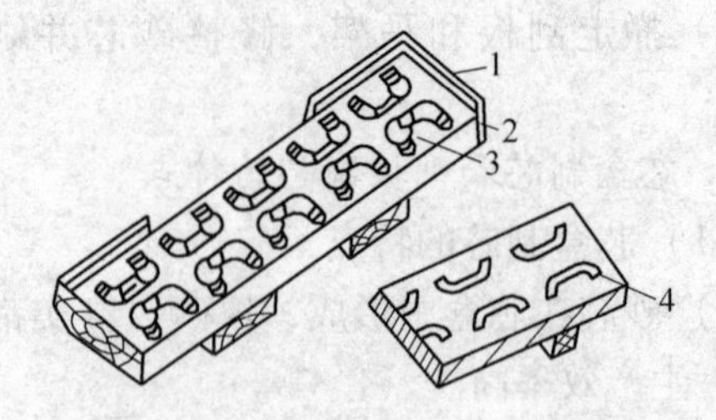

图5-51　用通气板压出通气槽

1—导板　2—芯盒　3—砂芯　4—通气板

通气板是根据砂芯分芯面的形状、大小设计的，上面有凸起的肋板。在将半个砂芯舂好后，对其进行刮平修整，再把通气板压上，凸肋便在分芯面上压出通气槽。为了保证两半砂芯拼合面的通气槽吻合，常在通气板和芯盒上安放定位装置。

3. 长圆柱体砂芯的排气

长圆柱体砂芯常用带有小孔的铁管作芯骨，因此芯骨就是一个很好的通气道，如图5-52所示。

管壁外绕上草绳，浇注后草绳被烧为灰烬，因此气体就可以顺利地从小孔进入管道排到砂型外，同时砂芯还具有良好的韧性。

4. 厚大截面砂芯的排气

厚大截面的砂芯，常用的通气材料（如焦炭、炉渣、砖块等）能够增强砂芯的排气能力，如图5-53所示。

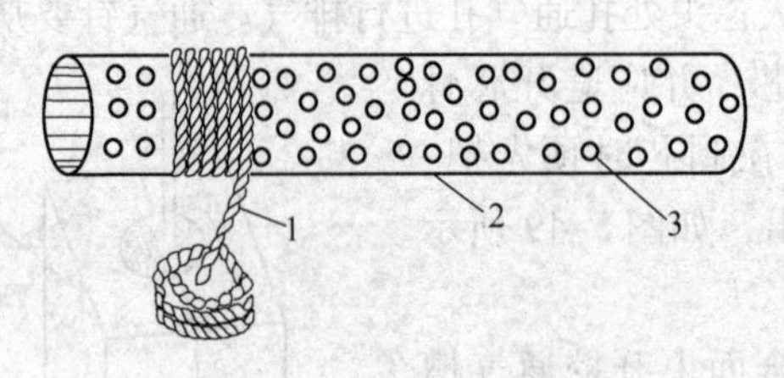

图5-52　长圆柱体砂芯的排气

1—草绳　2—铁管　3—小孔

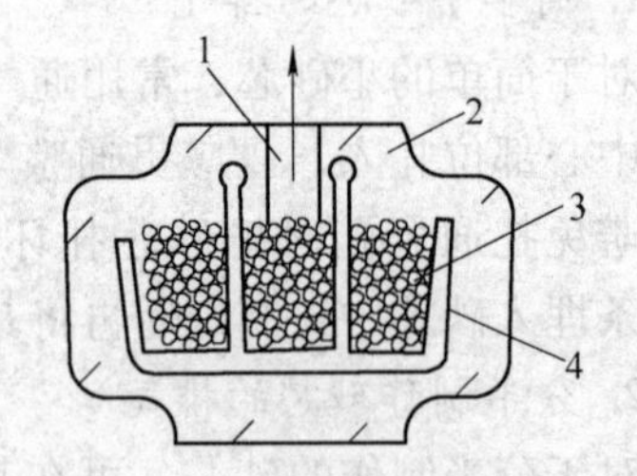

图5-53　用通气材料加强通气

1—通气道　2—砂芯

3—通气材料　4—芯骨

此外，砂芯中放入通气材料还可减少砂芯的重量，节约芯砂的消耗。

在砂芯中开设通气孔时，应注意以下几点：

1）通气孔的尺寸要足够大，数量要足够多，以保证浇注时产生的气体能及

时、顺利地排出去。

2）开设的通气孔要互相连贯，切不可中断或者堵塞。

3）通气孔应从芯头处引出，但不允许通到砂芯的工作面，以防金属液钻入而堵塞气孔。

五、砂芯的修理

砂芯在翻转、搬运过程中可能变形或损坏，在烘干过程中可能会产生变形、表面开裂现象，或者出现凸起的毛边等，因此，一般砂芯都需要经过修理以后才能使用。

砂芯的修理分为烘干前的修理和烘干后的修理两个阶段。

1. 砂芯烘干前的修理

由于砂芯在烘干前处于潮湿状态，因此操作方便。烘干前的修理通常包括以下几个步骤：

1）对局部松软的地方要重新压实修整。

2）修出铸造圆角。

3）对于较大的面或尖角处要插铁钉，以增加强度。

4）砂芯修理完毕后，若需烘干，则要刷上1遍或2遍涂料。

2. 砂芯的支撑

砂芯的支撑方式直接影响到砂芯的变形量，因此生产中常采取一些适当的措施，以减小砂芯烘干时的变形量，从而减少修理的工作量。下面简单介绍几种常见砂芯的支撑方法：

1）当砂芯具有一个较宽大的平面时，可用专门的烘芯板来支撑，如图5-54所示。

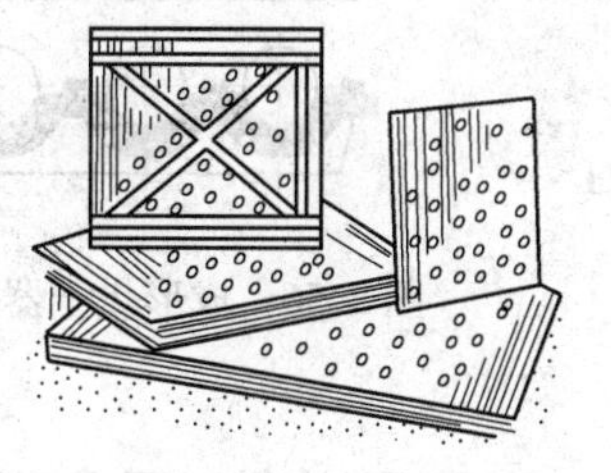
图5-54　烘芯板

2）当砂芯不具有较大的支撑平面且湿强度又较低时，不宜单独移动，可采用图5-55所示的用砂托支撑砂芯法。但这种方法费时，又要消耗大量的型砂，因此只适宜小批量生产。

3）对于大批量生产且不具有较大支撑平面的砂芯，常采用金属制成的成形烘干器支撑砂芯，如图5-56所示。

3. 烘干后的修理

不论采取怎样的措施，砂芯烘干后都要进行必要的修整才能使用。

砂芯烘干后的修整包括以下几个方面：

（1）机械加工　在将砂芯烘干后，对表面开裂或凸起的毛边，需要用刮刀或锉刀消除。如果砂芯表面有较大面积的损坏，则要先在损坏处刷一些白泥水，再用湿芯砂修补，最后用喷灯或煤气灯进行烘干。

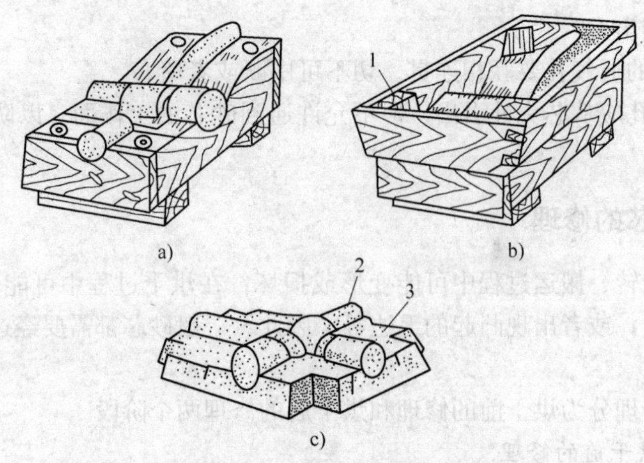

图 5-55　用砂托支撑砂芯

a）制好的砂芯　b）放木框填砂　c）砂芯翻转在砂托上

1—木框　2—砂芯　3—砂托

对于组合而成的砂芯，要先对其组合面进行磨平、修整，再进行粘合。对于少量生产的砂芯，可用刮刀进行修理。图 5-57 所示为用刮刀刮平砂芯。当大批量生产时，可在专门的磨床上对砂芯进行修理。图 5-58 所示为用砂轮磨平砂芯。对需要修平的表面，要预先留出 1 ~ 2mm 的机械加工余量，以保证砂芯的尺寸。

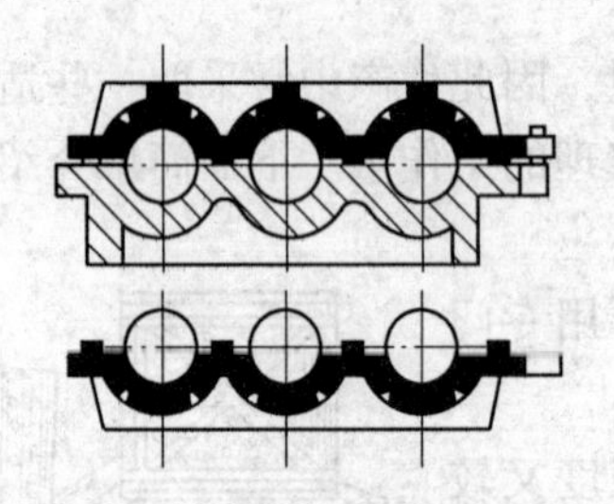

图 5-56　成形烘干器支撑砂芯

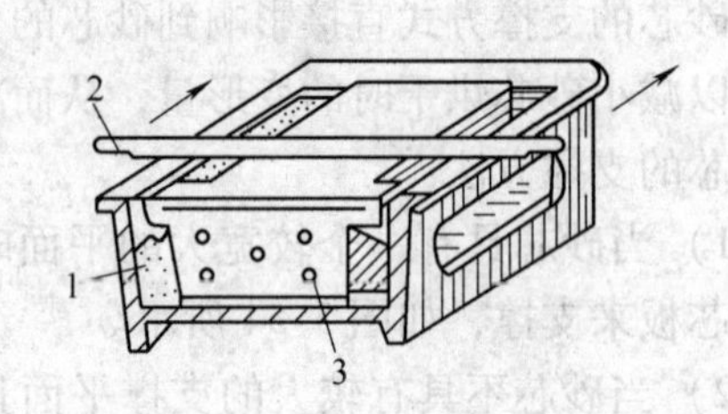

图 5-57　用刮刀刮平砂芯

1—夹具　2—刮刀　3—砂芯

（2）上涂料　可采用浸、刷和喷涂等方法给砂芯上涂料。采用喷涂方法上涂料生产效率较高，但污染环境，因此涂料的喷涂应在装有吸风罩的工作台上进行。对于没有喷涂装置的车间，常采用手工刷涂料，但效率较低。

在将砂芯烘干后，按下述情况确定是否给砂芯上涂料：

1）当砂芯表面完好无损，又比较光滑时，不用刷涂料。

2）砂芯表面不光滑或者有细小的裂纹，刷一层涂料即可。

3）若砂芯裂纹较大，则要用涂膏修补裂纹后再刷涂料。

刷完涂料后需进行再烘干。

（3）砂芯的连接　对于形状复杂或尺寸较大的砂芯，常将其分成几部分，

待制作完毕或烘干后再将其连接起来。砂芯的连接方式有以下几种：

1）用粘结剂连接。在分芯面上涂刷一层粘结剂，将砂芯粘在一起。粘结剂可用毛刷敷在分芯面上。这种方法适用于尺寸较小的砂芯。

2）用螺栓联接。对于尺寸较大的砂芯，可用螺栓进行联接。螺栓应直接安装于芯骨上，用扳手拧紧后再用芯砂补平，同时应在分芯面上涂刷粘结剂，如图5-59所示。

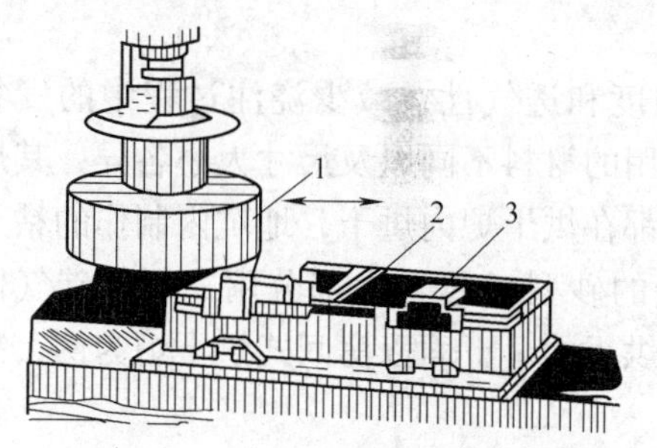

图5-58　用砂轮磨平砂芯

1—砂轮　2—夹具　3—砂芯

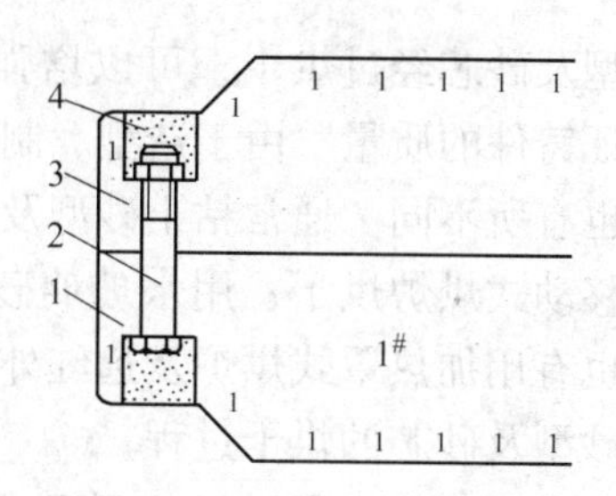

图5-59　用螺栓联接砂芯

1—下半砂芯　2—螺栓　3—上半砂芯　4—补砂

3）可以通过焊接的方法将砂芯芯骨连接起来。

（4）砂芯的检验　芯盒的变形与磨损、烘芯板的扭曲变形、搬运时受到的振动、烘干过程中的胀缩等因素，都将影响砂芯的尺寸，因此在使用砂芯前必须地其进行尺寸检验。

对于单件生产的砂芯可用通用的量具检查其尺寸，当生产批量较大时，应用专用的卡规和样板进行检查。

用卡规检验砂芯尺寸的方法如图5-60所示。对于形状复杂的砂芯，通常用样板来检验砂芯，如图5-61所示。检验时，将砂芯放在平台上，再将样板放到被检验部位的上面，观察样板和砂芯之间是否存在间隙，以判断砂芯的尺寸和形状是否合格。

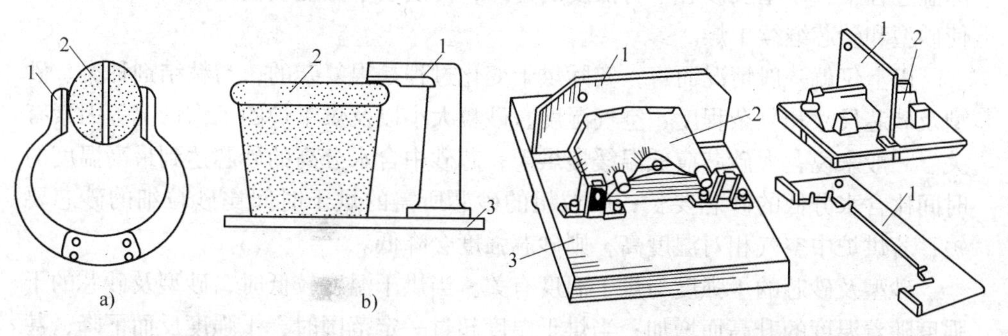

图5-60　用卡规检验砂芯尺寸的方法

a）检验砂芯直径　b）检验砂芯高度

1—卡规　2—砂芯　3—平台

图5-61　用样板检验砂芯

1—样板　2—砂芯　3—平台

◈◈◈ 第三节　砂型及砂芯的烘干与合型

一、砂型及砂芯的烘干

砂型及砂芯经过烘干，可以增强其强度和透气性，减少浇注过程中的发气量，保证铸件的质量。由于造型、制芯所用的材料不同以及尺寸大小各异，其烘干工艺也有所不同。通常粘土砂型及砂芯都在烘干炉内烘干，地坑内制作的粘土砂型用移动式烘炉烘干，用水玻璃砂制造的砂型（芯）大部分用二氧化碳气体硬化，也有用加热罩式烘炉及远红外线炉烘干的。下面以房间式烘干炉为例，简要介绍砂型及砂芯的烘干过程。

（1）预热升温阶段　这一阶段是使砂型及砂芯内外层温度均匀的过程。具体操作是：烘炉点火后，将烟道闸门关闭，使水蒸气不外逸，尽量减少砂型及砂芯表面水分蒸发，保持原有湿度，增加导热性，使热量从外表传入内层，从而使内外温度均等。这一阶段升温速度不能太快，否则内外温差过大，表层水分一边向外蒸发，一边向内层迁移，不仅降低了烘干速度，甚至有可能将砂型及砂芯表面烧坏。

（2）高温烘干阶段　这一阶段要加快炉温上升速度，使其达到工艺规程的最高温度并进行保温。具体操作是：打开烟道闸门，加强炉内循环，并保持一定时间，使炉内湿度不断降低，直到烘干完毕。这一阶段要保证砂型及砂芯水分基本被排除。

（3）炉内降温阶段　停止加热，半闭烟道闸门，使温度降至出炉温度。在降温过程中，砂型及砂芯本身散发的蓄热，使残余水分继续被排出和蒸发，进而使砂型和砂芯继续干燥。

以上仅就一般情况而言，实际烘干变化过程是很复杂的，与粘结剂种类、砂型及砂芯尺寸和复杂程度、空气湿度、砂粒大小以及烘干炉的工作情况等因素有关。一般来说，大砂芯应低温缓慢烘干；芯砂中含水分高的砂芯达到最高温度的时间比含水分低的砂芯要长；砂粒粗的砂芯所需的烘干时间比砂粒细的砂芯要短；若烘炉中空气相对湿度高，则砂芯强度会降低。

砂型及砂芯的干强度与烘干温度有关。当烘干温度较低时，砂型及砂芯的干强度随着温度的升高而增加；当烘干温度超过一定范围时，干强度反而下降，甚至变得松散（烧酥）。因此，要适当控制烘干温度，应根据型砂种类、性能特点和砂型及砂芯大小来确定合适的烘干温度和时间。干型（芯）砂的适宜烘干温度为300～400℃，含木屑的干型（芯）砂的适宜烘干温度为300～350℃。

粘土砂型（芯）烘干规范见表5-6。表5-6中的烘干时间是升温、保温、冷却三个阶段时间的总和，其具体分配要根据烘干设备和砂型（芯）的要求而定。一般干燥深度，砂型为40~60mm，砂芯为60~90mm；串皮芯和小砂芯应全部干透，干燥层中残留水分的质量分数为0.2%~0.25%。烘干后的砂型（芯）放置在潮湿的空气中易反潮，因此应尽可能在短时间内合型、浇注，放置时间一般不超过24h。

表5-6　粘土砂型（芯）烘干规范

砂型			砂芯		
砂箱尺寸$\left(\frac{长}{m}\times\frac{宽}{m}\right)$	烘干时间/h	烘干温度/℃	砂芯体积/m^3	烘干时间/h	烘干温度/℃
0.5×0.6~1.2×0.9	6~8	350~400	<0.001	2~3	250~300
1.2×0.9~3.2×2.0	8~12	350~400	0.001~0.015	4~5	250~300
3.2×2.0~5.0×3.5	12~24	350~400	0.015~0.025	6~7	250~300
5.0×3.5~5.5×4.0	24~36	350~400	0.025~0.05	8~9	250~300
>5.5×4.0	36~48	350~400	0.05~0.10	10~11	250~300
			>0.10	12~14	250~300

砂型烘干温度和烘干时间与许多因素有关。在烘干温度和操作条件一定时，砂型体积和截面积越大，加入的粘结剂和水分越多，型砂的粒度越细，烘干时间就越长。

烘干规范要根据生产实际的具体情况而定。

二、合型

将铸型的各个组元，如上型、下型、芯子、浇口盆等组合成一个完整铸型的操作过程，称为合型。合型是造型过程中最后一道工序，也是最重要的工序之一，若控制不好，则会产生一些铸件缺陷，如气孔、砂眼、错型、偏芯、漂芯、飞边、飞翅、跑火等。

1. 砂芯的装配

通常铸件都需要用砂芯来形成内孔或局部外形，特别是一些形状复杂的铸件，更需要用无数大大小小的砂芯来形成，因此合型时必须对砂芯进行装配。有些砂芯可先在型外进行预装配，大部分砂芯需要在型内按某一基准面进行装配。

装配时，要保证尺寸准确、连接可靠、固定稳当、排气通畅等。

2. 砂芯的固定

砂芯的固定有两种方法：用芯头固定和用芯撑固定。

（1）用芯头固定砂芯　芯头是砂芯的重要组成部分，砂芯通过芯头支撑在铸型中，保证砂芯在其自身的重力及金属液浮力的作用下位置不变。这种固定方式既方便又经济，因此应用最普遍。常见的芯头有以下几种形式：

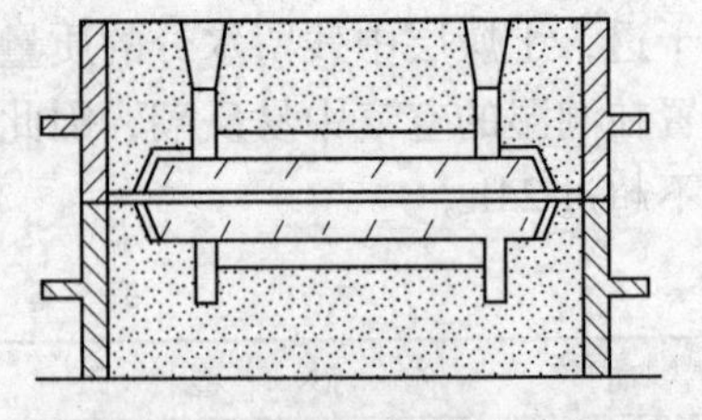
图5-62　用卧式芯头固定砂芯

1）卧式芯头：卧式芯头通过两个水平方向的芯头固定在砂型的芯座上，如图5-62所示。

这种固定方法的特点是：砂芯的安放和固定很方便，而且稳固性较好，排气通畅。

2）悬臂式芯头：悬臂式芯头是指单支点水平式砂芯，只有一个芯头，而另一头是悬空的。这种砂芯在其自身重力或金属液的浮力作用下，容易倾斜或转动，砂芯很难安放和固定。为此，常将芯头放大或加大，将砂芯的重心移入芯头的支撑面内，以获得平衡。图5-63所示为用悬臂式芯头固定砂芯。

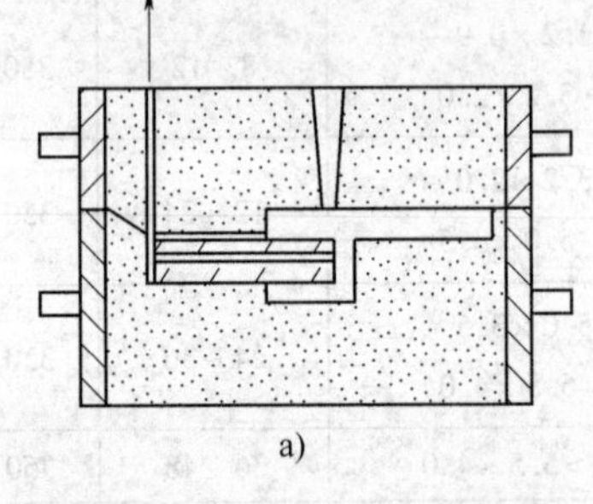
a)

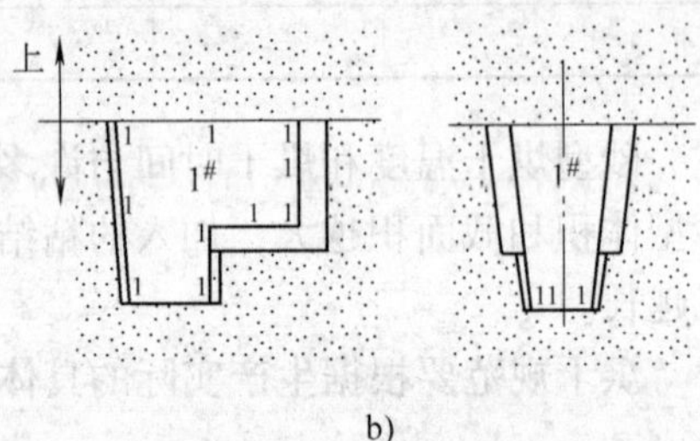

b)

图5-63　用悬臂式芯头固定砂芯
a）加长芯头　b）加大芯头

采用这种固定方式的砂芯容易翘曲变形，影响尺寸精度，同时稳定性差，所以要尽量避免采用这种固定方式，在不得已时可在悬臂处增加芯撑进行固定。

3）挑担式芯头：将两个或几个铸件的砂芯串联起来共用芯头，使悬臂砂芯安放稳固，称为挑担式芯头，也称为联合芯头，如图5-64所示。

这种固定方式的优点是：造型操作省工省力；可节约原材料（型砂、木材等）；由于砂芯是对称的，因此安放方便、稳定可靠。这种固定方式一般适用于中、小型铸件，且生产数量较多的情况。铸造小型弯管接头铸件时就常常采用挑担式芯头，如图5-65所示。

4）立式芯头：图5-66所示为立式芯头的三种形式。图5-66a所示为上、下端都做出芯头，可使砂芯定位准确，支撑可靠，主要适宜于高度大于直径的砂芯，为了合型方便，上端芯头的斜度应比下端大一些。图5-66b所示为只做出下

芯头，以便于合型，适宜于横截面积较大而高度不高的砂芯，特别适宜于手工造型。对于湿型浇注，砂芯上端应高出分型面 0.5mm，合型后便于砂芯上端紧贴砂型，防止金属液将砂芯冲歪或从上端进入而堵塞通气孔；干型浇注时，上端与分型面间要留有一定的间隙，合型时在通气孔周围放一圈石棉绳、白泥条或油泥，防止金属液堵塞通气孔。图 5-66c 所示为上、下芯头都不做出，适宜于自身比较稳的大砂芯，由于没有下芯头，因此下芯时，可根据型腔尺寸适当地调整砂芯的位置，同时也可减小砂箱的高度。

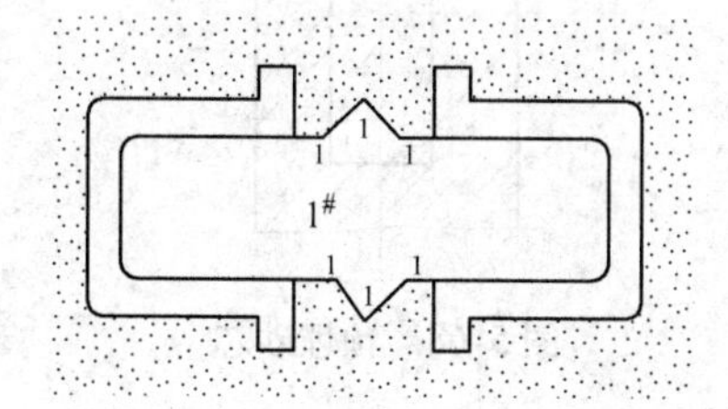

图 5-64　用挑担式芯头固定砂芯

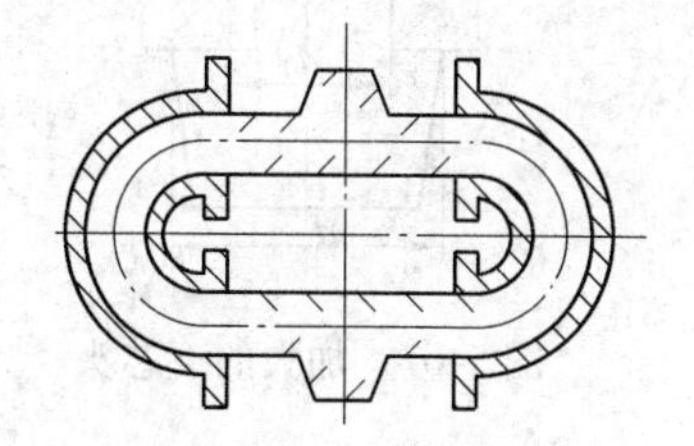

图 5-65　采用挑担式芯头铸造弯管

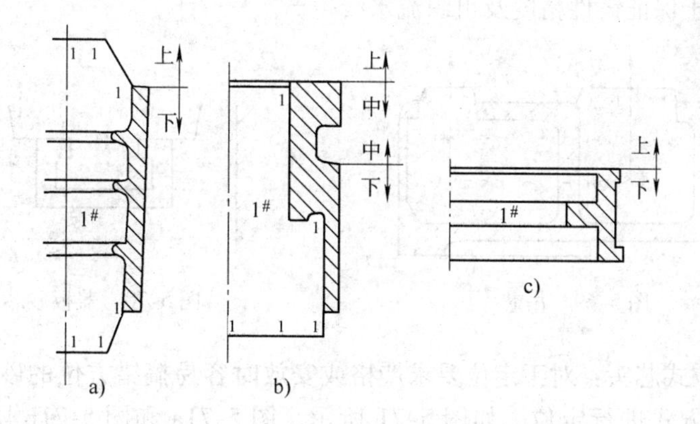

图 5-66　立式芯头

对于横截面积不大而高度较大的砂芯，为了使砂芯在砂型中位置稳固，可适当加大下芯头（见图 5-67）一般当 $l \geqslant 5d_0$ 时，取 $d = 1.5d_0 \sim 2d_0$。

5）悬挂式芯头：悬挂式芯头实际上是一种立式芯头，砂芯上部的芯头搁在芯座上或固定在某处，使砂芯处于悬吊状态。常见的有下列几种形式：

① 预埋砂芯。如图 5-68 所示，将芯头做成上大下小的形式，造型时将砂芯事先放在模样上对应位置的备用孔内，只露出芯头，这样，填砂舂实后芯头被埋在砂型中。这种方式只适用于重量不大的小砂芯。

② 吊芯。如图 5-69 所示，用钢丝或螺栓把砂芯吊在上型，吊芯芯头可以做得很短，以利于砂芯排气。但吊芯操作麻烦，翻型时容易被损坏，只适宜单件小

批量生产。

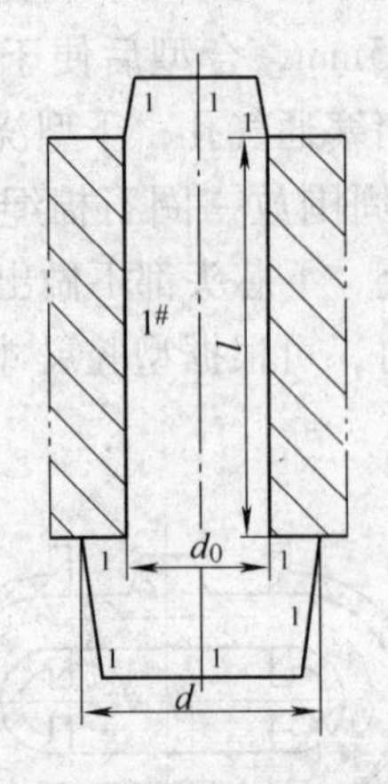

图5-67　加大的下芯头

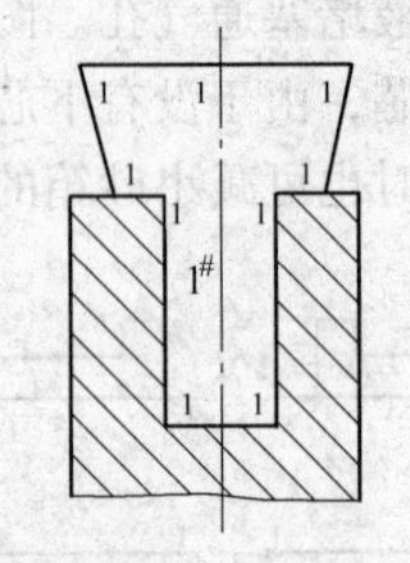

图5-68　预埋砂芯

③ 盖板砂芯。如图5-70所示，将砂芯头扩大，搁在下型中。这种方式操作方便，有利于保证铸件精度及组织流水线生产。

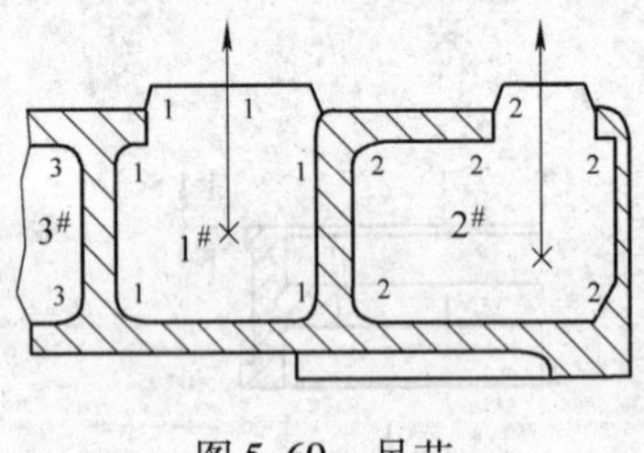

图5-69　吊芯

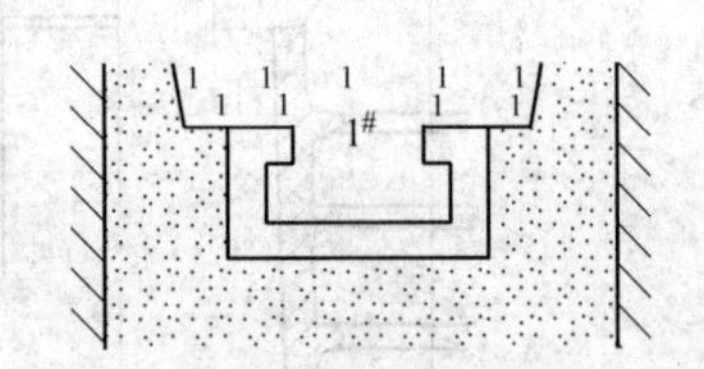

图5-70　盖板砂芯

6）定位式芯头：对于定位要求严格或安放时容易搞错方位的砂芯，常采用定位芯头的方式进行定位，如图5-71所示。图5-71a和图5-71b所示的芯头，可以防止砂芯绕水平轴线旋转；图5-71c所示的芯头，可以防止砂芯绕水平轴旋转和防止砂芯沿水平轴方向移动。

芯头和芯座之间一般都留有间隙。为了防止金属液从间隙进入芯头而堵塞通气孔，应采取密封措施。对于干型，可在芯头上放石棉绳、白泥条和油泥等；湿型则可在芯座上做出隆起的砂堤。

（2）用芯撑固定砂芯　在砂型组装和浇注时，支撑吊芯、悬臂砂芯和部分砂型的金属构件称为芯撑。在浇注过程中，砂型或砂芯不能保证其正确位置时，用一定厚度和形状，表面经过处理的芯撑，可保持砂型或砂芯在型腔中的正确位置。当砂芯较多且尺寸较大时，单靠芯头定位是远远不够的，必须安放芯撑，以增加砂芯的支撑点和承压面积，使砂芯稳固。图5-72所示的$2^{\#}$砂芯，适当加大芯头同时配合安放芯撑控制铸件壁厚，可防止砂芯倾斜。

对于一些大型复杂铸件，当砂芯不能设置芯头，而且难于采用吊芯时，只能用芯撑来支撑砂芯，如图 5-73 所示。当用芯撑固定砂芯时，由于砂芯的位置不易控制，又不能设置上芯头，所以合型前必须注意防护砂芯上端面的通气孔，严防浇注时金属液进入，影响砂芯的排气。

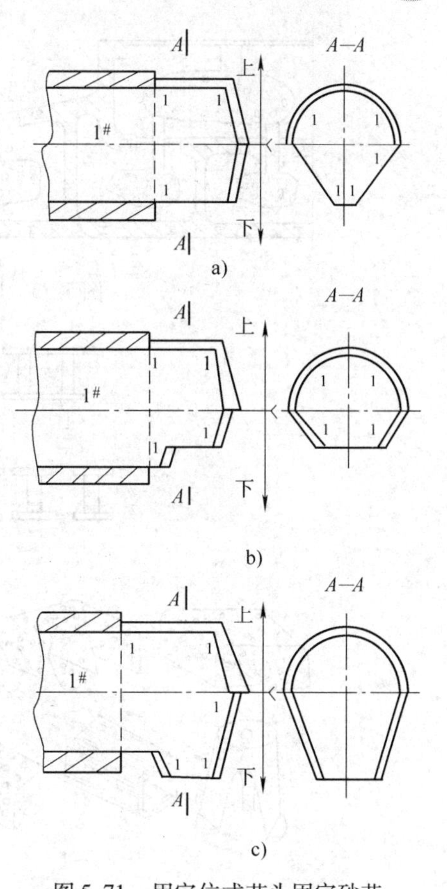

图 5-71　用定位式芯头固定砂芯
a)、b）防水平旋转砂芯
c）防水平旋转及防水平轴方向移动砂芯

1）芯撑的结构：常见芯撑的结构如图 5-74 所示。芯撑的端部有较大的支撑面，分双面和单面两种。双面芯撑用于干型，单面芯撑则用于湿型。在实际生产时，应根据砂芯的形状、大小、装配方法及工作条件等来选用芯撑。图 5-74a 所示为双面芯撑，用于大的砂芯，其中，柱上带螺纹的是用来支撑进行水压试验或煤油渗漏试验的铸件的砂芯；图 5-74b 所示的芯撑适用于中型砂芯；图 5-74c 所示的芯撑则用于支撑薄壁铸件的砂芯；图 5-74d 所示的芯撑用于厚大铸件的砂芯。当然，根据需要还可自制一些特殊形状的芯撑。

2）对芯撑的要求：浇注后，芯撑便同铸件熔焊在一起。因此，对芯撑有如下要求：

① 芯撑的熔点要稍高于浇注金属的熔点，以保证它在铸型未浇满以前不至于因软化而失去作用。

② 承压铸件应尽量少用或不用芯撑，如果必须使用，则芯撑柱上要有螺纹或沟槽，以保证芯撑与铸件熔焊可靠。

③ 芯撑表面要干净，不允许有锈蚀或油污，一般芯撑要镀锡后才能使用。

④ 芯撑不能过早地放入型腔中，以防水蒸气在其表面凝结，使铸件产生气孔等缺陷。

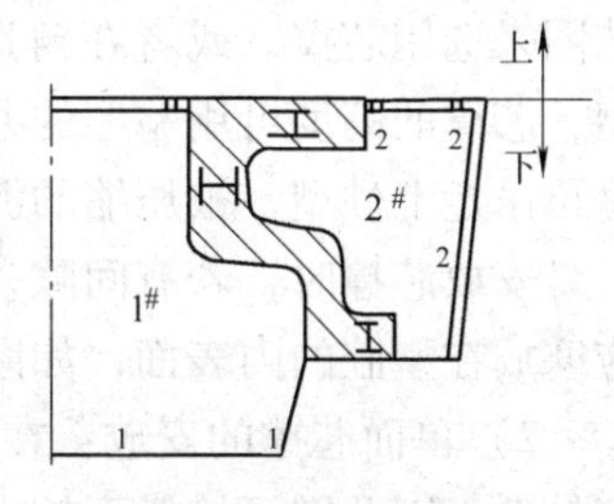

图 5-72　加大芯头同时安放芯撑

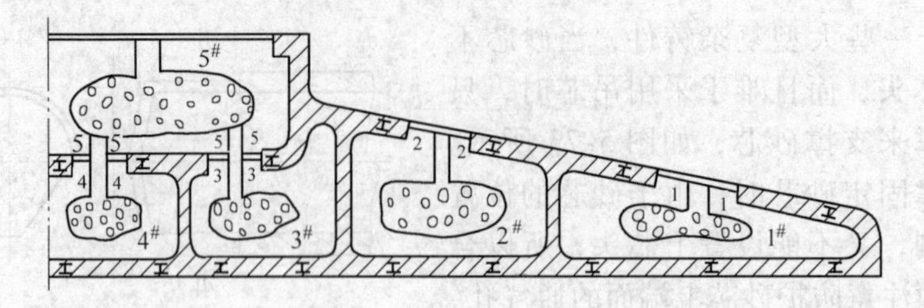

图 5-73　用芯撑支撑砂芯

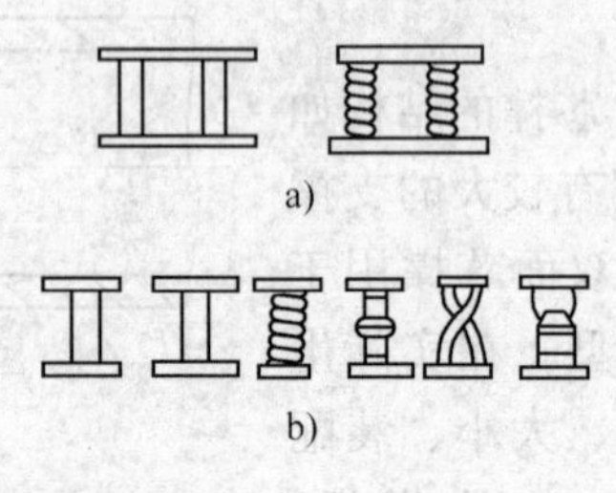

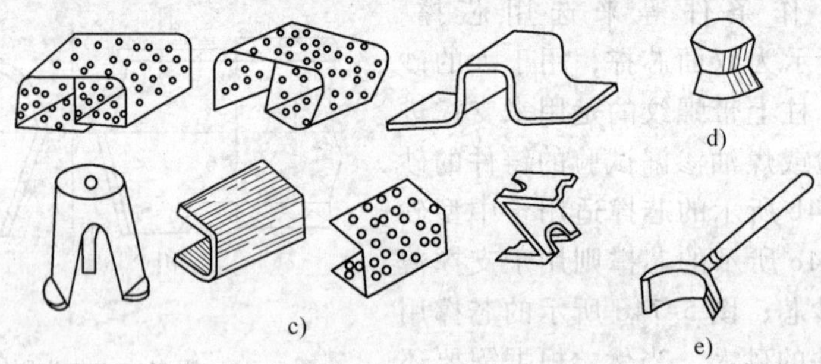

图 5-74　芯撑的形状

a）双面芯撑　b）单面芯撑　c）薄片芯撑　d）鼓形芯撑　e）特殊形状芯撑

（3）芯撑的安放

1）双面芯撑的安放：双面芯撑的高度就是铸件的厚度，一般应根据铸造工艺图来选用芯撑，或者在铸造工艺图上直接规定出芯撑的形状和尺寸。对于干型，芯撑的高度可用验型的办法测得，即在砂芯上放一个软泥座，合上砂型，然后再吊走上砂型，被压缩的泥团的高度就是芯撑的高度，如图 5-75 所示。

安放芯撑时，若有间隙，则要用芯撑薄片塞紧，防止其移动或跌落。芯撑片应塞放在型腔的内表面，如图 5-76 所示。

2）单面芯撑的安放：在湿砂型中安放尺寸较大的砂芯时，由于其强度和硬度较低，因此需要接触面较大的芯撑，如图 5-77 所示。所用的芯撑是单面芯撑，芯撑柱的一端要顶在坚硬的支撑物上，如图 5-77a 所示。图 5-77b 所示采用了特制的垫块，其上端面与型腔齐平，芯撑柱插在垫块内。

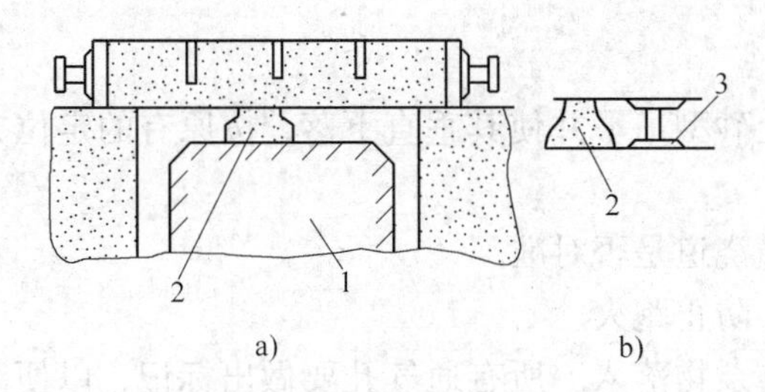

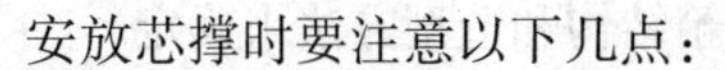

图 5-75　检测芯撑高度

a）放置泥团合型　b）确定芯撑高度

1—砂芯　2—软泥座　3—芯撑

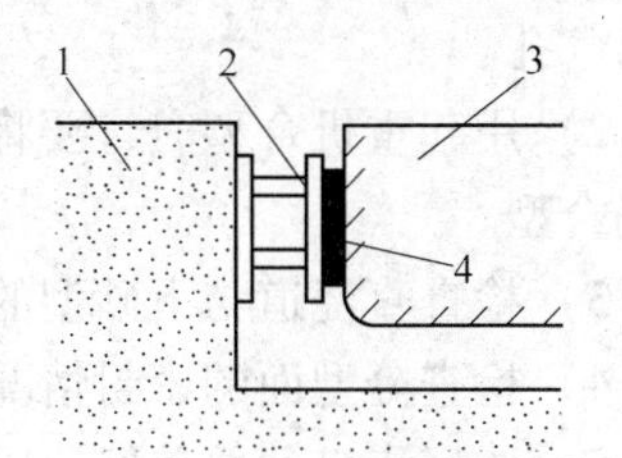

图 5-76　芯撑片的使用

1—砂型　2—芯撑

3—砂芯　4—芯撑片

安放芯撑时要注意以下几点：

① 芯撑安放要牢固，避免移动和脱落。

② 芯撑支承面应与砂芯或砂型表面严密贴合。

③ 砂芯每个面上的芯撑数量要足够，布置要适当。

3. 砂芯在型内的排气

砂芯在砂型中安放好后，需采取措施使浇注时砂芯中产生的气体能顺利地通过砂型排出。对于尺寸较小的卧式砂芯，可将通气针一端塞入芯头的气孔里，另一端引到砂箱外，合型后，抽出通气针便留下通气道；对于尺寸较大的卧式砂芯，可用一根钢卷屑作为引气的通道；对于立式砂芯，可在芯座上扎通气孔，将砂芯产生的气体引到型外即可。有的厂家还采用钢管或小型陶管浇口砖形成排气通道，把型芯内的气体排至型芯外。所有砂型上的引气口都应做出标记，以便浇注时点火引气。

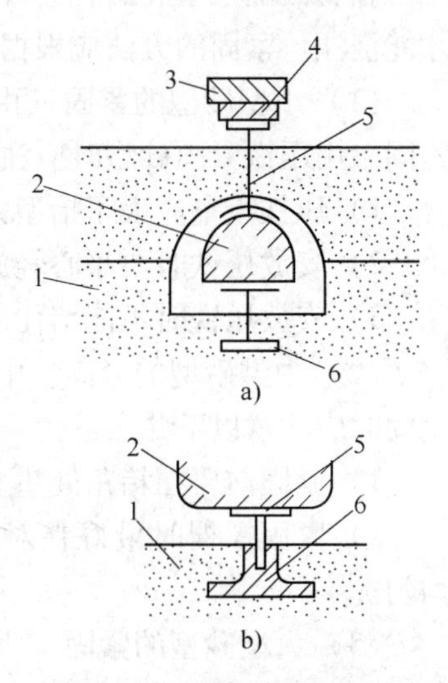

图 5-77　单面芯撑的使用

a）芯撑一端顶在坚硬物上

b）芯撑一端插在垫块上

1—砂型　2—砂芯　3—压板

4—楔块　5—芯撑　6—垫块

4. 合型的检查

（1）合型前的检查事项

1）检查型腔、芯座、砂芯芯头的几何形状和尺寸是否符合工艺要求，损坏的地方要进行修补，修补后还需进行检查并烘干。

2）检查型腔内和砂芯表面的浮砂和脏物是否清除干净。

3）检查各出气孔是否畅通。

4）检查浇注系统各部分是否畅通、干净。

（2）合型及合型检查

1）对于干型，为防止跑火，可沿分型面一周压上泥条或石棉绳，但不得堵塞出气孔。

2）用起重机合型时，要将上砂型吊平并使其垂直下落，按原有的定位方式准确合型。

3）检查直浇道与下砂型的横浇道是否对准。

4）检查分型面的密封情况，防止跑火。

5）放好浇口盆并盖好，以防杂物落入。所有通气孔要做出标记，以便浇注时点火引气。

5. 铸型的紧固

金属液浇入型腔后，会产生较大的抬型力，因此，砂型合型后必须进行紧固才能浇注。紧固的方法应根据砂型的大小、砂箱结构和造型方法来确定。

（1）小型砂型的紧固　由于小型铸件浇注时的抬型力不大，因此可用压铁紧固。用压铁紧固砂型时应注意以下几点：

1）压铁重量应大于抬型力。

2）安放压铁时要小心轻放，且要压放在箱带或箱边上，位置要对称均衡。

3）安放压铁时不能堵住出气孔，也不能妨碍浇注操作。

（2）中型砂型的紧固　中型砂型的抬型力较大，因此需用卡子或螺栓紧固。紧固时应注意以下几点：

1）紧固前要在箱角处垫上铁块，以免紧固时将砂型压崩。

2）紧固螺栓时最好在对称方向同时进行，以免上型倾斜，紧固时用力要均匀。

（3）大型砂型的紧固　大型铸件的抬型力大，因此常用大型螺杆与压梁来紧固。大型铸件的浇注高度较大，为了安全，可在地坑中浇注。

第四节　造型与制芯技能训练

一、两箱造型

图5-78所示为常见的三通管铸件，材质为ZG230-450，铸件的壁薄且均匀，除三个法兰端面需进行机械加工外，其余均为毛坯面。铸件不允许有裂纹、气孔和夹杂等缺陷，铸件的组织要求致密，压力试验时应无渗漏现象。该件的结构特点是存在一个过三管口轴线的最大截面，因此适合两箱分模造型。铸件内腔由砂芯形成，适合批量生产。造型采用粘土砂，干型、干芯浇注。操作过程如下：

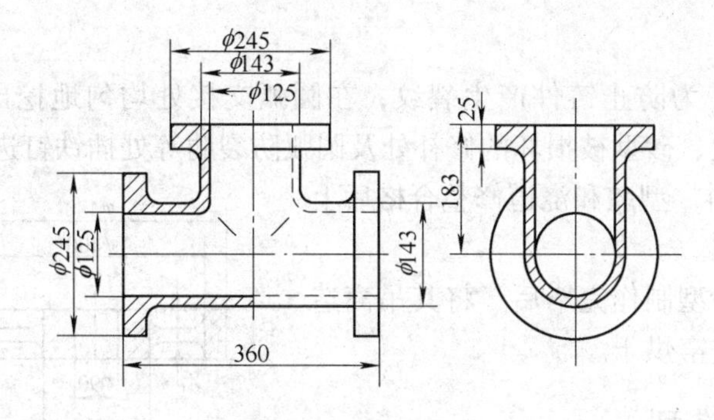

图 5-78　三通管铸件图

1. 制作下型

（1）安放模样和砂箱　把模样下半部分安放在造型平板适当的位置，安放下砂箱，并使模样和砂箱内壁之间留有合适的吃砂量。若模样容易粘附型砂，则可在模样表面撒上一层防粘模材料。

（2）填砂和舂砂　在模样的表面铲上一层面砂，安放冷铁，用砂舂扁头逐层舂实型砂，确保冷铁位置准确和稳固，最后填入背砂并用风动捣固器舂实，舂砂的紧实度要均匀适当。

（3）修整和翻型　用刮板刮去多余的背砂，使砂箱边缘平齐，在砂型上用通气针扎出通气孔，翻转下砂型。

（4）修整分型面　用镘刀将模样四周砂型表面修平压实，撒上一层分型砂，并用手风箱吹去模样上的分型砂。

2. 制作上砂型

（1）放置模样上半部分和砂箱　按照上、下半模样的定位装置安放上半模样，安放横浇道浇口砖（若手工挖制横浇道，则可在适当位置放一根木棒，以减少挖制工作量），将上砂箱套放在下砂型上，再均匀地撒上一层防粘模材料。

（2）填砂和舂实　安放浇道模、冒口，加入面砂和背砂，用砂舂扁头逐层舂实，加入背砂，用风动捣固器舂实。

（3）修整　用刮板刮去多余的背砂，使砂型表面和砂箱边缘平齐，用镘刀修平浇冒口处的型砂，扎出通气孔，取出浇道模并在直浇道上端开挖浇口盆。若砂箱无定位装置，则需在砂箱上作出定位记号。

3. 开型和起模

（1）开型　敞开上砂型，翻转放好。

（2）修整分型面　扫除分型砂，用水笔润湿靠近模样的型砂，开挖浇道。

（3）起模　将模样向四周松动，用起模钉将模样从砂型中起出。

4. 修型和上涂料

（1）修型　对起模时损坏的砂型进行修补，压实和修平型腔表面，修出铸造圆角。

（2）插钉　为防止铸件产生裂纹，在圆弧交接处均匀地挖出一些防裂肋，并在浇冒口附近、砂型被损坏的修补处及圆弧防裂肋等处插铁钉进行加固。

（3）上涂料　型腔和浇道修整合格后上涂料，修平型腔。

在上、下砂型制作完毕后，将其吊离造型场地，准备进窑烘干。

二、刮板造型

图5-79所示是材质为HT200的带轮铸件，铸件不允许有砂眼、变形、裂纹等缺陷。由于是小批量生产，因此应选用刮板造型，以节省制模材料和工时。铸件分型面位于轮缘和轮毂上平面及轮辐中分面处，采用两箱造型，湿型浇注。造型过程如下：

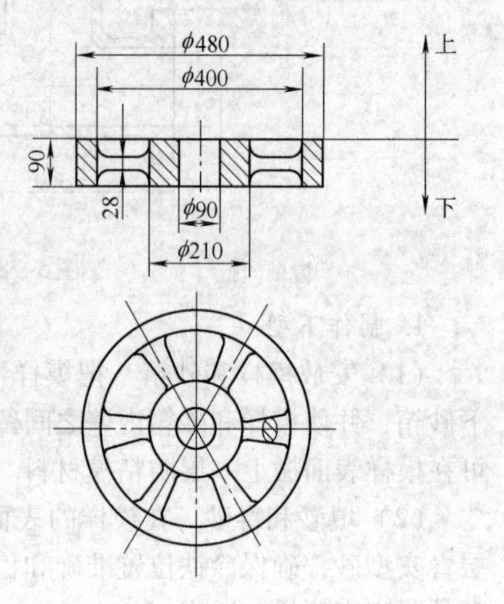

图5-79　带轮铸件图

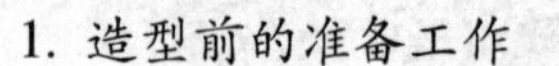
1. 造型前的准备工作

（1）旋转刮板　检查旋转刮板钉轴及圆线的位置是否正确，旋转刮板是否变形，轮辐模样、定位桩、旋转刮板架、芯盒等是否齐全。

（2）造型工具　镘刀、提钩、砂舂、铁钉等。

（3）造型材料　型砂、芯砂、分型砂、烂砂泥和涂料等。

（4）量具　直尺和分规等。

2. 刮制下砂型

1）平整一块砂地，撒上分型砂，放置尺寸为550mm×550mm×150mm的下砂箱，在砂箱中心处打入定位桩，定位桩露出地面的高度以使刮板工作面高出砂箱上平面5～6mm为宜。

2）安放刮板，调整刮板架，使刮板工作面距砂箱四边距离相等。固定刮板架，检查刮板转动是否平稳、灵活。

3）填入型砂，根据刮板形状舂实型砂，用镘刀刮去多余的型砂，只需留出3～5mm的车刮量即可。用左手转动刮板，右手握镘刀随时刮去阻碍刮板转动的型砂。刮板刮不到型砂的地方，要随时补上。刮板转动一定距离后，应及时取出刮下的型砂。

4）下砂型刮好后，再上一层烂砂泥，要边上边转动刮板，上满后使刮板再转几圈，直到型腔棱角清晰、光洁为止。将刮下的烂砂泥用提钩提出型外。卸去刮板，稍停片刻后用镘刀将型腔修光。

5）带轮为六根轮辐，故圆线半径就是六等分圆周的弦长。用分规在圆线上找出等分点，用划线尺对准两对称点，并用提钩紧靠划线尺侧面，在砂胎上划出六根轮辐的中心线。由于轮辐处砂胎低于分型面，因此在划线时提钩要保持和分型面垂直，否则会产生划线误差。将轮辐模样中心线对准砂型上划出的轮辐中心线，再沿轮辐模样划出轮辐轮廓线，挖去一部分型砂，压入轮辐模样，做出轮辐型腔，如图5-80所示。

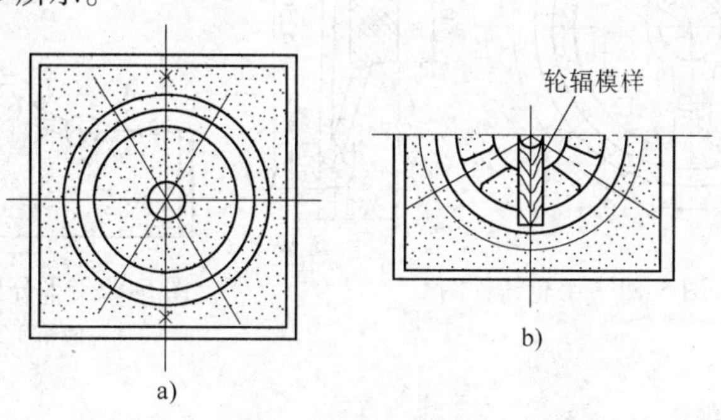

图5-80　带轮的砂型分肋及制作轮辐

a）砂型分肋　b）制作轮辐

6）将轮辐中心线中的一根延长至箱边，并在砂箱外侧做出合型线，用分规作这条线的垂直平分线并引出型外，做出十字合型线。

7）刷涂料。

3. 刮制上砂型

上砂型的刮制与下砂型基本相同，但应注意以下几点：

1）上砂型的凸砂是吊砂，应在吊砂处插入铁钉或埋入砂钩，以加固砂型。

2）做好十字合型线后，在轮毂上面及浇道对面轮缘上各挖一个30mm的出气冒口。

在上、下砂型制作完毕后，将其吊离造型场地，准备合型浇注。

三、假箱造型

图5-81所示为手轮铸件，材质为QT500-7，生产批量大，若采用挖砂造型，则操作复杂，生产效率低，因此采用假箱造型，湿型浇注。所谓假箱造型是指利用预先制备好的半个铸型简化造型操作的方法。此半型称为假箱，其上承托模样，可供造另半型，但不用于组成铸型。其操作过程如下：

1. 制作假箱

制作假箱的过程与制作砂型的过程基本一样，但砂型的紧实度要高，以防在舂制砂型时使分型面下凹。假箱的分型面应修挖到模样周围凸点构成的连线处，并修得光滑、清晰。分型面可以做成平的（见图5-82），也可做成斜的，如图5-83所示。若用模板代替假箱，则应将分型面做成平的。

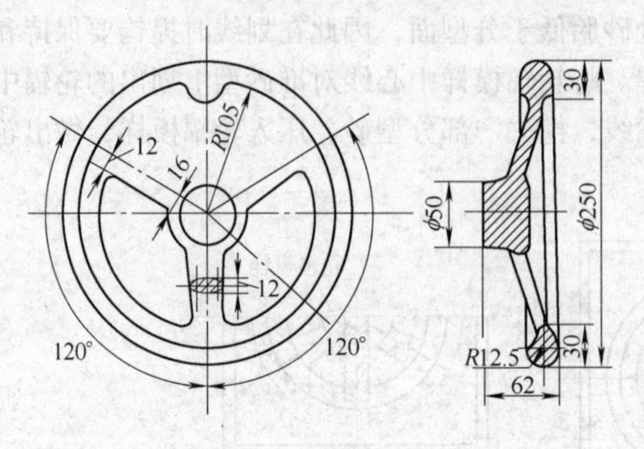

图5-81 手轮铸件图

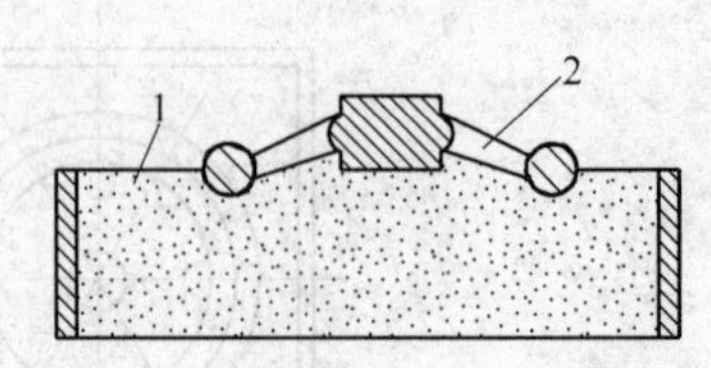

图5-82 平分型面的手轮假箱

1—假箱 2—手轮模样

2. 制造下砂型

1）在假箱上撒分型砂，但不能太多，并且要均匀，尤其是低凹处不能聚集太多的分型砂。

2）铲入一层面砂（面砂采用煤粉、石墨粉作敷料，以保证铸件的表面质量），并用砂舂扁头逐层舂实，然后加入背砂舂实。舂砂应均匀，吊砂部分可用竹片或木片加固。

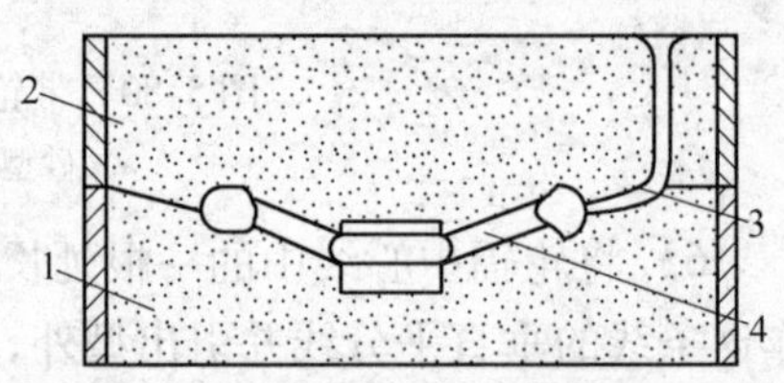

图5-83 斜分型面的手轮合型图

1—下砂型 2—上砂型

3—浇注系统 4—型腔

3）开型前应轻微松动下砂型，使吊砂和模样之间产生间隙以便开型，然后开型，翻转放好。

3. 制造上砂型

1）将上砂箱套放在下砂型上，再均匀地撒上一层防粘模材料。

2）安放浇道模、冒口，加入面砂和背砂，用砂舂扁头逐层舂实，然后加入背砂并舂实。

3）用刮板刮去多余的背砂，使砂型表面和砂箱边缘平齐，用镘刀修平浇冒口处的型砂，扎出通气孔，取出浇道模并在直浇道上端开挖浇口盆。若砂箱无定位装置，则需在砂箱上做出定位记号。

4）开型、起模并修型。

5）开设浇注系统。开设内浇道时，应使金属液在其内的流向与在横浇道内的流向相反，即沿轮缘的切线方向开设，这样有利于集渣和减小金属液对型腔的

冲刷作用，如图 5-84 所示。内浇道的截面形状可做成三角形或扁梯形。

6）上涂料并修平型腔。

对于手轮铸件，也可以从轮毂处引入金属液，即采用圆锥形直浇道从轮毂上面直接引入，这样有利于对轮毂的补缩，但在浇注时要挡好熔渣，尽量设法降低金属液对型腔的冲刷作用。

四、对分式芯盒制芯

图 5-85 所示是三通管砂芯，采用对分式芯盒制芯，两半砂芯形状完全相同，因此只做半个芯盒，在两半砂芯制作完毕后，将其拼合起来形成一个整芯，采用干型、干芯浇注。下面是其操作过程：

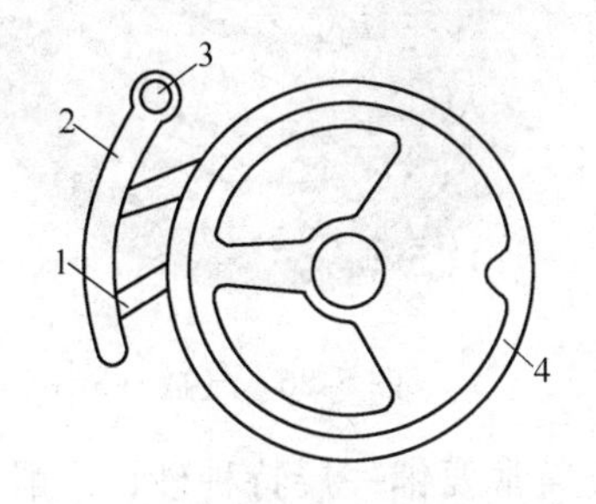

图 5-84 手轮浇注系统

1—内浇道 2—横浇道

3—直浇道 4—手轮铸件

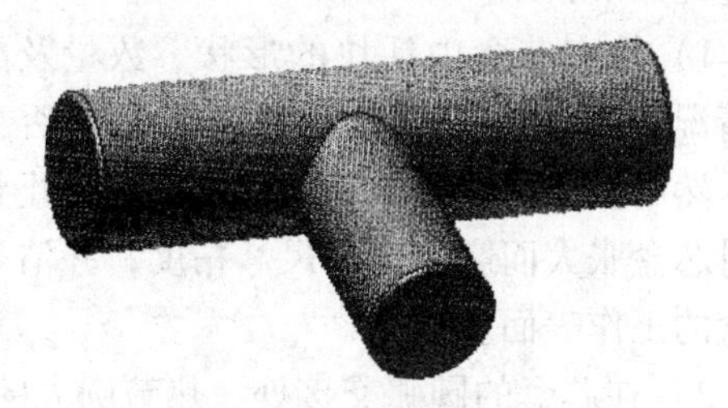

图 5-85 三通管砂芯

1）检查芯盒有无损坏、变形现象，尺寸是否准确，以及定位情况，清理芯盒的工作表面，检查冷铁的形状及尺寸。

2）将芯盒按定位销的位置紧固并放在舂砂平板上，填砂，将冷铁按正确位置放置在芯盒表面上，并用砂舂扁头舂实冷铁周围的型砂，以固定冷铁。

3）舂砂至一定高度时，敲入芯骨（芯骨上缠有草绳），芯骨两端要没入砂芯中 5 ~ 10mm，继续舂砂至满。

4）刮平上平面，沿砂芯中心部位用刮刀挖出通气槽，直到芯头处。

5）轻轻敲击芯盒，将芯盒翻转 180°，将砂芯取出放在制芯平板上。

6）用镘刀将损坏的砂芯表面修补好，并修出铸造圆角，强度低的部位插铁钉加固。

7）刷涂料，待表面干燥后，再刷一次涂料。

8）按上述方法制造另一半砂芯。

9）在制芯场地上取一块空地，均匀地铺上一层干砂（有成形架更好），把砂芯轻放在砂地上，使分芯面朝上，在分芯面上刷泥浆水，把两半砂芯粘合在一起。

五、脱落式芯盒制芯

图5-86所示是汽轮机上的零件——气缸。其轮廓尺寸为2500mm×1500mm×1100mm，重量约为1800kg，承受高温重载荷，因此铸件不得有缩孔、缩松、气孔、裂纹、砂眼等缺陷。

气缸是由大小不等的圆弧壁形成的，下面有两个大的圆柱孔，圆弧壁之间的高度差较大且轴向距离短，因此形成此处的型线模样需拆活，否则取芯时易损坏砂芯的型线。采用脱落式芯盒制芯，干型干芯浇注。其操作过程如下：

图5-86　气缸

1）检查芯盒内活块的形状、数量及配置情况，冷铁的形状及数量，芯盒是否变形，然后按正确位置把芯盒固定好，防止舂砂时芯盒胀大而影响铸件尺寸精度，并清理芯盒的工作表面。

2）在芯盒的圆弧交接处、热节圆大的部位通常要铺一层特种砂，一般是铬矿砂，并用砂舂扁头舂实，放入一层面砂，冷铁按正确的位置摆放好，并用砂舂扁头把冷铁四周的面砂舂实，使冷铁固定，再放入面砂，用风动捣固器舂实。

3）放入背砂，把芯骨（其上缠有草绳）吊入芯盒内并使其没入芯盒5～10mm。调整芯骨工作面，使其与芯盒表面平行，以保证吊芯时平稳。若芯骨插齿长，则可以将其敲掉。在芯盒内均匀地放上一些焦炭，以便于排气。

4）舂砂，用铁铲把芯盒表面铲平，将芯盒翻转180°放在制芯平板上，敲击芯盒四周，吊开芯盒，取出砂芯上的活块。

5）把砂芯表面的芯砂压实修补好，修出铸造圆角，插铁钉加固。

6）上涂料，自然干燥一段时间后，用镘刀修平砂芯表面，再刷一次涂料，可根据需要刷2次或3次涂料，然后准备进窑烘干。

7）清理芯盒并装配好，检查活块数量，养成文明生产的好习惯。

六、刮板制芯

图5-87所示为弯管铸件。其内腔由芯子形成，轮廓尺寸为ϕ800mm×1500mm。其生产数量较少，因此采用刮板制芯，可省去一副芯盒，采用干型、干芯浇注。其制芯过程如下：

1）检查刮板尺寸，刮板有无变形现象，把导轨放在制芯板上并试刮几次。

2）在底板上铺上一层芯砂，厚度为30～40mm。

3）放上浸过泥浆水的芯骨，摆放端正，并用刮板沿导轨来回试刮一次，检查芯骨是否妨碍刮板移动。

4）放入焦炭，填入芯砂并舂实。为了防止舂砂时芯砂散开，可做一个辅助框将芯砂挡住。

5）取走辅助框，用刮板沿导轨刮去多余芯砂。

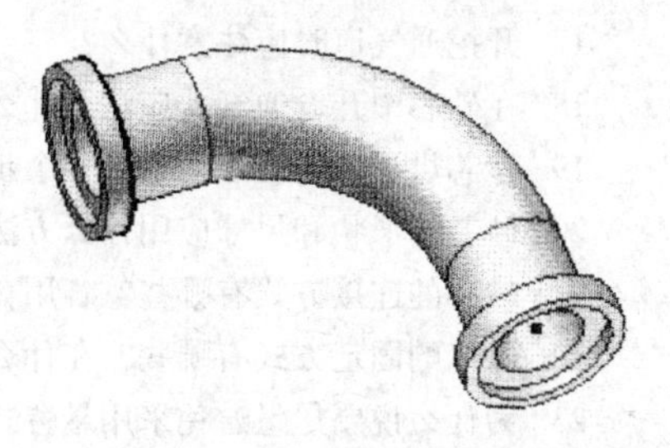

图 5-87　弯管铸件

6）取走导轨，用镘刀将砂芯修平、压实，修出铸造圆角，薄弱部位插铁钉加固。

7）上涂料，通常要上两次涂料，然后准备进窑烘干。

按上述过程刮制另半个砂芯，但导轨在底板上的方向相反。

将两半砂芯烘干后，用较粗的钢丝或螺栓拉住两半砂芯的芯骨进行拼合，要保证交接面圆弧过渡平滑，螺栓应直接位于芯骨上，然后用扳手拧紧后再用芯砂补平，同时在分芯面上涂刷粘结剂。也可以通过焊接的方法将砂芯芯骨连接起来。

复习思考题

1. 什么叫分模造型？它有什么特点？

2. 什么叫挖砂造型？为什么说挖砂造型只适用于单件小批量生产？

3. 简述砂箱造型的特点。

4. 带轮铸件可选择哪些造型方法生产？

5. 什么叫刮板造型？什么样的铸件可采用刮板造型？

6. 简述小型旋转刮板架的安装和校正方法。

7. 简述四等分圆周的几何划线方法。

8. 什么叫地坑造型？在什么情况下采用地坑造型？

9. 简述无盖地坑造型的特点。它适宜于铸造什么样的铸件？

10. 简述砂芯的作用。

11. 铸造生产中对砂芯有什么要求？

12. 简述芯骨的作用。

13. 铸造生产中对芯骨有什么要求？

14. 当砂芯的长、宽、高分别为 1200mm、1000mm、600mm 时，芯骨的吃砂量、芯骨框架的断面尺寸、插齿直径和吊环直径各为多少？

15. 制造砂芯用的芯盒有哪几种形式？它们各自的应用范围是什么？

16. 芯盒制芯与刮板制芯各有什么特点？

17. 开挖通气道时应注意什么？
18. 在砂芯中开设通气孔应注意什么？
19. 砂芯烘干前的修理包括哪几个步骤？
20. 砂芯的形状和尺寸应用什么方法来检验？
21. 砂芯的连接方式有哪些？各用在什么情况下？
22. 砂芯的固定方式有哪些？在什么情况下必须用芯撑固定砂芯？
23. 为什么说要尽量避免采用悬臂式芯头固定砂芯？
24. 简述用挑担式芯头固定砂芯的特点。
25. 对芯撑有什么要求？怎样检测芯撑所需的高度？
26. 安放芯撑时要注意什么？
27. 在砂型中怎样对砂芯进行排气？
28. 简述合型前的注意事项。
29. 合型后，为什么要对铸型进行紧固？

第六章

铸造合金的熔炼与浇注

培训学习目标 掌握各种铸造合金熔炼的基本知识和操作方法。

铸造合金的熔炼是铸件生产过程中必不可少的一道工序，也称为熔炼工序。它是决定铸件质量与成本的一项根本因素。铸件的许多性能指标在很大程度上是由金属液的化学成分、温度及纯净度所决定的。铸件的许多缺陷，如气孔、夹渣、缩孔（松）、冷隔、热裂等都或多或少地与金属液的质量有关。

铸造合金的熔炼包括合理选择熔炼设备和熔炼工具、浇注工具，正确地进行配料计算，精心地处理炉料及严格控制熔炼工艺过程。

第一节 铸钢的熔炼

铸钢熔炼就是通常所说的炼钢。现代炼钢按使用的炉子不同，有平炉炼钢、转炉炼钢、电炉炼钢等。平炉、转炉炼钢通常为大中型企业所采用，但自 20 世纪 80 年代以来，平炉炼钢已渐趋淘汰。电炉炼钢包括电弧炉、感应炉、电渣炉炼钢等。铸钢件的铸造车间最常用的是电弧炉炼钢或感应炉炼钢。通常说的电炉炼钢其实就是电弧炉炼钢。也有许多工厂采用感应电炉炼钢，而且多以工频炉和中频炉为主。感应炉不仅用来炼钢，而且也用在铸铁的熔炼中。

一、铸钢熔炼用原材料

（1）钢铁材料　钢铁材料包括废钢（或废铁）、炼钢生铁（或铸造生铁）、原料纯铁（或海绵铁）。废钢是电弧炉炼钢的主要金属炉料，占钢铁材料的 70%~80%。

废钢分为普通废钢和返回废钢两种。普通废钢来源广泛，成分和规格复杂，只适宜于用氧化法来熔炼。返回废钢包括废锭、短锭、切头切尾、浇冒口、废铸件等。返回废钢除锈蚀严重的外，原则上均用返回法炼钢。

炼钢生铁（或铸造生铁）在电弧炉炼钢中，一般用于提高炉料中的配碳量。当废钢来源不足或所炼钢种允许时，在氧化法熔炼中可提高炼钢生铁在配料中的比例以节约废钢。炼钢生铁的配入比例一般占金属料的10%~30%。近年来在冶金行业中还出现了采用一定比例的铁液作为电弧炉原料的方法。炉料中配入废铁（铁屑、废灰铸铁件等），可代替炼钢生铁，以降低钢的成本。

钢铁材料应破碎成一定的块度，清除锈蚀后使用。废钢内不得混有铅、锡、锌等金属。这是因为铅的密度大，易沉底造成漏炉事故；锡易使钢产生热脆；锌易挥发，其氧化物易侵蚀炉顶。废钢中更不允许混有密封容器、易爆物和易燃物，以避免造成事故。

原料纯铁和海绵铁中硫、磷等有害杂质元素和有色金属合金含量低，同时其碳含量也较低，是用于冶炼超低碳不锈钢、精密合金、高温合金等的重要原材料，也是感应炉熔炼的重要原材料。

（2）铁合金与纯金属　铁合金与纯金属的主要作用是增加钢中合金元素的含量，有硅铁、锰铁、铬铁、钼钛、钨铁、钒铁、金属铬、电解镍等。某些铁合金如硅铁、锰铁等都是很强的脱氧剂。

（3）造渣材料　造渣材料应根据炉子所用耐火材料的属性来选用。碱性电弧炉用造渣材料有生石灰、氟石及废粘土质耐火砖块。在酸性电弧炉中，采用硅砂、粘土砖块及生石灰作为造渣材料。

熔炼过程中加入炉内的造渣材料在入炉前应预先进行烘烤，特别是还原期加入的造渣材料更应进行充分的烘烤，以避免钢液增氢。

（4）氧化剂　常用的氧化剂有铁矿石、氧化皮（铁鳞）、氧气等。加入氧化剂的目的是在氧化期内将钢液中的碳、硅、锰、磷等杂质氧化，并引起钢液沸腾，从而有利于杂质进入炉渣中和气体的逸出。

（5）脱氧剂和增碳材料　生产中用的炭粉（焦炭粉、电极粉、木炭粉等）、硅铁粉、硅钙粉等都属于脱氧剂。炭粉也是增碳剂，钢液的含碳量过低时常用它来增碳。在质量要求不高的钢种中，也可采用加入炼钢生铁（铸造生铁）的方式进行增碳。

（6）耐火材料及粘结剂　炼钢炉用耐火材料也有碱性、酸性和中性三种。碱性耐火材料有镁质和镁铬质耐火砖、镁碳质耐火砖、镁砂、镁质耐火泥、白云石及白云石砖等。酸性耐火材料有硅砖、半硅砖和硅砂。中性耐火材料有铬砖、碳质耐火材料等。炼钢炉上也用粘土质和高铝质等弱酸性的耐火材料（砖）。

作为炉衬材料的粘结剂有焦油、沥青、卤水和水玻璃。焦油是炼焦的副产品，沥青是提炼焦油后的残留物，两者都是碱性炉衬的粘结剂。卤水的主要成分

是氯化镁（$MgCl_2$），通常以固态（卤块）供应，使用时加水加热熬制。卤水用于碱性炉衬，水玻璃对酸、碱性炉衬都适用。

二、电弧炉炼钢

电弧炉炼钢是靠石墨电极和金属炉料间放电产生的电弧，使电能在弧光中转变为热能，并借助辐射和电弧的直接作用加热并熔化金属，从而冶炼出各种成分的钢和合金的一种炼钢方法。

（1）电弧炉炼钢的特点　电弧炉炼钢与其他炼钢方法相比较，所具有的特点为：靠电弧加热，其温度可以高达2000℃以上，超过了用一般燃料加热的其他炼钢炉所能达到的温度；熔化期的热量大部分是在被加热的炉料包围中产生的，避免了大量高温废气带走热量造成的热损失，所以热效率比平炉、转炉炼钢法要高；用电能加热能精确地控制温度。由于炉内没有可燃烧气体，故可以根据工艺要求在各种不同的气氛中进行加热，也可在任何压力下或真空中进行加热。

由于电弧炉炼钢具有上述特点，故能冶炼出含磷、硫、氧低的优质钢；能使用各种元素（包括铝、钛等容易被氧化的元素）进行钢的合金化，冶炼出各种类型的优质钢和合金，如滚动轴承钢、不锈耐酸钢、耐热钢以及磁性材料等。

电弧炉炼钢与平炉、转炉炼钢相比较，另一个优点是基建投资少，占地面积小。和转炉相比，电弧炉可以用废钢作为原料，不像转炉那样需要铁液，所以不需要一套庞大的炼铁和炼焦系统。此外，从长远来看，电能的成本稳定，供应方便；电弧炉设备简单，操作方便，还比较易于控制污染。

由此可见，电弧炉炼钢的优越性是相当大的，所以现在世界各国在大力发展纯氧顶吹转炉的同时，都在稳步地发展电弧炉炼钢技术。

（2）电弧炉炼钢方法的分类　铸钢生产中普遍应用的是三相电弧炉，其按照炉衬耐火材料的化学性质可分为碱性电弧炉和酸性电弧炉。碱性电弧炉用碱性耐火材料（如镁砂、镁碳砖、白云石等）作炉衬，而酸性电弧炉用硅砂、硅砖、白泥等酸性材料修砌炉衬。

用碱性电弧炉炼钢时造碱性炉渣，具有脱磷和脱硫能力。酸性电弧炉所产生的酸性炉渣则不具有这种能力，所以酸性炉炼钢要求用含磷、硫很低的原材料。因此，一般以铸件或钢锭为产品的电炉钢厂都使用碱性电弧炉炼钢。但酸性炉渣阻止气体透过的能力大于碱性炉渣，能使钢液升温快，因而在铸造车间酸性电弧炉使用得较多。

依照是否具有氧化过程，可将电弧炉炼钢工艺分为氧化法和不氧化法。氧化法能有效地脱磷、脱碳和去除钢液中的气体夹杂物，钢的冶金质量较高。目前，在铸钢生产上广泛应用的是碱性电弧炉氧化法炼钢。

（3）三相电弧炉炼钢方法和操作过程

1）炼钢方法：电弧炉炼钢按是否具有氧化过程可分为氧化法、不氧化法(重熔法或装入法)、返回吹氧法。

① 氧化法炼钢的工艺过程包括准备阶段（修补炉衬、配料及装料）、熔化期、氧化期（这两期近年来也称为熔氧期）、还原期及出钢等。这种方法能有效地去除钢中的气体和非金属夹杂物，钢液质量较好，适用于冶炼各种碳素钢和合金钢。

② 不氧化法，即将返回废钢、铁合金和其他炉料一起装入炉内，装料后即熔化，待全部熔化后即进入还原期，不存在氧化期。由于钢液没有氧化，合金元素会尽可能地保留在钢液中，因此这种方法适用于冶炼某些高合金钢。不氧化法的冶炼时间短，耗电少，钢的成本低。这种炼钢方法的主要缺点是没有氧化脱碳过程，不能靠钢液的沸腾作用去除钢中的气体和非金属夹杂物，净化钢液的作用较差。

③ 返回吹氧法炼钢属于氧化法冶炼工艺的一种，一般用于冶炼高铬[$w(\mathrm{Cr})\geqslant 13\%$]的钢种，也包括熔化期、氧化期和还原期。它与氧化法的不同之处在于装料时将废合金钢返回料与其他炉料一起装入。在熔化期，钢液中的铬有部分被氧化并进入炉渣；在氧化期用高压吹氧的方法，达到比氧化法更高的温度，使碳迅速氧化并减少铬的氧化，即靠高温快速脱碳来达到去碳保铬的目的。在还原期要用强脱氧剂进行脱氧。

2）操作过程。碱性三相电弧炉氧化法炼钢在铸钢生产上得到了广泛的应用。其操作过程主要包括原材料的准备、补炉、装料熔化、氧化、还原、出钢等。

① 原材料的准备：按配料要求将所需的原料和辅助料准备好。

② 补炉：每炼完一炉钢后就要补炉，因炉衬在冶炼过程中受炉渣作用会有不同程度的损坏。补炉时首先要将炉内残钢液、残渣清理干净并趁热修补，以使修补上去的炉衬材料与原来的炉衬能很好地烧结在一起。补炉材料是镁砂，用沥青或卤水作粘结剂。

③ 装料熔化：采用炉顶料罐（桶）快速装料，尽量一次装完以保证顺利熔化，并缩短熔化时间。熔化期约占全部冶炼时间的1/2，耗电量占全部用电量的60%~70%。熔化期可采用最大功率并采取吹氧方法助熔。在熔化过程中要及时地向炉内加入一定量的生石灰和铁矿石，以利于提前造渣和去除磷。

④ 氧化：向钢液中吹氧或加入铁矿石，目的是脱磷，去除钢液中的气体和非金属夹杂物，把碳量降低到适当的范围及提高钢液温度。在氧化期，对钢液中的碳、硅、锰等元素进行氧化。碳的氧化引起钢液强烈沸腾，有利于气体和非金属夹杂物从钢液中排出，使钢液得到净化。因此，一般要求脱碳量大于或等于0.30%。

⑤ 还原：还原期的任务是脱氧、脱硫、调整钢液的化学成分和温度。其操作方法是在氧化后期扒净氧化渣后，立即在钢液表面造还原渣进行脱氧。还原渣料由生石灰、氟石、火砖块、炭粉、碳化硅粉、硅铁粉或硅钙粉等组成。

⑥ 出钢：当脱氧良好，化学成分调整合适，钢液温度达到要求时，即可出钢进行浇注。

三、感应电炉炼钢

感应电炉炼钢是利用交流电感应的作用，使坩埚内的金属炉料（或钢液）发热而熔融的一种炼钢方法。

（1）感应电炉的分类　感应电炉分为有芯式和无芯式两种。有芯感应电炉主要用于有色金属及其合金的熔炼，无芯感应电炉主要用于铸钢（包括铸铁）生产。

按采用的电流频率，可将感应电炉分为高频感应电炉（频率为 200～300kHz）、中频感应电炉（频率为 150Hz 或 1000～2500Hz）和工频感应电炉（频率为 50Hz 或 60Hz）。

（2）感应电炉炼钢特点　与电弧炉炼钢相比，其具有下列特点：

1）不存在石墨电极，可以熔炼含碳量很低的钢种。

2）钢液的自动搅拌作用能使钢液化学成分均匀一致，并促进非金属夹杂物上浮。

3）合金元素烧损小，热效率高。

4）能比较精确地调整温度。

5）感应电炉的缺点：顶渣不能被加热，只能从钢液中吸热，因此渣温低，参与冶金反应的能力较弱。

（3）感应电炉的坩埚材料　按照坩埚炉衬材料的化学性质，可将坩埚分为酸性坩埚、中性坩埚及碱性坩埚三种。酸性坩埚造酸性渣，不能脱硫、脱磷。碱性坩埚造强碱性渣，能脱磷、脱硫。碱性坩埚的使用寿命一般为 40～50 次，而酸性坩埚则可达 100～200 次，因而在生产中一般多使用酸性坩埚。然而，有些钢种必须在碱性坩埚内熔炼，如高锰、高镍、高铬、高钛和高铝的合金钢。中性坩埚既可造酸性渣也可造碱性渣。

酸性坩埚材料是硅砂，并用硼酸和水玻璃作粘结剂；碱性坩埚材料是镁砂，也可用硼酸和水玻璃作粘结剂；中性坩埚材料是以 Al_2O_3 为基的耐火材料。这些坩埚材料一般由专业厂家配制。生产时应根据钢种的特性选用适宜的坩埚材料打结成形，并经过高温烧结，使之具有一定厚度的烧结层，以利于保证坩埚的形状。

（4）感应电炉炼钢方法

1）酸性感应电炉常采用不氧化法炼钢，一般造酸性渣，不宜进行脱磷和脱硫。其工艺过程主要包括准备阶段、熔化期、还原期及出钢等。还原期的脱氧过程一般不采用扩散脱氧法脱氧，而主要通过加入锰铁、硅铁等进行沉淀的脱氧法脱氧。

2）碱性感应电炉也常采用不氧化法炼钢，有时也可采用氧化法炼钢（但效果较碱性电弧炉差）。碱性感应电炉适于冶炼碳钢和各种合金钢。

第二节　铸铁的熔炼

铸铁熔炼是铸铁件生产的重要环节。可熔炼铸铁的炉子有很多，如冲天炉、电炉（电弧炉及感应电炉）、坩埚炉、反射炉以及冲天炉-电炉双联熔炼等。冲天炉由于生产率高、热效率高、结构简单、操作方便、适应性强、铁液成本低等优点，在国内外得到广泛的应用。目前我国85%以上的铸件所用铁液是由冲天炉熔炼的。但随着中频电源技术的进一步发展，用于铸铁熔炼的中频感应电炉正越来越多地被采用。在此着重介绍最常用的冲天炉、感应电炉熔炼铸铁的基本知识。

一、冲天炉熔炼

（1）耐火材料及炉料

1）耐火材料。耐火材料通常制成一定形状（耐火砖），或直接用散料和水按一定比例配制成泥状，在炉内修砌成一定的尺寸、形状。通常将这层耐火材料（耐火砖）称为炉衬。

冲天炉所用的耐火材料种类很多，一般按可分为酸性耐火材料、中性耐火材料和碱性耐火材料。

① 酸性耐火材料有硅砖、半硅砖、粘土砖和高铝砖。硅砖中硅的质量分数在93%以上，用硅砂加工制成，是一种强酸性耐火材料；半硅砖主要含 SiO_2，Al_2O_3 的质量分数为15%~30%，属于强酸性砖；高铝砖中 $w(Al_2O_3)>46\%$，$w(SiO_2)<50\%$，属于近中性耐火材料，由于其抗酸性能力较强，因此仍将其划入酸性耐火材料范围。粘土砖中 $w(Al_2O_3)=30\%\sim45\%$，$w(SiO_2)=55\%\sim65\%$，是一种弱酸性耐火材料，耐火度一般不低于1650℃，抗急冷急热性好，在冲天炉中广泛应用。

② 中性耐火材料有铬砖（铬铁矿质耐火材料）、石墨和焦炭等。

③ 碱性耐火材料为镁砖及镁砂，MgO的质量分数在85%以上，能抵抗碱性炉渣的侵蚀，耐火度在2000℃以上。

耐火砖有不同的形状和尺寸，以适应修砌不同形状、大小的炉膛。

在修砌耐火砖炉体时，常用耐火泥的浆料作粘结剂构成砖缝。耐火泥也有酸性和碱性之分，有粘土质、高铝质、硅质和镁质四种。使用时需注意，酸性耐火砖应使用酸性耐火泥，以避免在高温下发生酸碱性中和反应。

在熔化过程中，炉补受到高温气体的冲刷和炉渣的侵蚀而变薄，会出现凹凸不平的现象，因此在下次开炉前，必须对其进行修补。除炉衬侵蚀严重需用耐火砖重新修砌外，一般均用耐火泥料修补。常用的修炉材料中硅砂的质量分数为60%~70%，耐火泥的质量分数为30%~40%，水适量。用于修补冲天炉前炉部分的修炉材料中，焦炭粉的质量分数为65%~70%，硅砂粉的质量分数为10%~15%，耐火泥的质量分数为20%，水适量。

2）炉料。冲天炉用炉料由燃料、金属料及熔剂三部分构成。

① 燃料主要是焦炭。焦炭由焦煤干馏而成，是炼焦厂的主要产品。其主要化学成分有固定炭、灰分、硫和水分等。焦炭的质量是影响铁液温度和成分的重要因素之一。固定炭的含量要高（质量分数不低于80%），灰分、硫分要低，而且要有一定的强度和块度。

② 金属料包括生铁、回炉料、废钢及铁合金等。回炉料包括浇冒口、废铸件及废铁等，要按不同牌号、成分分类堆放，并且要清除表面粘砂及内部砂芯，破碎成一定块度。加入废钢的目的是降低铸铁的含碳量，改善力学性能。废钢来源比较复杂，要注意成分，清除有害金属，如含铬的废钢、铝、铅等金属。应严格清除密封的容器、废旧弹壳及中空容器等，以防熔炼时产生爆炸现象。熔炼铸铁时还常用到硅铁、锰铁等铁合金，其目的是调整铸铁的成分或用作孕育剂。在熔炼特种铸铁时也会用到一些其他的铁合金，如铬铁、钼铁、钒铁等。

③ 熔剂主要是石灰石、氟石。石灰石加入炉内受热分解后，其生产物中的CaO即与焦炭中的灰分、砂粒及被侵蚀的耐火材料等熔渣化合，形成有一定流动性的炉渣，以便排出炉外。石灰石中CaO的质量分数应大于50%，SiO_2和Al_2O_3的总质量分数不应超过1%~3%。

氟石可以稀释炉渣，提高流动性，但在造渣过程中会产生有害的气体氟化氢（HF），对环境造成污染，因此应尽可能少用或不用氟石。

（2）冲天炉熔炼过程　冲天炉工作时，首先装入炉膛的是焦炭，并将其点燃。这部分焦炭称为底焦，是炉内发出热量，产生高温熔化金属料的源泉。底焦的加入量以高度衡量，由下排风口中心线到底焦上平面的距离称为底焦的高度（熔化时会变化）。当空气由风口吹入炉内时，底焦产生激烈的燃烧反应，将底焦顶面的金属料加热熔化，形成的铁液沿底焦间隙向下滴落，并进一步吸收红热的焦炭发出的热量，从而使铁液的温度升高，最后经过过桥流入前炉内储存起来。与此同时，所形成的熔渣也进入前炉内。

一批金属料熔化完后，底焦会有一定的消耗，必须补加一定量的焦炭，称为层焦。在熔化过程中金属料一批一批地被熔化，层焦一批一批地加向底焦作为补充，以保持底焦维持正常高度，使燃烧稳定。

待前炉内储存一定量的铁液后，就可出铁进行浇注。前炉内的熔渣应按时放出。概括地说，冲天炉的熔炼过程是底焦燃烧产生热气流上升，炉料由上而下吸热熔化的过程。

二、感应电炉熔炼

无芯中频感应电炉是熔炼铸铁常用的生产设备，一般采用酸性坩埚材料。

1）感应电炉熔炼铸铁的工艺过程主要包括坩埚的修筑与烧结、装料、熔化、炉前质量控制、出炉等。酸性无芯感应电炉熔炼过程中元素的氧化反应较弱，烧损量较小，有利于化学成分的稳定控制。

2）感应电炉熔炼的特点

① 铁液的化学成分能够较精确地达到规定要求。

② 在电磁搅拌下，铁液的成分和温度比较均匀，但铁液中杂质不易上浮。

③ 铁液白口倾向大（与冲天炉相比），易引起各种铸造缺陷。因此，在生产高质量的铸铁时，均要求对铁液进行适当的预处理，以提高铁液的形核率。

第三节　铸造有色金属合金的熔炼

铸造有色金属合金熔炼过程中的突出问题是元素容易氧化和合金液容易吸气。为获得含气量低和夹杂物少、化学成分均匀而合格的高质量合金液，以及优质、高产、低耗地生产铝、铜等有色金属合金铸件，应对熔炼用原材料、熔炼设备有足够的认识。

一、对熔炼设备的基本要求

1）有利于金属炉料的快速熔化和升温，熔炼时间短，元素烧损量和吸气量小，合金液纯净度高。

2）燃料、电能消耗低，热效率和生产率高，坩埚、炉衬寿命长。

3）操作简单，炉温便于调节和控制，劳动卫生条件好。

二、铸造有色金属合金熔炼用金属及非金属原材料

大量的生产实践证明，能否获得高质量的铸造有色金属合金及其优质铸件，不只取决于有色金属合金熔炼、铸造及热处理工艺参数的选择，而且与所使用的

金属及非金属原材料的品质有关。

（1）金属材料　金属材料大约可分为五类，虽然种类不多，但是实际上是很复杂的。正确地识别和使用各种炉料，对熔炼前的准备是很重要的。往往一块成分不清的炉料混入炉内可能会造成整炉合金报废，如果浇成铸件后报废，损失就更大了。所以根据外观特征来识别各种炉料，是熔炼操作工必须熟练掌握的一门基本技术。

1）纯金属炉料。常用的工业纯金属有轻金属类的铝、镁，重金属类的铜、锌、铅、锡、锑、镍、锰等，另外还有常使用的硅和铁（实践中使用的是铁的合金，一般是用低碳钢屑，也可用薄铁片和圆钉等代用）。随着生产技术的不断发展，钛、铍、镉、铋等稀有金属也逐渐应用于有色金属合金中，主要用来改善合金的各种性能。

纯金属炉料是在合金熔炼过程中用量比较大的炉料，用于配制各种成分的合金。新的纯金属炉料的加入，可降低炉料中总的杂质含量，保证合金的质量。但由于其价格比回炉料高，所以在保证质量的前提下，应尽可能地少用，以降低成本。

① 用于有色金属合金熔炼的铜通常是电解铜，这是在冶炼厂经电解以后得到的产品，表面呈紫红色，在实际生产中是容易识别的。

② 从冶炼厂来的锡一般称为精锡，通常有银白色金属光泽，有相当好的耐蚀性。

③ 锌是具有亮白光泽的金属，进入车间的金属锭表面由于形成了氧化膜而失去了金属光泽。

④ 铅是具有灰色光泽的金属，在空气中很快被氧化，生成暗灰色氧化膜覆盖于锭的表面。生产中使用的一般为纯度较高的电解铅重熔再成的铅锭。

⑤ 镍是灰白色金属，抛光后的镍具有美丽的金属光泽。从冶炼厂来的镍一般为电解镍，还有压成球形的镍，由粉末冶金所得。

⑥ 锑是银白色闪光的脆性金属，并略带蓝色，含杂质较多时更为显著。进入车间的锑锭呈正棱台状，其外表面同样覆上了一层氧化膜，失去了闪亮的金属光泽，变成了灰白色表面。

⑦ 在车间使用的锰主要为金属锰，但含铁量较高，有时也使用纯度很高的电解锰。金属锰不为锭，而是经过破碎呈任意形状，大小块度不等。电解锰的纯度较高，呈小薄片状，用木箱或铁桶包装，一般情况下不使用。金属锰是银白色的金属，在空气中很快地被氧化，包上一层黑褐色的氧化膜，可防止锰的继续氧化，即使在加热时，也能起到防止继续氧化的保护作用。

⑧ 熔炼时使用的铝通常呈锭状，因表面覆盖了灰白色的氧化膜而失去了金属光泽。有这层薄膜保护，铝不会继续被氧化。铝的韧性好，不易被折断。铝折

断后的组织致密，呈银白色的金属光泽。

⑨ 镁在空气中很快被氧化，表面形成氧化薄膜。在干燥的空气中还很稳定，但在潮气中将被腐蚀，所以进入车间的镁锭，其表面进行了阴极化处理，并用油涂表面，蜡纸封装。

2）回炉料。在铸造生产过程中，除产出合格铸件外，还有浇注系统、冒口，以及报废的铸件，剩余合金液浇注的合金锭，重熔（切屑、成分不明的其他料）后的合金锭等，都可称为回炉料。回炉料应分类、分牌号堆放。

对于回炉料，成分（包括化学分析的成分）明确才能使用，对于来历不明、成分不清的炉料应绝对禁止使用。

3）中间合金。中间合金是熔炼过程中的一种过渡合金，在合金熔炼前先制备好待使用。通常使用的中间合金是二元合金，以降低难熔金属元素的熔点，便于熔化。易挥发、易使合金过热的金属元素也采用中间合金的形式加入。虽然使用中间合金能较准确地控制熔炼合金的成分，但是制备中间合金将增加熔炼工序，所以在可不使用中间合金的情况下应尽可能不用。还有三元中间合金，使用较少。中间合金的种类很多，可以根据工厂实际需要来确定、制作。

4）机械切削加工废料。合格铸件到机加车间进行加工，首先产生大量的切屑，可占铸件质量的30%~70%，可见切屑是回收有色金属的重要部分。做好切屑的回收可使金属的利用率提高，大量切屑回收利用可大大降低铸件成本。其次是废铸件，包括因加工尺寸不合格而报废的铸件和因铸造缺陷而报废的铸件。

5）维修废零件。这类废料是从各种设备上更换下来的。因为设备情况复杂，有进口的，有国内生产的，有大的较正规厂家生产的，也有较小的工厂制造的，所以合金牌号就比较复杂，经过使用后换下的零件沾有油污，很难分别清楚。其分类方法如下：

① 按来源即能知道是什么设备、什么部位使用的零件，可从有关资料中查得材质牌号，这样易鉴别清楚。但是对于返回的废料，很难获得其有关资料，识别是比较困难的。

② 按化学成分分析法鉴定。这种方法比较麻烦，但是准确、可靠。

回炉重熔。对返回的废零件进行初步的鉴别分类，如锡青铜、铅青铜、黄铜、铝青铜等，再按类别重熔，分炉取样化验，根据化验结果配料使用。这种方法准确可靠。

进入车间的维修废零件沾满油污，使用前必须进行处理，否则会造成严重后果。

（2）非金属炉料　非金属炉料很多，用于熔炼的非金属炉料称为熔剂。为了提高合金的质量，改善合金的综合性能，在合金的熔炼过程中，广泛采用具有各种性质的化合物和盐类，并在熔炼的各个阶段，按不同比例选择使用，这类物

质称为熔剂。熔剂按使用目的不同，又可分为覆盖剂、精炼剂和变质剂。

1）覆盖剂。覆盖剂在熔炼过程中用来覆盖合金（铜合金、铝合金及镁合金等）表面，并保持一定的厚度，使合金液的表面与大气或炉气隔开，从而防止合金中的元素被氧化、蒸发，也可防止合金吸气（实际是氢溶解于合金中）。对覆盖剂的要求如下：

① 密度应小于合金液的密度，并具有一定的粘度和表面张力，以便容易成球上浮，形成与合金液分离的保护层。

② 熔点应低于合金，比合金先熔化，形成覆盖层。

③ 化学稳定性高，不与合金发生化学反应，对炉壁的腐蚀作用小。

④ 吸湿性小，不向合金中带入有害元素。

在有色金属合金熔炼中常用的覆盖剂有木炭、玻璃、硼砂、苏打（即无水碳酸钠）、石灰石、长石等。应特别注意的是在铝镁合金中，钠元素常以游离态存在，因而会显现出很大的钠脆性，所以在熔炼时是禁将钠盐作为覆盖剂的。

2）精炼剂。加入精炼剂的目的是除气、除渣，以获得优质的合金。精炼剂就是用来除去合金液中溶解的气体和在熔炼过程中产生的不溶性氧化夹杂的。铜合金液中最常见的不溶性氧化夹杂有 Al_2O_3、SiO_2、SnO_2 等。它们不能用脱氧法还原。这些氧化夹杂物熔点高，呈固态小质点弥散分布在铜合金液中，且大多呈酸性或中性，因此常用碱性溶剂造渣除去。碱性溶剂与酸性氧化物作用后生成低熔点的复盐。它不仅熔点低，而且密度小，易于聚集上浮，很容易进入熔渣中而被排除。

常用的精炼剂有苏打、冰晶石（Na_3AlF_6）、碳酸钙、氟石及硼砂等。工业用冰晶石为白色粉末，其密度为 2.9g/cm^3，熔点为 1011℃，可以单独使用，也可以与其他精炼剂配合使用。此外，精炼铝合金时还使用多种氯盐，有的也适用于含铝、铜合金的精炼。常用的氯盐有氯化锌（$ZnCl_2$）、氯化锰（$MnCl_2$）、六氯乙烷（C_2Cl_6）、四氯化碳（CCl_4）、四氯化钛（$TiCl_4$）等，采用通入氮气、氯气及氮气-氯气混合气体的方式对铝合金进行精炼。

近年来广泛采用无毒精炼剂对铝合金等进行精炼。许多铝合金铸造厂常采用专用旋转除气装置，将纯度极高（质量分数大于或等于 99.996%）的氩气或氮气，通过受控的旋转石墨轴和转子，压入铝液中并打散成微小气泡，这些气泡的气分压为零，可使有较高气分压的氢不断向气泡中扩散，同时铝液中的非金属夹杂物被吸附在气泡表面上浮至液面上，达到精炼净化的效果。

3）变质剂。在合金熔炼时，除按规定加入合金元素外，常加入少量的添加物（有时也称合金元素），目的是使合金凝固时的结晶条件发生变化，从而使组织和性能得到改善。这个过程称为变质处理，这些添加物称为变质剂。可见变质剂的作用是细化合金组织，改善合金的力学性能。

在铜合金中加入一些其他金属元素后，可使合金组织细化，改善其力学性能。例如，在熔炼纯铜时加入锆或钛、锂，变质效果良好。又如，在黄铜中加入铁、锆、钛等，也同样可获得良好的变质效果。

在铝硅合金中常加入按一定比例配制的钠盐和钾盐对铝硅共晶合金进行变质处理。批量化生产的铸件或变质处理后的铝硅共晶合金需经过较长的时间才能浇注完毕，通常用Sr（主要以Al-Sr10中间合金的形式加入）变质处理。

三、铸造有色金属合金熔炼的一般方法

（1）熔炼前的准备　熔炼前的准备是熔炼过程的重要环节，直接影响熔炼过程的进行和熔炼合金的质量。

1）熔炉的准备。如果采用坩埚炉熔炼，则首先应检查坩埚的炉体有无损坏，油（或气）的输送系统和送风系统是否完好。其次是坩埚的检查，新坩埚应看其是否损坏，旧坩埚应使用同牌号或影响较小的相似牌号的坩埚，如ZCuSn5Pb5Zn5合金可以用ZCuSn10Pb1合金和ZCuSn10Pb5合金的坩埚，而ZCuSn10Pb1合金最好不要用熔炼过ZCuSn5Pb5Zn5和ZCuSn10Pb5的坩埚，因为锌、铅将影响合金的力学性能。这些在选择坩埚时一定要注意。坩埚上的熔渣也应清理干净，并检查坩埚壁厚情况，是否有裂纹等，避免在熔炼过程中出现漏罐现象。以上工作完成后，即可将坩埚放入炉内，盖好炉盖，准备开炉。炉内的渣应及时清理，最好是每改变一种材质就清理一次，以免炉料混杂。

2）炉料的准备。根据生产计划单或浇注报表，按指定合金牌号要求的炉料进行准备。选用的炉料应符合工艺要求，如干净无油污和泥沙的炉料。回炉料应是本牌号，且无混杂或无识别不清的炉料。对选择好的炉料，应按配料单上的数量分别准确称取，以供使用。

3）工具的准备。对使用过的工具应先仔细地辨别其是否与熔炼的牌号相同或相似，再将粘附的残渣清理干净，并刷好涂料，预热到150℃以上。新工具也应刷上涂料后烘烤到150℃以上备用。

（2）合金熔炼的一般方法　在上述准备工作完成以后即可点炉，开始熔炼。对于有色金属合金来说，要求熔化速度快，以减少合金在熔炼过程中的吸气，获得质量较高的合金。

1）加料顺序。在熔炼合金的炉料中有各种各样的料，如纯金属炉料中有电解铜、锡锭、铅锭、铝锭，还有中间合金、回炉料等。一般原则是先加熔点高的，后加熔点低的；先加不易氧化的，后加易氧化的；先加沸点高的，后加沸点低的；也有采用合金化的方法同时加入的，以使其熔化温度下降，进而加快熔化速度。例如，在熔炼ZCuSn5Pb5Zn5合金时，已知其成分是铜、锡、铅、锌，熔点最高的是铜（1084.5℃），最低的是锡（232℃），沸点最低的是锌（911℃），所以在熔化时

先熔铜，当达到合金温度时，用 P-Cu 脱氧后再加入铅、锡，最后加入锌，可减少锌的氧化烧损。温度越高，锌的蒸气压也就高，可见铜液剧烈地翻动，锌的蒸气逸出液面，被氧化生成白色的烟雾（ZnO），所以最后加入锌较合适。

2）操作过程。当坩埚预热到 600～700℃时（呈暗红色），向坩埚内加入预热好的炉料。一般先加电解铜、镍板、金属锰（或 Cu-Mn 中间合金）等难熔的炉料，一次加不完的炉料等熔化后再继续加入。在半熔化状态下，可按合金的牌号加入适合的覆盖剂。难熔的炉料加完后，应随时调整（适合合金材质的）熔炼气氛，用尽量短的时间熔化，达到规定温度后进行合料。合料时仍按前述的加料顺序加料，且边加入边搅拌，使合金均匀化。在达到规定温度范围时，取样进行炉前检验，检验合格即可出炉浇注，熔炼过程结束。检验不合格时，可进行成分调整，直到合格后方可出炉。

第四节　浇注

将熔融金属从浇包注入铸型的操作称为浇注。铸型合型后不宜放置太久，应尽快进行浇注。

浇注工序的正确与否，将直接影响铸件质量及操作人员的安全，因此必须做好浇注前及浇注中的各项准备工作。

一、浇包的分类

浇包是浇注过程中用来装载金属液并进行浇注的主要设备。其种类繁多，在实际生产时可根据生产规模、铸件大小及种类来进行选择。

生产中常用的浇包有以下几种：

（1）手端包　其形状如图 6-1 所示。图 6-1a 所示为普通式浇包，如图 6-1b 所示为茶壶式手端包。手端包的容量通常都在 20kg 以下，因此这类浇包主要用来浇注小型铸件和芯骨。

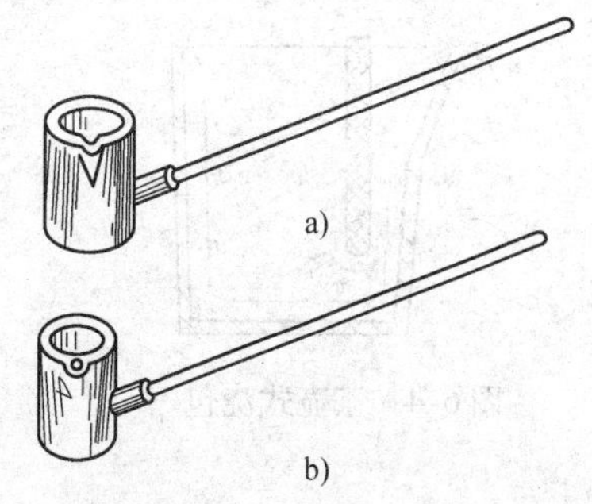

图 6-1　手端包
a）普通式包　b）茶壶式包

（2）抬包　其形状如图 6-2 所示。抬包容量为 50～100kg，可浇注中小型铸件。浇注时，由两人、四人或六人将抬包抬离地面，把金属液浇注到铸型中。

（3）吊包　大型吊包的形状如图 6-3 所示。吊包的容量一般在 200kg 以上，大的可达几十吨，因此，需用起重机进行浇注。

大型吊包的包侧吊轴端部装有蜗轮和一个与其啮合的蜗杆，蜗杆又通过一对斜齿轮与浇包手轮连接。蜗轮具有自锁性，可让包体倾斜到任意角度，而不会因为惯性的作用发生自动倾转现象。

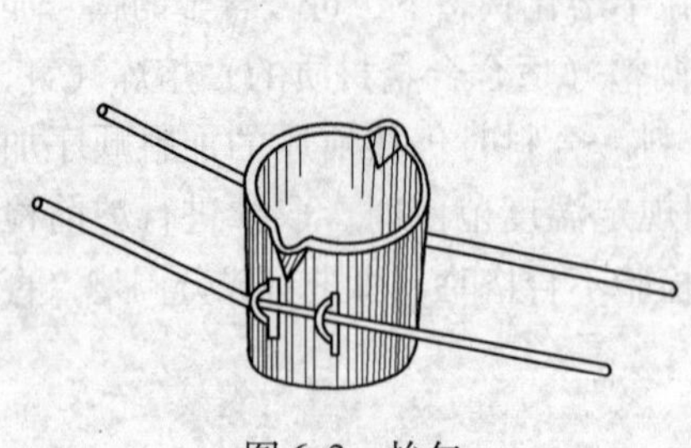

图6-2　抬包

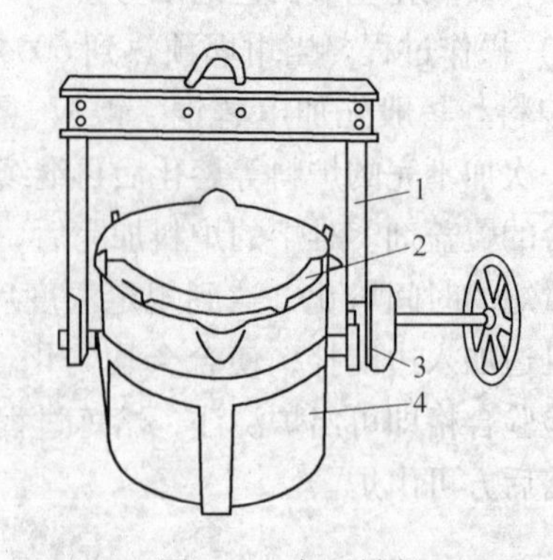

图6-3　大型吊包

1—吊架　2—挡渣板　3—传动系统　4—包体

（4）茶壶式浇包　其形状如图6-4所示。这种浇包的包嘴处筑有挡渣墙，结构与茶壶相似，因此称为茶壶式浇包。由于熔渣浮在金属液的上部，因此浇注时浮渣就被渣墙挡住，从而可减少或避免浮渣进入铸型的型腔而使铸件产生夹渣等缺陷。所以，茶壶式浇包常用来浇注小型铸钢件，以及质量要求较高的铸铁件。

（5）底注式浇包　又称柱塞式浇包，如图6-5所示。这种浇包的底部开有特制塞孔，浇注时通过柱塞机构拔起柱塞，金属液便从塞孔流出，因此不用倾转包体。这种浇包与茶壶式一样，也具有良好的除渣能力。

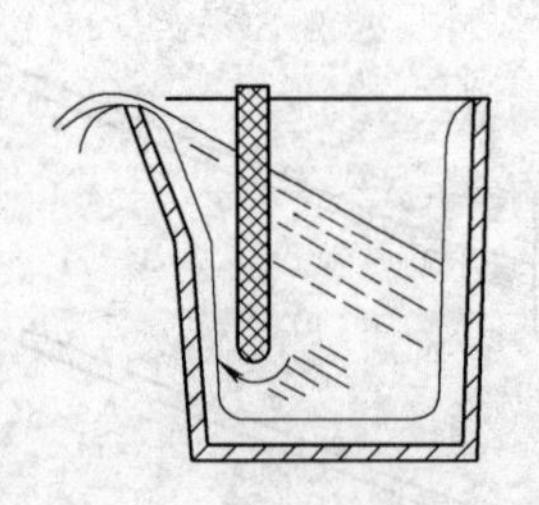

图6-4　茶壶式浇包

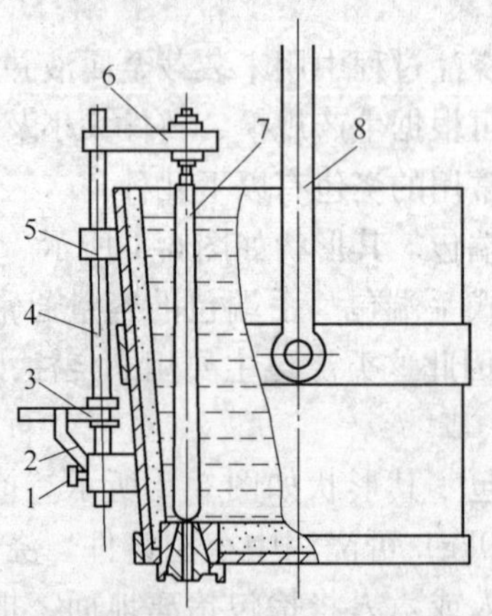

图6-5　底注式浇包

1—锁紧螺钉　2—支架　3—手柄　4—滑杆　5—滑块
6—横梁　7—塞杆　8—吊杆

使用底注式浇包时，应注意以下事项：

1）金属液从底部流出，速度较大，容易形成涡流，吸力很大，所以浇注时要严格控制，不让浇包中的金属液全部放完，以免将熔渣吸入铸型中。

2）金属液从底部流出时的冲击力很大，为了避免飞溅，浇注时应使塞孔中心线与直浇道的中心线对准。

底注式浇包一般用来浇注铸钢件及钢锭。

二、浇注前的准备工作

为了确保浇注工作顺利地进行，必须做好浇注前的所有准备工作，包括了解浇注金属液的种类和牌号，以及铸件的浇注重量和数量，检验金属液质量，检查浇包的修补质量和烘干预热情况，熟悉砂型在浇注现场的摆放位置，检查砂型的紧固情况及浇冒口的位置，引火物及其他工具的准备情况等。

1. 浇包的准备

浇包在使用过程中都有不同程度的烧损，浇注完毕后底部残留有金属液和熔渣。所以，浇包在使用前必须进行检查，包括包衬的修砌质量、包衬的干燥情况、浇包的转动机构和操纵部分的工作情况等。

对于存在以下情况的浇包，绝不能使用：

1）包衬太薄、损坏严重或局部严重侵蚀。

2）包衬未烘干或未加热到烘干温度范围。

3）转动机构或其他运转机构失灵，以及吊架和吊耳有损伤、裂纹。

4）底注式浇包的浇注口和塞杆的安装不符合技术要求等。

通常情况下，为了保护浇包的外壳不被烧穿，以及延长其使用寿命，都要搪上一定厚度的内衬。对于小的浇包，可直接在包壳上搪上一层耐火材料，大的浇包则要先砌上一层耐火砖，再搪上一定厚度的耐火材料。

包嘴要仔细修好，否则浇注时金属液流动不稳定，产生飞溅，危及安全。

修好的浇包要充分烘烤，否则首次注入金属液后会产生沸腾现象，使包衬表层很快脱落，从而增加金属液中的非金属夹杂物，使铸件产生气孔或夹渣等缺陷。已烘干的浇包，如果搁置时间太长，则在使用前还需进行预热。

2. 浇注前的检查

检查项目如下：

（1）通道检查　运送金属液和浇注的必由之路要排除障碍物，保证畅通无阻。

（2）工具检查　浇注时常用的工具有扒渣用的渣耙、渣勺，挡渣用的挡渣棒、挡渣钩，取样和观察钢液结膜用的样勺和火钳，检查试样用的锤子和卡规，浇注用的引火工具以及铁铲、搅棒等工具。要保证所需要的工具齐全，无损坏，使用前要烘干预热。

(3) 防护检查　浇注人员要穿戴好防护用品，以免被飞溅的金属液烫伤。

(4) 铸型检查　铸型的通气道是否畅通，有无标记，浇口盆是否掉入杂物，箱缝是否堵好，紧固是否可靠，铸型引火排气是否方便等。

3. 浇注顺序

同期浇注的铸件大小不一，牌号也有所不同。因此，先浇哪些件，先浇什么牌号，后浇什么牌号，都应事前做出统一安排，免得临时混乱，发生意外事故，影响铸件质量。

4. 浇注重量的确定

铸件浇注重量的理论值是工艺人员按图样计算得来的，但造型生产时，特别是砂型铸造时，铸件的尺寸及壁厚都存在一定的误差，另外，木模变形也会影响铸件的重量，因此实际浇注重量与理论值可能有出入。所以，浇注铸件时，特别是大件，包中所装金属液应有所富余，以免浇不满。但同时也要考虑大件浇完后，剩余金属液能有地方倒掉，不致造成浪费，可安排一些配炉用的小铸件，或者备有剩余铁液槽等。

三、浇注操作

浇注操作包括以下内容：

(1) 扒渣　从熔池或包内清除熔渣的操作称为扒渣。在浇注前，必须把熔渣全部除尽，以免熔渣进入铸型造成夹渣。

扒渣操作要迅速，防止因扒渣时间过长而导致金属液温度下降。扒渣时，要从浇包的后面或侧面扒出，切勿经过浇包嘴，以免弄坏包嘴，影响浇注。

(2) 浇注　浇注时浇包嘴要靠近浇口盆，挡渣棒放在浇包嘴附近的金属液面上，防止熔渣进入浇口盆；先浇大件后浇中、小件。

浇注开始时，应缓慢以细流注入金属液，防止金属液飞溅，随后快速充满浇口盆，并保持充满状态，不可断流，以免浇口盆中的熔渣进入铸型。快浇满时，也应以细流注入，防止金属液溢出。

从明冒口观察，等铸型充满后，稍停片刻，再点浇冒口，以增强冒口的补缩能力。

(3) 引火　在出气孔和冒口附近点火引气，以利于型腔和砂型（芯）中因受热而产生的气体迅速排出。

(4) 去压铁载荷　浇注后，应按规定时间及时去除压铁或卸下螺栓及其他卡紧装置，以保证铸件能自由收缩，防止铸件产生裂纹。

复习思考题

1. 炼钢用原材料包括哪些？
2. 电炉炼钢有几种方法？它们各自有何特点？它们适用性如何？
3. 感应电炉炼钢与电弧炉炼钢相比有哪些优缺点？
4. 冲天炉的炉料由哪些材料组成？各种材料的作用是什么？
5. 简述冲天炉的熔化过程和熔炼操作工艺。
6. 熔炼有色合金时，加入覆盖剂、精炼剂和变质剂有什么作用？
7. 浇注操作包括哪些工序？

第七章

特种铸造

培训学习目标　了解熔模铸造和压力铸造的基本知识。

特种铸造与砂型铸造不同。各种特种铸造方法虽然都不如砂型铸造适应性好，生产的铸件尺寸和重量不大，但是每一种特种铸造方法都有其优点，或生产的铸件尺寸精度高、表面粗糙度值低，或生产的铸件力学性能和使用性能优于砂型铸造生产的铸件，或能提高金属的利用率、节约铸型材料，或适合于铸造高熔点、低流动性、易氧化的合金铸件，或能改善生产劳动条件，便于实现机械化和自动化生产。

目前应用比较广泛的特种铸造方法有熔模铸造、压力铸造、陶瓷型铸造、金属型铸造、低压铸造、连续铸造、实型铸造等。在此仅介绍熔模铸造和压力铸造的基本知识。

第一节　熔模铸造

熔模铸造又称“失蜡铸造”，是用易熔材料（如蜡料）制成模样，在模样上包覆若干层耐火涂料，制成型壳，熔出模样，经过高温焙烧，然后进行浇注的铸造方法。由于其获得的铸件具有较高的尺寸精度和低的表面粗糙度值，故又称为熔模精密铸造。

可用熔模铸造法生产的合金种类有碳素钢、合金钢、耐热合金、不锈钢、永磁合金、轴承合金、铜合金、铝合金、钛合金和球墨铸铁等。

熔模铸造的优点是：可以生产尺寸精度高和表面粗糙度值低的铸件，一般可达到 CT4 ~ CT6（砂型铸造为 CT10 ~ CT13，压铸为 CT5 ~ CT7），可以减少机械加工工作甚至不用机械加工；可以铸造各种合金的复杂铸件，特别是高温合金

铸件。

熔模铸件的形状一般都比较复杂，铸件上可铸出孔的最小直径可达0.5mm，铸件的最小壁厚为0.3mm。在生产中可将一些原来由几个零件组合而成的部件，通过改变零件的结构，设计成为整体零件而直接由熔模铸造铸出，以节省加工工时和金属材料的消耗，使零件结构更为合理，如图7-1所示。

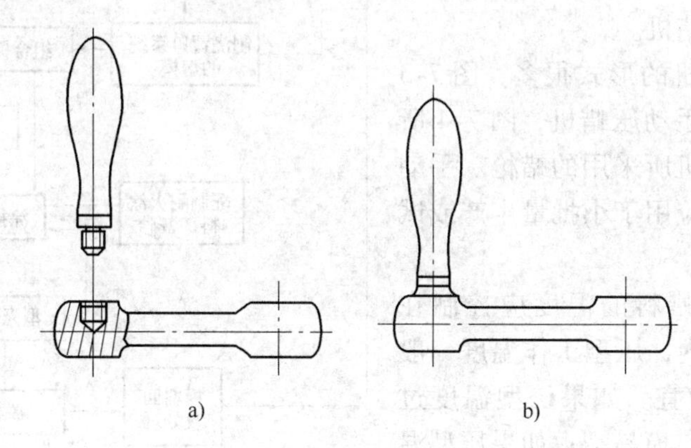

图7-1　机加工组合件改成熔模铸件
a）机加工组合件　b）熔模铸件

熔模铸件的重量大多为几十克到几千克，太重的铸件用熔模铸造法生产较为麻烦，但目前生产的大熔模铸件的重量已达80kg左右。

熔模铸造工艺较复杂，且不易控制，使用和消耗的材料较贵，故它适用于生产形状复杂、精度要求高，或很难进行其他加工的小型零件，如涡轮发动机的叶片等。熔模铸造工艺如图7-2所示。

一、模料

制模材料的性能不但应保证方便地制得尺寸精确、表面粗糙度值低、强度好和重量轻的熔模，而且应为型壳的制造和获得良好铸件创造条件。模料一般用蜡料、天然树脂和塑料（合成树脂）配制。凡主要用蜡料配制的模料称为蜡基模料。配制模料时主要用加热的方法使各种原材料熔化混合成一体，然后在冷却情况下，将模料剧烈搅拌，使模料成为糊膏状态供压制熔模用。有时也可将模料熔化为液体直接浇注熔模。

二、熔模的制造

生产中大多采用压力把糊状模料压入压型的方法制造熔模。压制熔模之前，需先在压型表面涂分型剂，以便从压型中取出熔模。压制蜡基模料时，分型剂可分为全损耗系统用油、松节油等。分型剂层越薄越好，以使熔模能更好地复制压型的表面，从而提高熔模的表面质量。

压蜡机为制模工序不可缺少的设备之一。压蜡机可分为手动压蜡机、电动压蜡机和气动压蜡机三类。在此仅介绍手动压蜡机。

手动压蜡机的形式很多，图7-3所示为杠杆式手动压蜡机，图7-4所示为手动压蜡机所采用的蜡枪。手动压蜡机一般只应用于小批量生产或试生产。

压制时，蜡料的温度应控制在45～48℃范围内，压型工作温度一般以15～20℃为宜。如果压型温度过低，则压出的蜡模易裂；如果压型温度太高，则蜡模易产生鼓胀变形，而且熔模冷却慢，影响生产效率。

注蜡压力一般为（2.5～3.5）×10^5Pa，待蜡液充满型腔后，停止加压，根据零件的大小确定保压时间，一般为10～60s，然后除去压力。如果压型不自带封闭器，则可用盖板或压铁压住注蜡口，以防模料外流而使熔模产生缩陷。

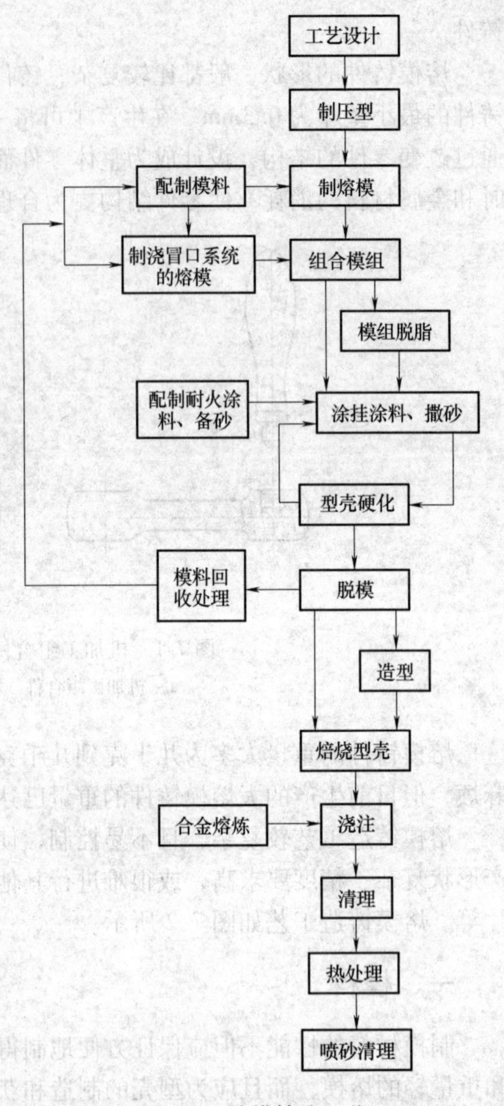

图7-2 熔模铸造工艺

根据各压型中的熔模结构特点、尺寸大小，压型在保持相应的时间后，即可拆型取模。在气温较高时，为缩短取模时间，并防止壁厚部分收缩引起表面凹坑或变形，注蜡后对压型要强制冷却，钢模可放在冰块上或冰水中进行冷却。

三、型壳的制造

熔模铸造的铸型可分为实体型壳和多层型壳两种，目前普遍采用的是多层型壳。

将模组浸涂耐火涂料后，撒上粒状耐火材料，再经干燥、硬化，如此反复多次，直至使耐火涂挂层达到需要的厚度为止，这样便在模组上形成了多层型壳。

通常将其停放一段时间，使其充分硬化，然后熔失模组，便得到多层型壳。

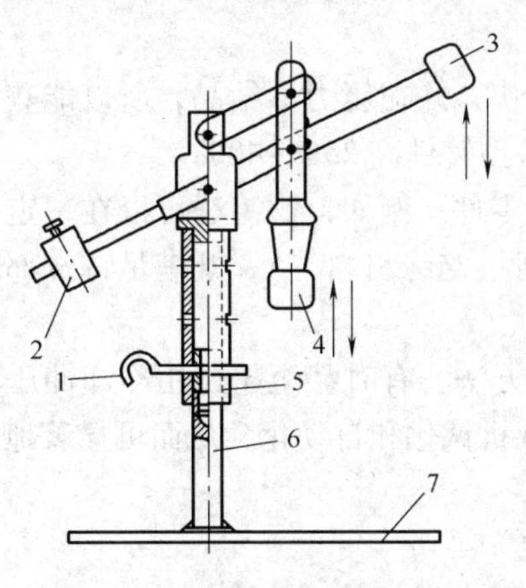

图 7-3　杠杆式手动压蜡机简图

1—调节销　2—配重　3—手柄　4—压注头
5—钢制套管　6—支柱　7—底板

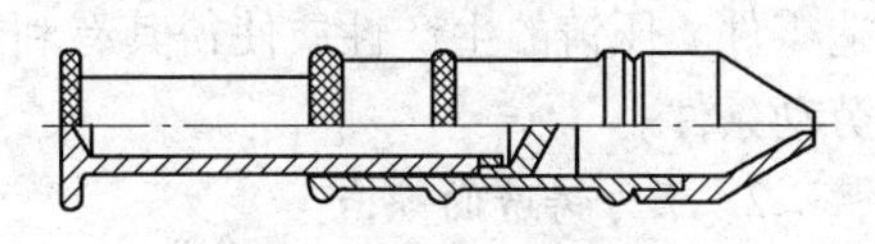

图 7-4　手动压蜡枪

多层壳有的需要装箱填砂，有的则不需要，经过焙烧后就可直接进行浇注。

在熔失熔模时，型壳会受到体积正在增大的熔融模料的压力；在焙烧和浇注时，型壳各部分会产生相互牵制而又不均的膨胀和收缩作用，金属还可能与型壳材料发生高温化学反应。所以，对型壳有一定的性能要求，如小的膨胀率和收缩率，高的强度、耐火度和高温下的化学稳定性。此外，型壳还应有一定的透气性，以便浇注时型壳内的气体能顺利外逸。这些都与制造型壳时所采用的耐火材料、粘结剂以及工艺有关。

型壳制造好以后，即可按照熔模铸造工艺进行浇注和铸件的清理工作，直至获得合格的铸件。

第二节　压力铸造

压力铸造的实质是在高压作用下，使液态或半液态金属以较高的速度充填压铸型（压铸模具）型腔，并在压力下成型和凝固而获得铸件的方法。它是近代金属加工工艺中发展较为迅速的一种少切削、无切削工艺，也是机械化程度和生产率很高的铸造方法。

一、压力铸造的特点

1. 压力铸造的主要优点

1）可以获得公差等级为 CT5 ~ CT7 和表面粗糙度值为 *Ra*6.3 ~ *Ra*3.2μm 的

铸件，可压铸得到各种结构复杂、轮廓清晰的薄壁深腔零件。绝大多数压铸件不需要进行机械加工就可以进行装配。

2）由于，压力铸造时金属液冷却速度快，并在压力下结晶，所以能获得晶粒细、组织致密的铸件，力学性能比一般砂型铸件高25%~40%。

3）可以压铸出用其他方法难以制造的零件。例如，镶铸法可以在一定部位铸入所需的其他材料（磁铁、衬套、金属管、绝缘材料等），既满足特殊部位的要求，又简化了装配结构和制造工艺。

4）生产效率很高，不但高于其他铸造方法，有时甚至超过用冷却冲压法制造零件。压铸的生产性质使得其有利于实现机械化和自动化，从而可显著地改善劳动条件。

2. 压力铸造的缺点

1）由于金属液以很高的速度充填铸型，因此型腔中的气体很难完全排除，致使铸件容易产生细小的气孔。

2）对于厚壁铸件及壁厚相差悬殊的零件，由于实际上不可能得到补缩，故容易产生缩孔或热裂。

3）压铸用合金的范围目前来说还有一定的局限性，多以有色金属为主。但在每一种合金中，压铸用合金的牌号并不多。

4）目前压铸生产尚受到机器功率的限制，一般以生产几公斤以内的铸件占多数。

5）由于压铸设备准备周期长、成本高，所以只适用于定型产品的大批量生产。

目前，压力铸造已广泛应用于汽车、拖拉机、航空、纺织、电器、仪表等行业中生产中、小有色金属件，铸件最小壁厚可达0.5mm，最小孔径可达0.7mm。

二、压铸型涂料的作用

在压铸过程中，为了避免铸件与压铸型焊合，减少铸件顶出的摩擦阻力和避免压铸型过分受热，而采用涂料。压铸涂料应具有以下作用：

1）避免金属液直接冲刷型腔和型芯表面，改善压铸型工作条件。

2）减小压铸型的热导率，保持金属液的流动性，以改善金属的成型性。

3）高温时保存良好的润滑性能，减小铸件与压铸型成型部分之间的摩擦力，从而减轻型腔的磨损程度，延长压铸型寿命和提高铸件表面质量。

三、压铸型的基本结构

压铸型由定型和动型两部分组成。定型固定在压铸机定型安装板上，定型上有形成直浇道的浇口套，浇口套与压铸机的喷嘴或压室相接；动型固定在压铸机

动型安装板上，并随动型安装板作开合模移动。合型时，动型与定型闭合构成型腔和浇注系统，金属液在高压下充满型腔。开型时，动型与定型分开，借助设在动型上的推出机构将压铸件推出。

压铸型的结构组成较复杂，结构形式多种多样。图7-5所示为典型压铸型的结构。其中，侧型芯、动型镶件、小型芯、主型芯、定型镶件（型腔镶件）、型腔（成型空腔）构成成型部分，浇口套、流道镶块（分流锥）属于浇注系统，垫块、支承板、定型（套）板、动型板、定型座板（面板）、动型座板（底板）、导柱、导套构成模架部分，顶针、流道顶针、推板（顶针、面针、推杆底板）、推杆固定板（顶针、面针板）、推板导柱、推板导套、复位杆、限位钉构成顶复机构，限位块、拉钉、弹簧、斜导柱（斜销）、侧滑块、楔紧块、侧型芯构成侧抽芯机构，其他还有排溢系统、温控系统、连接紧固件等。

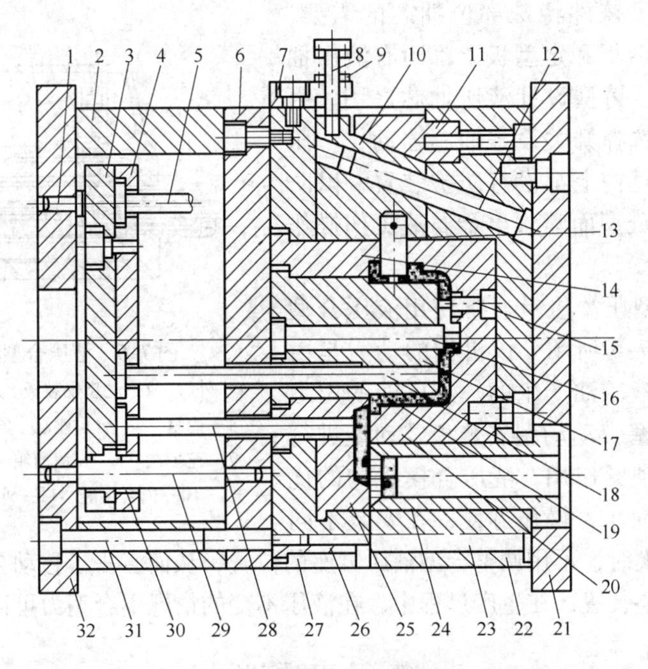

图7-5 典型压铸型的结构

1—限位钉 2—垫块 3—推板（顶针、面针、推杆底板） 4—推杆固定板（顶针、面针板） 5—复位杆 6—支承板 7—限位块 8—拉钉 9—弹簧 10—侧滑块 11—楔紧块 12—斜导柱（斜销） 13—侧型芯 14—动型镶件 15、16—小型芯 17—主模芯 18—顶针 19—型腔（成型空腔） 20—定型镶件（型腔镶件） 21—定型座板（面板） 22—定型（套）板 23—导柱 24—浇口套 25—流道镶块（分流锥） 26—导套 27—动型板 28—流道顶针 29—推板导柱 30—推板导套 31—内六角螺钉 32—动型座板（底板）

四、压铸机合型机构

压铸机合型机构是带动压铸型的动型部分，使模具分开或合拢的机构。由于热室压铸机压射填充时的压力作用，合拢后的动型仍有被胀开的趋势，故这一机构还要起锁紧模具的作用。推动动型移动，合拢并锁紧模具的力称为合型力。合型机构必须准确可靠地动作，以保证安全生产，并确保压铸件尺寸公差要求。

压铸机的合型机构上都附有顶（推）出铸件的装置，称为顶出器。它可分为机械顶出器和液压顶出器两种形式。现代压铸机采用液压顶出器，装于动型板的背面，由两个液压缸组成，由顶（推）出板将液压缸连接在一起。顶出板上顶（推）杆孔较多，并与动型板上的孔相对应，便于铸件选择合适的顶杆位置。顶杆顶出后能延时一段时间返回，以利于清理和上涂料。这些动作由电磁阀和控制系统控制。

为了满足铸件特殊部位抽芯的需要，压铸机的动型板和定型板上都附有液压抽芯器，以供压铸型设计液压抽芯之用。由控制系统的选择开关设定抽芯器动作。压铸机的合型机构上都设有防护装置，以防止从压铸型分型面喷溅出金属液烫伤操作人员。

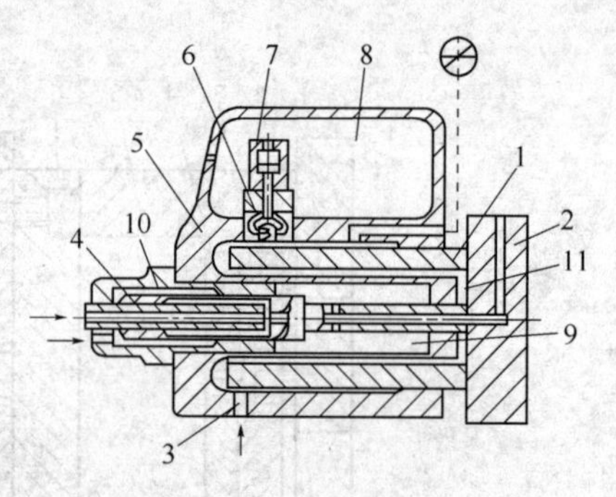

图7-6　液压合型机构

1—外缸　2—动型安装板　3—增压器口　4—内缸　5—合型座缸　6—充填阀塞　7—充填阀　8—充填油箱　9—开型腔　10—内合型腔　11—外合型腔

一般小型压铸机上通常使用液压合型机构，如图7-6所示。该机构的动力是由合型缸中的液压油产生的。液压油的压力推动合型活塞带动动型安装板及动型进行合型，并起锁紧作用。液压合模机构的优点是：结构简单，操作方便；在安装不同厚度的压铸模时，不用调整合型液压缸座的位置，从而省去了移动合型液压缸座用的机械调整装置；在生产过程中，在液压不变的情况下合型力可以保持不变。

复习思考题

1. 简述熔模铸造工艺。
2. 压铸型涂料的作用有哪些？
3. 简述压铸型的基本结构。

第八章

铸件的后处理

培训学习目标 了解铸件后处理工序的相关知识，了解铸件热处理基础知识。

铸件的后处理主要包括铸件的清理、热处理、防锈处理和粗加工过程，是铸造生产的最后一道工序。本章主要介绍铸件的清理和铸件热处理的基础知识。

◈◈◈ 第一节 铸件的清理

将铸件从铸型中取出，清除掉本体以外的多余部分，并打磨精整铸件内外表面的过程称为铸件的清理。其主要工序是清除型芯和芯骨，清除铸件粘砂和表面异物，切除浇道、冒口，铲磨割肋、飞翅和毛刺等凸出物，以及打磨和精整铸件表面等。

一、开箱与落砂

当铸件在砂型中冷却到250~450℃时，拆除紧固砂箱的定位销、螺栓、箱卡、压铁、浇冒口圈等。小型铸件用人工抬升上型，大中型铸件用起重机等提升上型，将上型移至一旁，去除上型内的砂块，将砂箱放在空旷的地方，依次提走中型。在铸件暴露在下型上以后，用钢钎或风枪钎头铲去铸件上的大砂块，把铸件支空放置，去除能敲掉的浇冒口，不能敲掉的浇冒口则保留。用钎头捣去砂芯，取出芯骨或骨架，把铸件集中堆放，等待进一步清理。最后提起下砂型支空放置，捣去下型中的砂块，将砂箱集中堆放整齐，至此，铸件的人工落砂结束。

对大型铸件可采用落砂机落砂，利用落砂机的振动和冲击作用使铸型中的型砂和铸件分离。具体操作是：先人工拆除定位或紧固铸型的装置，将砂型吊运到落砂机的振动栅架上，翻开上型及中型，开机对砂型和铸件进行剧烈振动，冲击砂箱和铸件进行落砂，然后将砂箱和铸件分别吊离落砂机，对铸件进行后续清理。

二、铸件的清理

铸件的清理包括清砂、清除浇道、冒口等操作过程。

1. 铸件的清砂

清砂方法主要分为干法清砂和湿法清砂两种形式，本章只简单介绍干法清砂。干法清砂分为手工清理和机器清理两种方式。

（1）手工清理　清理时，操作者两腿前后站立，双手紧握钢钎或风铲，钎（铲）头垂直指向清理面，或钎（铲）头倾斜一个较小的角度，向清理面撞击或冲击。如果钎（铲）头偏斜过多，则容易在铸件表面打滑，影响操作者站立姿势，使操作者把握不住手中的工具。

粘砂严重的铸件表面、内腔，以及浇道、冒口的残根，可用砂轮机（或角向磨光机）打磨清理。砂轮机的形式有固定式、悬挂式、手提式等。小型铸件多用固定式砂轮机磨光，较大的不便用手握持的铸件，可采用悬挂式砂轮机修磨。不便搬运的大型铸件，宜采用手提式砂轮机修整；对于铸件孔腔部位，可用挠性轴砂轮机打磨。为了得到光滑的铸件表面，可用软质砂轮或钢丝刷磨光。

（2）滚筒清理　将铸件和星铁一次性装入滚筒内，利用铸件与铸件之间和铸件与星铁之间的撞击摩擦来去除铸件表面的粘砂、氧化皮。常用的Q116型间歇式清理滚筒，滚筒直径为600mm，长度为1000mm，铸件与星铁容量为560kg/次，铸件与星铁比为2∶1，装入量占总容积的70%~85%。薄壁铸件的装入量可以增加到85%~90%，铸件与星铁比为3∶2。对于某些扁平薄壁件，可以用螺栓将其紧固成整体，使其不能在滚筒内翻转，让星铁在铸件与铸件的间隙之间穿行而达到清砂目的。滚筒可清理铸件的最大尺寸为300mm×400mm。

清理滚筒操作方法如下：

1）装料。使电动机停止，用手动杠杆装置制动，使进料口处于装料位置，按比例加入铸件和星铁，装料结束后，盖上筒盖并用锁紧器锁紧。

2）运行。松开制动装置，按下起动按钮，电动机驱动滚筒旋转，开始清理。清理下的砂和粉尘经由滚筒端面带孔圆盘上的孔和空心轴颈集中排入集尘箱或与车间连接的除尘设备中。清理时间为30~40min，时间长短要根据粘砂情况确定。

3）停机。铸件清理完毕，按下停机按钮，用手动杠杆制动装置制动。如果滚筒所停位置不便打开筒盖和出料，则可以松开制动装置，点动电动机，达到所需停止位置时停止电动机并制动。然后，打开筒盖，检查铸件是否清理干净，如果已清理干净则出料，将铸件与星铁分开，否则重新盖上筒盖继续清理。

（3）抛丸滚筒清理　抛丸滚筒清理是利用抛丸器将弹丸抛向滚筒内不断翻动的铸件，从而达到清理的目的。常用的Q3113A型抛丸清理滚筒，滚筒内径为

1300mm，长度为1200mm，转速为2.5r/min，有效容积为0.3m^3，最大载重量为600kg，弹丸直径为1.2～2.5mm；铸件最大长度为1100mm，最大重量为30kg；铸铁件清理时间为10～15min，铸钢件清理时间为15～20min。Q3113A型抛丸清理滚筒操作过程如下：

1）上料。将待清理铸件装入上料斗内，按下开门按钮，由活塞推动杠杆使4个锁门爪钩脱开，即开锁，接着液压装置把门转向一侧将门打开，按下上料按钮，料斗被举升，将铸件倒入滚筒内，空料斗在自重及弹簧作用下缓慢下降到原位，上料结束。

2）关门。空料斗下降到位后，按下关门按钮，液压装置将门关上，接着杠杆机构把4个锁门爪钩钩上，关门上锁结束。

3）起动。上锁后，根据清理所需时间调整好电控继电器，按下滚筒起动按钮，滚筒转动，然后按下抛丸器起动按钮，抛丸器连续向滚筒内抛出弹丸，接着起动分离装置、抽风设备等。

4）停机。继电器到时自动断电，滚筒和抛丸器停止工作，分离装置和抽风设备还要继续工作。

5）出料。滚筒和抛丸器停止后，接料小车推至滚筒下停稳，按下开门按钮，通过开锁、开门动作，让门转至一侧，按下滚筒起动按钮，滚筒转动使铸件自行卸出并落入接料小车内。出料完毕，按下滚筒停止按钮，滚筒停下，推走接料小车，一个清理过程结束。重复上述操作，继续清理铸件。

（4）履带抛丸机清理　履带抛丸机又称履带式抛丸清理机，常用的为Q326型履带式抛丸机。其工作原理是：在清理仓内加入规定数量的铸件后，关闭大门，起动机器，铸件被滚筒带动，开始翻转，同时抛丸器高速抛出的弹丸形成扇形束，均匀地打击在铸件表面上，从而达到清理的目的。履带抛丸机广泛用于中小型铸件、锻件、冲压件、有色金属合金铸件、齿轮及弹簧的清砂除锈、去氧化皮和表面强化。整机配有除尘器。

2. 浇道、冒口的清除

铸件的浇注系统和冒口是为获得质量优良的铸件而设置的，是与铸件连成一体的多余的部分，在开箱后需清除。

1）对于铸铁件及有色金属合金铸件的易折断浇道和冒口，可采用锤子敲击直接去除，敲击时应注意敲击点和敲击方向。

2）对于铸件的高大浇道和冒口，一般采用氧乙炔焰切割。切割时间安排在清砂后与热处理前进行常温切割；对于易裂件，通常是在热处理后或专门进行加热切割；高锰钢铸件通常在热处理后切割；铬镍钢铸件在清砂结束后趁热马上切割。不论采用哪种方式切割，都应一次性切割完毕，中途不得停顿，以避免浇道和冒口根部产生局部应力集中现象而造成铸件裂纹。冒口直径在500mm以上的铸件，在冒口切除后要马上入窑保温缓冷。

3）冒口直径在300mm以上时，由于受到割炬切割厚度的限制，可采用两次切割法。对于切割厚度太大的冒口，可以另用割炬在火焰割炬切割的同时向切口送高压氧，以提高切口的熔化温度和增强排渣能力。铸件加工面上的冒口切割残留余量由冒口直径或宽度决定，正向余量为冒口直径或宽度的1/30，负向余量为冒口直径或宽度的1/200。非加工面的浇道和冒口要尽量割平，当切割后余量过大时，可以进行再次切割。

◈◈◈ 第二节　铸件的热处理

热处理就是将固态合金或成型铸件加热、保温、冷却，使其改变内部组织，获得预定性能的一种工艺方法，是改善和提高合金材料力学性能，强化合金的重要手段。

一、铸件装炉基本要求

1）铸件内外表面的型砂及芯骨等必须清理干净。

2）一般情况下，材料牌号相同且性能要求也相同的铸件才能装同一炉进行热处理。

3）铸件应放在专用垫铁上，铸件之间应有适当的距离，一般所留间隙应为铸件厚度的1/2以上。在多层装料时，铸件堆放高度不宜超过炉膛有效高度的2/3，且要将每层铸件垫平，形状简单、不易变形的厚大件放在下面，易变形的薄壁铸件或小铸件应放在上面或下层空隙中，以防止升温后发生堆压变形。

4）需要本体测温的，按相关技术要求在铸件的上下、左右、外表面内腔选择特定点，安装上热电偶，并保持线路畅通。

5）铸件试样应与它所代表的铸件同炉热处理，试样的位置应靠近它所代表的铸件。

6）一般铸件都是冷炉装入，如果需装热炉，则炉温应控制在100～200℃。厚大铸件放在炉温较高的位置，薄小铸件放在炉温较低的位置，可以减少铸件内部温差。

二、铸件的热处理

铸铁件、铸钢件热处理的基本知识在第二章中已作介绍，本章主要介绍有色金属合金铸件热处理的基本知识。

1. 有色金属合金铸件热处理的目的

1）充分提高铸件的力学性能，保证一定的塑性，提高合金的抗拉强度和硬度，改善可加工性能。

2）消除铸件快速冷却所造成的内应力。

3）稳定铸件的尺寸和组织，消除偏析和针状组织，防止和消除因高温引起相变产生的体积胀大现象，改善合金的组织和力学性能。

有色金属合金铸件热处理的种类及方法很多，常用的有：人工时效，退火、淬火，淬火和人工时效，淬火和回火，循环（冷却处理）等。

2. 铸造铝合金的热处理

（1）ZL104 合金的热处理　典型的热处理规范为 T6，在 535℃ ±5℃范围内保温 2 ~ 6h，淬于 20 ~ 100℃的水中，自炉中向淬火槽转移的时间应少于 1min，再在 175℃ ±5℃时效处理 10 ~ 15h。

经淬火和完全人工时效处理后的铸件有良好的综合力学性能。受力不大的零件和压铸件可以仅于 175℃ ±5℃时效处理 5 ~ 17h 即可。压铸件一般不进行淬火，因为压铸件在压型内冷却较快，已起到了部分淬火的作用。真空和充氧法生产的压铸件要进行淬火和人工时效处理。

淬火前加热和保温时间的长短要根据铸件的壁厚和组织来选定，厚大铸件保温时间需长一些。淬火水温由铸件的复杂程度决定，复杂铸件的淬火水温应高一些，以避免变形和开裂。

目前生产中对 ZL104 铸件进行 T6 处理后有断后伸长率偏低的现象，采取将镁质量分数控制在 0.25% 以下，或采取较高的时效温度（200 ~ 210℃）等措施，能提高铸件的断后伸长率，强度虽有所降低，但仍能达到要求。

（2）ZL201 合金的热处理　典型的热处理规范为 T4，在 530℃ ±5℃保温 7 ~ 9h，再升温至 540℃ ±5℃保温 7 ~ 9h，淬于 20 ~ 100℃的水中，从炉中向淬火槽转移的时间应少于15s。将装炉温度控制在 300℃以下，防止铸件受热不均而产生变形和裂纹。复杂铸件淬火水温应稍高一些。

（3）ZL301 合金的热处理　合金的热处理规范为 T4，在 435℃ ±5℃保温 6 ~ 15h，淬于 80℃以上的水中。如果淬火温度高于 470℃，则会出现过烧现象。这时试棒断口周围呈黑色，其力学性能明显下降。如果淬火温度过低，则会使其力学性能明显下降。这时断口晶粒粗大呈银色，称为银色断口。

3. 铸造铜合金的热处理

大多数铸造铜合金都不能进行热处理强化，而是在铸造状态下使用。但也有少数铸造铜合金在热处理后使用，如铍青铜、铬青铜、硅青铜等。

（1）锡青铜的热处理　对于要求耐磨的铸件，退火会消除晶内偏析，使 $\alpha+\delta$ 共析体减少或消失，使耐磨性降低，所以可不进行热处理。有耐压要求的铸件可在680～720℃退火1～3h，使组织均匀化和晶粒体积膨胀，将晶间缩孔挤小，并使铸件中与外界相通的晶间缩孔表面发生氧化，生成的氧化物堵塞住孔洞。因此，退火处理在缩松不严重的情况下能提高铸件的气密性。

（2）ZCuAl10Fe3青铜的热处理　为了提高其硬度，可进行调质处理：先将铸件加热到850～900℃，到达β单相区，然后水淬，得到针状马氏体型组织β′，再于250～350℃回火处理2～3h，使β′相发生分解，形成弥散状共析体，使铸件的硬度和强度都有显著提高。为使铸件在淬火时能进入β区而不致过烧，铝质量分数应提高到9%～10%，铁质量分数降低到2%～3%。

复习思考题

1. 何为铸件的清理？其包括哪些主要工序？
2. 简述铸件的开箱操作。
3. 简述滚筒机械清理的操作方法。
4. 简述铸铁件、铸钢件以及有色金属合金铸件浇道、冒口的常用切除方法。
5. 铸件热处理装炉时有哪些要求？
6. 简述铸造铝合金、铸造铜合金热处理的目的。

第九章

铸件缺陷分析与检验

培训学习目标 认识常见的铸件缺陷，了解铸件缺陷产生的原因，了解铸件外观质量检验的项目及标准。

◈◈◈ 第一节 铸件缺陷的分类

在铸造生产过程中，由于种种原因，铸件表面和内部产生的各种缺陷总称为铸件缺陷。铸件缺陷按性质的不同，通常分为八类：多肉类缺陷；孔洞类缺陷；裂纹冷隔类缺陷；表面缺陷；残缺类缺陷；夹杂类缺陷；形状和重量差错类缺陷；成分、组织和性能不合格类缺陷。每一类缺陷，又可以细分为多种缺陷。

（1）多肉类缺陷　多肉类缺陷是铸件表面各种多肉缺陷的总称，包括飞翅、毛刺、抬型、胀砂、冲砂、掉砂、外渗物等缺陷。这类缺陷影响铸件的外观质量，增加铸件的清理成本。

（2）孔洞类缺陷　孔洞类缺陷是在铸件表面和内部产生的不同形状、大小的孔洞缺陷的总称，包括气孔、缩孔、针孔、缩松、疏松等缺陷。这类缺陷会降低铸件的力学性能，影响铸件的使用性能，而且常位于铸件的内部不易被发现，因此危害最大，要采取积极的措施预防。其中以气孔和缩孔最为常见，对铸件质量的影响很大。

（3）裂纹、冷隔类缺陷　裂纹、冷隔类缺陷包括冷裂、热裂、热处理裂纹、白点、冷隔、浇注断流等缺陷。此类缺陷会极大地降低铸件的力学性能，严重时将导致铸件报废。其中以热裂最为常见，特别是在合金钢铸件上。

（4）表面缺陷　表面缺陷是铸件表面上产生的各种缺陷的总称，包括鼠尾、沟槽、夹砂结疤、机械粘砂、化学粘砂、表面粗糙、皱皮和缩陷等缺陷。此类缺陷会影响铸件的表面质量，并增加清理铸件的工作量。其中以粘砂最为普遍，特别是当型砂耐火度较低或浇注温度较高时，铸件表面粘砂最为严重，因此应严格选用造型材料，控制浇注温度。

（5）残缺类缺陷　残缺类缺陷是各种原因造成的铸件外形缺损缺陷的总称，包括浇不到、未浇满、跑火、型漏和损伤等缺陷。这类缺陷严重时通常会导致铸件报废，而且还可能危及操作人员的安全。因此，在浇注前应进行仔细检查，以防止此类缺陷的产生。

（6）形状及重量差错类缺陷　包括拉长、超重、变形、错型、错芯、偏芯等缺陷。此类缺陷影响铸件外观质量，增加修补工作量。生产中常因铸件尺寸不合格或超重等，降低铸件质量等级，甚至使铸件报废。

（7）夹杂类缺陷　夹杂类缺陷是铸件中各种金属和非金属夹杂物的总称，通常是氧化物、硫化物、硅酸盐等杂质颗粒机械地保留在固体金属内，或凝固时在金属内形成，或在凝固后的反应中在金属内形成，包括夹杂物、冷豆、内渗物、渣气孔、砂眼等缺陷。此类缺陷降低铸件的力学性能，影响铸件的使用性能，缩短铸件的使用寿命。

（8）成分、组织及性能不合格类缺陷　包括亮皮、菜花头、石墨漂浮、石墨集结、组织粗大、偏析、硬点、反白口、球化不良、球化衰退、脱碳等缺陷。此类缺陷影响铸件的可加工性能和使用性能。

影响铸件质量的因素很多，从原材料的准备到造型、熔炼、浇注、热处理等工序，都有可能导致铸件缺陷的产生，而且经常在同一铸件上同时存在几种缺陷。要防止铸件缺陷的产生，就要了解各种缺陷的特征及其产生的主要原因，做到防患于未然。

表9-1所列是普通铸铁件在生产过程中，各工序可能产生的铸件缺陷概况。从表9-1中可以看出，铸铁件易产生气孔缺陷，而最容易导致产生缺陷的工序是造型，其次是熔炼、浇注、配砂和落砂清理工序。

表9-1　铸铁件生产各工序产生的铸件缺陷概况

名称 / 表示符号 / 产生工序	气孔	缩孔	缩松	热裂	冷裂	渣气孔	铁豆	冷隔	浇不到	砂眼	夹砂结疤	粘砂	变形	错型	胀砂	抬型	损坏	硬点	成分、组织性能不合格	各工序产生缺陷数
熔炼	△	□	□	□	□	□		□	□									□	△	10
浇注	□	□	□	□		□	□	□	□											8
造型	△	□		□		□	□	□	□	△	△	□	□	□	□	□				14
造芯	△			△																2
配砂	△						□			□	△	△								5
落砂清理					□								□				△	△	□	5
热处理													□						△	3
产生缺陷的工序数	5	3	2	4	2	3	3	3	3	2	2	2	3	1	1	1	1	2	3	

注：△——产生缺陷的主要工序；□——产生缺陷的次要工序。

表9-2所列是普通铸钢件在生产过程中，各工序可能产生的铸件缺陷概况。从表9-2可以看出，铸钢件在生产过程中，容易导致产生缺陷的工序是造型和熔炼，其次是浇注、配砂和落砂清理等工序，并与工艺规程的编制关系密切，特别是铸钢件中缩孔和缩松等主要缺陷，铸造工艺起着决定性作用。

表9-2 铸钢件生产各工序产生的铸件缺陷概况

名称 / 表示符号 / 产生工序	气孔	缩孔、缩松	渣气孔	砂眼	夹砂结疤	粘砂	变形	热裂	冷裂	冷隔	浇不到	错型	其他	各工序产生的缺陷数
配砂	△			□	△	△		□						5
造型	△	□	□	△	△	□	□	△		□	□	△		11
烘干	△			□	□									3
熔炼	△	□	□		□	□		□	□	□	□		△	10
浇注	□	□	△	□						△	△			6
落砂清理							□	□	△				□	4
热处理							□		□				△	3
工艺措施	□	△		□			△	△		□				6
产生缺陷的工序数	6	4	3	5	4	3	4	5	3	4	3	1	3	

注：△——产生缺陷的主要工序；□——产生缺陷的次要工序。

第二节 铸件常见缺陷简介

一、缩孔和气孔

缩孔和气孔是铸件中最常见的孔洞类缺陷。缩孔是铸件在凝固过程中，由于补缩不良而产生的孔洞。气孔是由于砂型（砂芯）的透气性不良，浇注时产生的大量气体不能及时排出，而在铸件内产生的孔洞。缩孔和气孔会严重影响铸件的质量，应引起足够重视。

1. 缩孔

铸件产生缩孔的主要原因是铸件在冷却凝固过程中，没有及时得到足够的金属液进行补缩，从而在铸件最后凝固部位出现孔洞，如图9-1所示。各种因素对缩孔容积的影响如下：

1）合金的液态收缩越大，则缩孔容积越大。

2）合金的凝固收缩越大，则缩孔容积越大。

3）合金的固态收缩越大，则缩孔容积越小。

4）铸型的冷却能力越大，则缩孔容积越小。

5）浇注温度越高，则缩孔容积越大。

6）浇注速度越缓慢，则缩孔容积越小。

7）铸件越厚，则缩孔容积越大。

缩孔的特征是形状极不规则，孔壁粗糙并带有枝状晶，表面呈暗灰色，常出现在铸件最后凝固的厚大部位或壁的交接处，如图9-2所示。

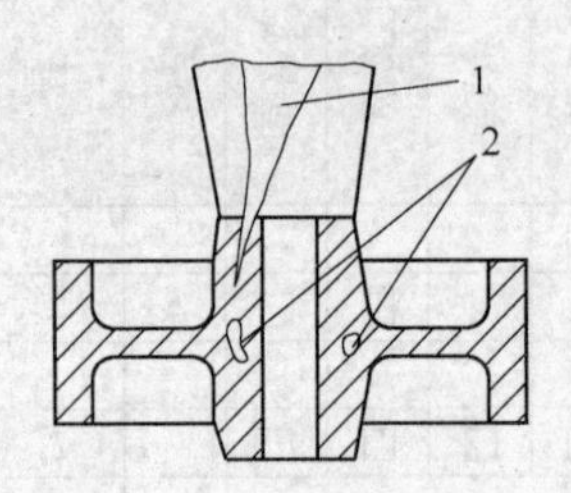

图9-1　轮环铸件中的缩孔

1—明缩孔　2—暗缩孔

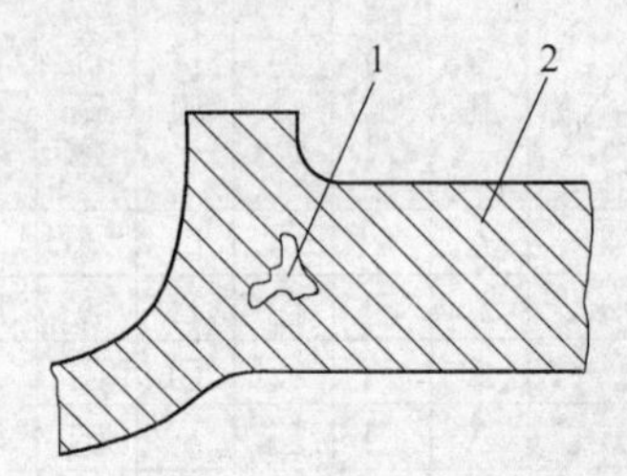

图9-2　铸件易产生缩孔的部位

1—缩孔　2—铸件

2. 气孔

气孔不仅减少铸件的有效截面积，而且使局部造成应力集中，成为零件断裂的裂纹源，尤其是形状不规则的气孔，如裂纹状气孔和尖角形气孔，不仅增加缺口的敏感性，使金属强度下降，而且降低零件的疲劳强度。气孔通常分为析出性气孔、反应性气孔和侵入性气孔。

（1）析出性气孔　金属液在冷却和凝固的过程中，因气体溶解度下降，析出的气体来不及排除，铸件由此而产生的气孔，称为析出性气孔。

这类气孔的特征是，在铸件截面上呈大面积分布，而靠近冒口、热节等温度较高的区域则分布较密集。通常金属含气量较少时，气孔形状呈裂纹状；含气量较多时，气孔较大，呈圆球形，如图9-3所示。析出性气孔常出现在同一炉或同一浇包浇注的同一批铸件中。

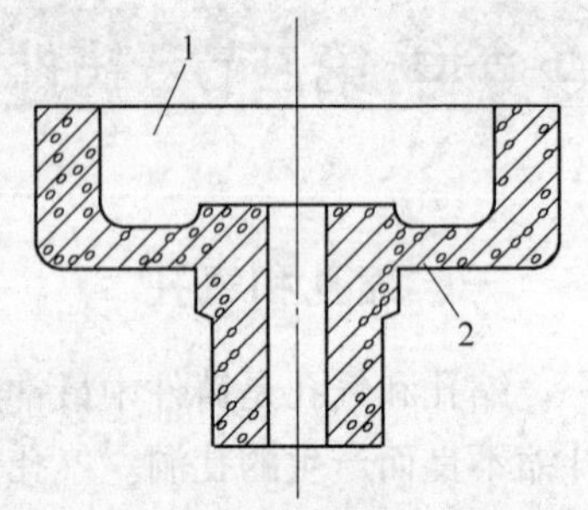

图9-3　铸件中的气孔

1—铸件　2—气孔

产生析出性气孔的气体主要有氢气，其次是氮气。铝合金最常出现析出性气孔，其次是铸钢件，铸铁件有时也会出现。

影响析出性气孔形成的因素有：

1）金属液原始含气量。金属液原始含气量越高，气孔越易形成。

2）冷却速度。铸件冷却速度越快，气孔越不易形成。

3）合金成分。合金液态收缩大、结晶温度范围大，则容易产生气孔或气缩孔。

4）气体性质。气体的扩散速度越快，气孔越不易形成。

（2）反应性气孔　金属液与铸型之间或在金属液内部发生化学反应产生的气体来不及排出，所产生的气孔称为反应性气孔。

1）金属液与铸型间反应性气孔。这类气孔的特征是气孔表面光滑，呈银白色或金属光亮色，孔径为1～3mm，通常分布在铸件表皮下1～3mm处，故又称为皮下气孔。

导致铸件产生反应性气孔的因素有：铸型水分含量过高及透气性太低；金属液原始气体含量高；合金中含有易氧化成分，如铁液中含有Al、Mg及稀土元素，钢液中含有Cr、Ca，铜液中含Al、Mn、Zn等；熔点较高的合金铸件（如铸钢件、铸铁件及铜合金铸件）中易出现反应性气孔。

2）金属液内反应性气孔。这类气孔可分为两类，一类是金属液与渣相互作用产生的渣气孔，另一类是金属液内各成分之间相互作用产生的气孔。这里着重介绍渣气孔的特征及其形成原因。

渣气孔是指由铸件浇注位置上表面的非金属夹杂物形成的孔洞，通常在加工后才能发现，与气孔并存。

渣气孔的特征是孔壁不光滑，形状不规则，其颜色因渣的性质不同而不同，常以单独或成群密集的形式存在于铸件中，如图9-4所示。

渣气孔形成的主要原因有：金属中的熔渣未清理干净，如焦炭中的灰分、被侵蚀剥落下来的炉衬、某些元素的烧损、金属炉料带入的砂粒和加入的熔剂等未清理干净；产生的二次氧化渣，如金属液在出炉、孕育处理、浇注过程中及浇入铸型后，与空气、铸型材料发生作用而生成的熔渣，可导致铸件形成渣气孔。

（3）侵入性气孔　铸型在金属液的热作用下所产生的气体，侵入金属液后造成的气孔，称为侵入性气孔。

侵入性气孔的特征是气孔的数量较少，尺寸较大，孔壁光滑，表面有光泽或轻微的氧化色，形状多呈椭圆形或梨形，一般位于铸件浇注位置的中上部或上部，如图9-5所示。

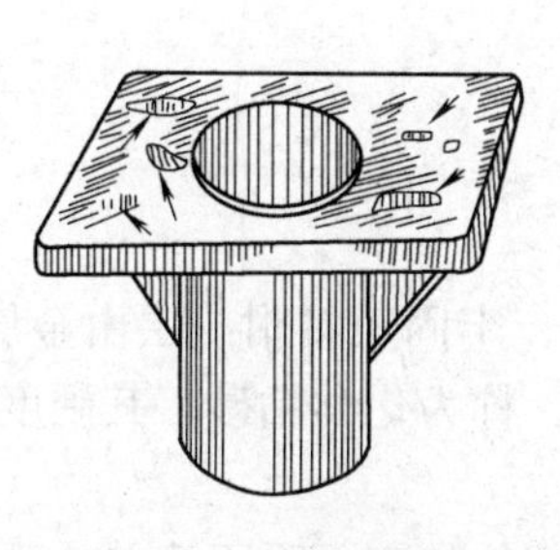

图9-4　铸件中的渣气孔

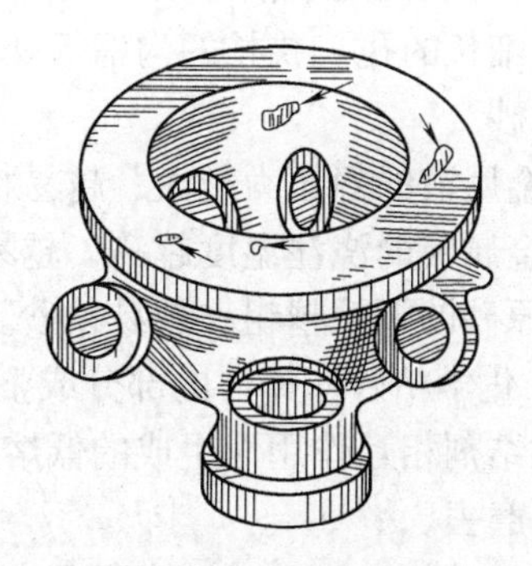

图9-5　铸件中的侵入性气孔

造成侵入性气孔的因素有：

1）浇注时气体由浇道、型腔混入金属液，导致气孔的产生。

2）金属液和冷铁、芯撑相互作用而产生气体，如芯撑表面带有水分或生锈（即氧化铁），因水分蒸发和氧化铁还原而产生气体，侵入金属液形成气孔，如图9-6所示。

3）砂型或砂芯中的水分或附加物，在金属液的热作用下汽化、分解或燃烧产生的气体，侵入金属液形成气孔。侵入性气孔大多是由该原因造成的。

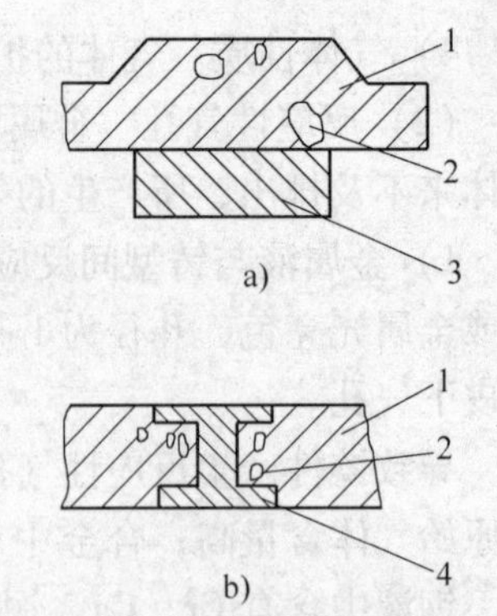

图9-6　因锈蚀使铸件产生气孔

a）因冷铁锈蚀　b）因芯撑锈蚀

1—铸件　2—气孔　3—冷铁　4—芯撑

二、粘砂和夹砂结疤

1. 粘砂

铸件表面或内腔粘附着一层难以清除的砂粒称为粘砂。它是金属对铸型的热作用、机械作用和它们之间相互发生化学作用的综合结果。根据砂粒与铸件连接情况的不同，粘砂一般分为机械粘砂和化学粘砂。

（1）机械粘砂　铸件的部分或在整个表面上，粘附着一层砂粒和金属的机械混合物，称为机械粘砂。清铲粘砂层时可以看到金属光泽。

机械粘砂的特征是，用肉眼可以看到粘砂层中夹有完整的单个砂粒及将这些砂粒连在铸件上的一些金属毛刺，如图9-7所示。

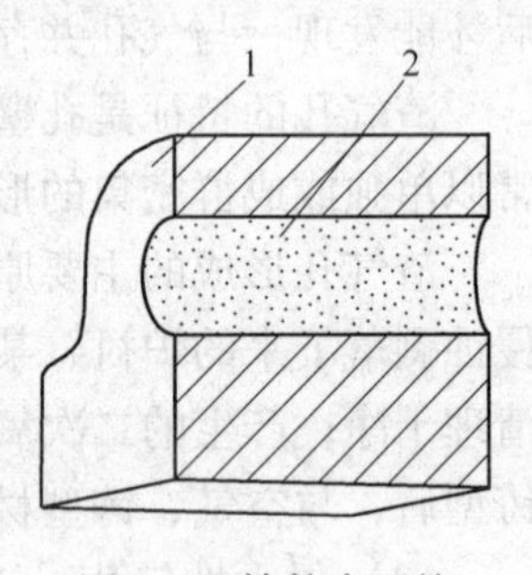

图9-7　铸件表面的机械粘砂

1—铸件　2—粘砂表面

影响机械粘砂的主要因素有：

1）铸件表面处于液态的时间越长，粘砂越严重。厚壁铸件易过热的部位，如凹角、细长的孔、狭长的沟槽等处，金属液保持液态的时间较长，易产生严重的机械粘砂。

2）金属液的静压力越大，越易粘砂。

3）金属液的浇注温度越高，越易粘砂。

4）原砂的颗粒越粗，越易粘砂。

（2）化学粘砂　铸件的部分或整个表面上，牢固地粘附一层由金属氧化物、砂粒和粘结剂相互作用而生成的低熔点化合物，称为化学粘砂。其硬度较高，只能用砂轮磨去。

化学粘砂的特征是，用肉眼观察铸件粘砂部位的表面看不清单个砂粒，而是一片连续的蜂窝状物质，一般产生在铸件断面厚大的铸钢件上，如图 9-8 所示。

影响铸件化学粘砂的因素比机械粘砂复杂，除了机械粘砂所述因素外，还与金属液的成分、造型材料的种类、温度条件等因素有关。

机械粘砂和化学粘砂是相互联系和相互影响的。机械粘砂形成的主要原因是某些物理因素，而化学粘砂的主要原因是某些化学因素。这两类因素常常不能截然分开。金属与砂粒之间的化学作用，可以使机械粘砂更为严重。砂粒间渗入金属则为产生化学粘砂创造了一定的条件。

湿型铸造中小型铸铁件产生的粘砂主要是机械粘砂；化学粘砂则常发生在铸钢件及用水玻璃砂型浇注的铸铁件上；铸钢件的粘砂常常两种类型同时并存。

2. 夹砂结疤

铸件表面产生的疤片状金属凸起物称为夹砂结疤。夹砂结疤的特征是表面粗糙，边缘锐利，有一小部分金属与铸件本体相连，疤片状金属凸起物与铸件之间有砂层，如图 9-9 所示。

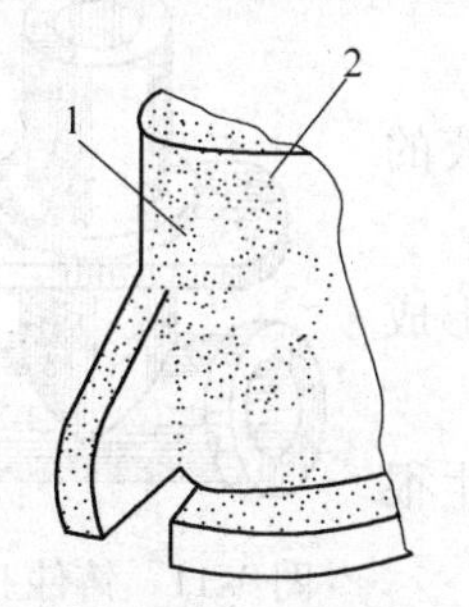

图 9-8　铸件表面的化学粘砂

1—铸件　2—粘砂表面

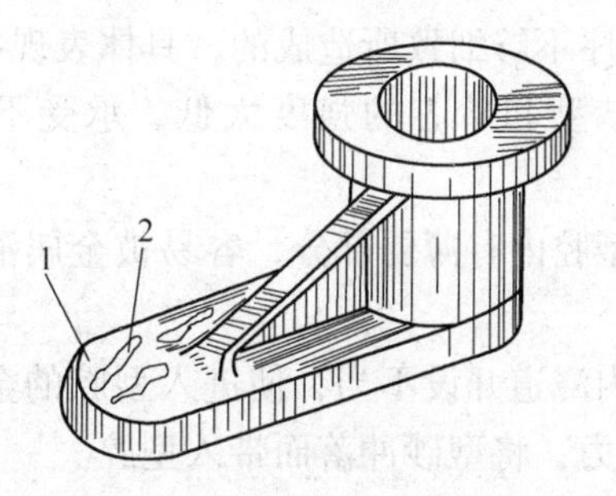

图 9-9　铸件表面的夹砂结疤

1—铸件　2—夹砂结疤

夹砂结疤大多发生在铸件浇注位置的上表面。厚壁铸件、在浇注位置有平面的铸件、浇注温度高和浇注时间长的铸件，易产生夹砂结疤缺陷。

三、胀砂和砂眼

1. 胀砂

胀砂是指铸件内外表面局部胀大、重量增加的缺陷。

浇注时，型壁在金属液压力作用下可能发生移动，此时金属液尚未凝固到有足够厚度的硬壳，故型壁移动能使铸件外形胀大，在铸件外表面形成形状不规则的凸起物，如图 9-10 所示。

造成铸件胀砂的主要原因有：

1）铸型舂得太松，表面硬度太低，在金属液压力作用下被进一步紧实，使型腔扩大而造成铸件胀砂。

2）型砂的含水量过高，易造成铸件胀砂。

3）流动性太低或应变值太大的型砂不易紧实，易造成型壁移动。

4）砂箱的刚度和铸型紧固情况对型壁移动有很大影响，如砂箱的刚度低，铸型紧固不好时，型腔因金属液的静压力和型砂的膨胀而扩大，造成铸件壁增厚。

5）浇注温度越高，型壁移动量越大，越易造成铸件壁增厚。

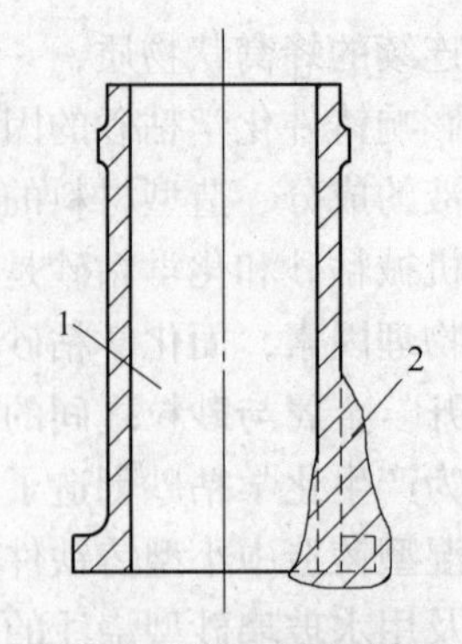

图9-10　产生胀砂的铸件

1—铸件　2—金属凸起物

2. 砂眼

砂眼是指铸件内部或表面带有砂粒的孔洞。

砂眼缺陷多产生在铸件浇注位置的上表面，如图9-11所示。

砂眼主要是由于砂型和砂芯的强度太低，或造型、合型等工序不够细致所造成的，具体表现在：

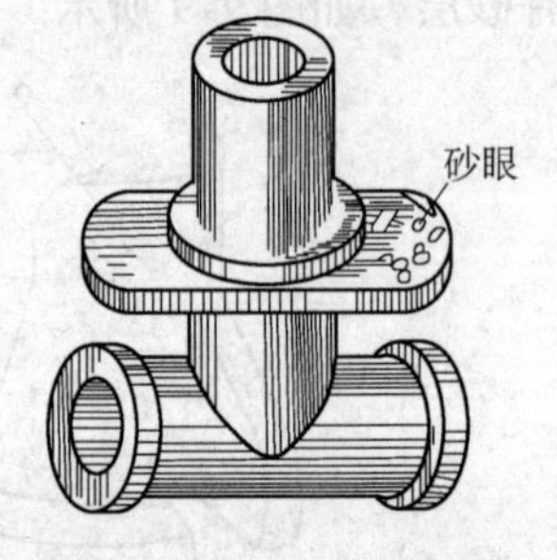

图9-11　铸件上的砂眼

1）砂型和砂芯的强度太低，承受不住金属液的冲刷。

2）型腔内有薄弱部分，容易被金属液冲坏而形成砂眼。

3）内浇道开设不当，使进入型腔的金属液产生很大的冲刷力，将型砂冲落而带入型腔。

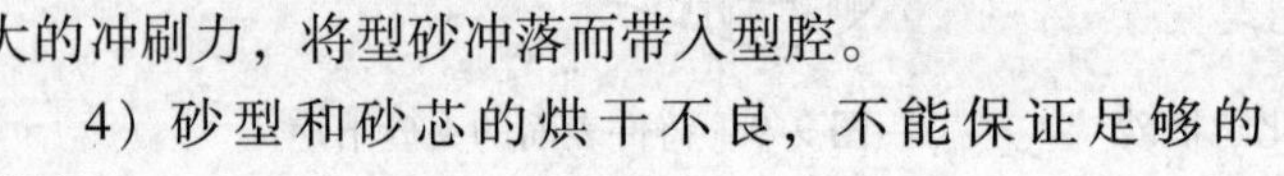

4）砂型和砂芯的烘干不良，不能保证足够的强度。

5）铸型搁置时间太长，降低了砂型、砂芯的强度，从而增加铸件产生砂眼的可能性。

6）合型工作不够仔细，未将型腔中散落的型砂清除干净。

四、浇不到和未浇满

1. 浇不到

浇不到是指铸件残缺或轮廓不完整或可能完整但边角圆且光亮的铸件缺陷。

铸件上的浇不到缺陷常出现在远离内浇道口的部位及薄壁处，其浇注系统是充满的，如图9-12所示。

浇不到缺陷主要是因为金属液的流动性太低或流动阻力太大所造成的。

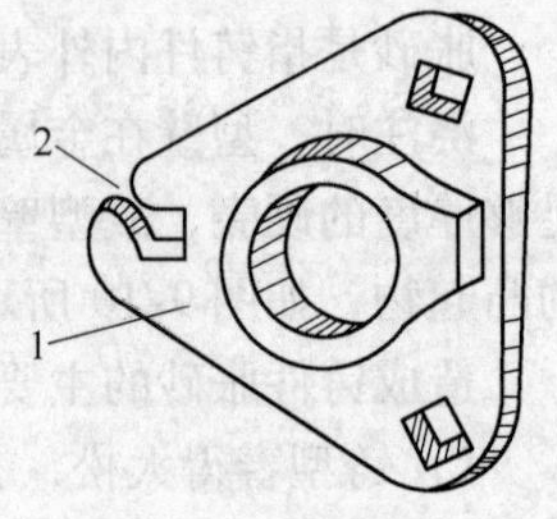

图9-12　浇不到缺陷

1—铸件　2—铸件浇不到处

2. 未浇满

铸件上部产生缺肉，其边角略呈圆形，浇道或冒口顶面与铸件平齐的缺陷，称为未浇满。

铸件的未浇满缺陷是由于进入型腔的金属液不足而产生的，如浇包中的金属液不够或浇注中断等。图 9-13a 所示是金属液不足时的情况，图 9-13b 所示是浇注中断后再浇时的情况。

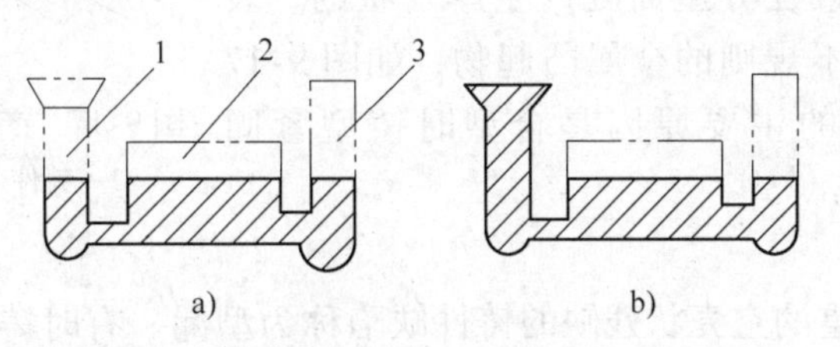

图 9-13　未浇满缺陷

a）铸件及浇道和冒口均未浇满　b）铸件及冒口未浇满

1—浇道　2—铸件未浇满部分　3—冒口

比较图 9-12 和图 9-13 可以看出，浇不到与未浇满在外观上是有明显区别的。

五、错型、错芯和偏芯

1. 错型

由于合型时错位，铸件的一部分与另一部分在分型面处相互错开的缺陷称为错型。这种缺陷是由于合型操作不当造成的，如图 9-14 所示。

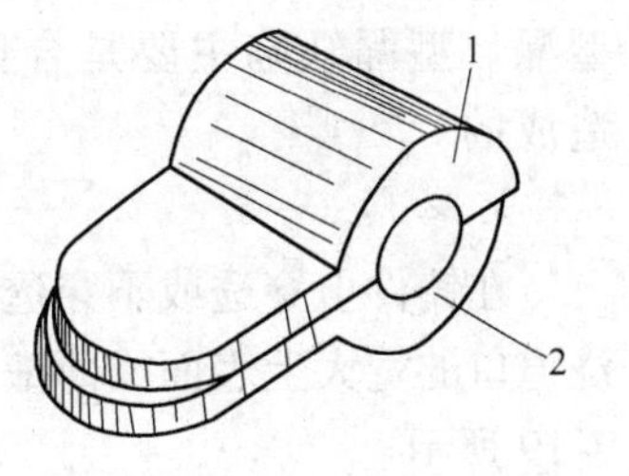

图 9-14　错型

1—上砂型铸件　2—下砂型铸件

2. 错芯

由于砂芯在分型面处错开，铸件孔腔尺寸不符合铸件图要求的缺陷称为错芯。这种缺陷也是由于合型操作不当造成的，如图 9-15 所示。

3. 偏芯

由于型芯在金属液作用下漂浮移动，使铸件内孔位置、形状和尺寸发生偏错，不符合铸件图要求的铸件缺陷称为偏芯，如图9-16所示。

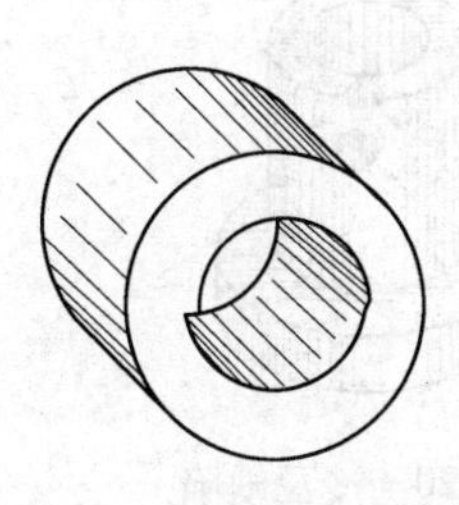

图 9-15　错芯

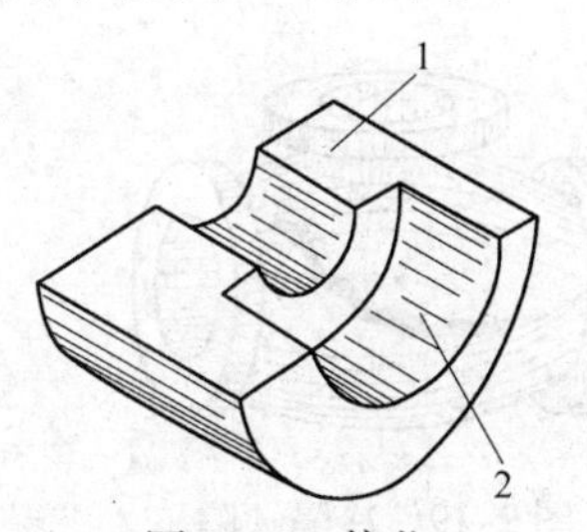

图 9-16　偏芯

1—铸件　2—偏芯形成的内腔

六、其他缺陷

1. 抬型

由于金属液的浮力使上砂型或砂芯局部或全部抬起，使铸件高度增加的现象称为抬型。产生抬型缺陷时，通常在分型面处产生厚片状的、表面光滑的、边缘不规则的金属凸起物，如图9-17所示。抬型产生的主要原因是合型时铸型紧固不好。

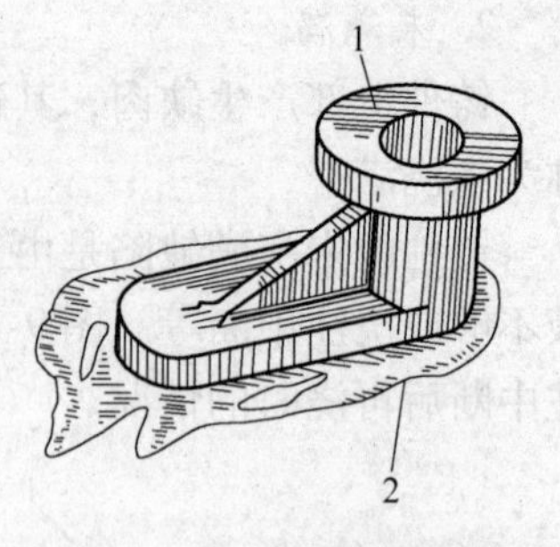

图9-17　产生抬型缺陷的铸件

1—铸件　2—金属凸起物

2. 型漏

铸件内有严重的空壳状残缺的铸件缺陷称为型漏。有时铸件外形虽然完整，但是内部的金属已漏空，铸件完全呈壳状，铸型底部有残留的多余金属。图9-18a所示是上砂型铸件未结皮时分型面处产生型漏；图9-18b所示是上砂型型腔顶面结皮后分型面处产生型漏。型漏缺陷主要是合型不够仔细造成的。

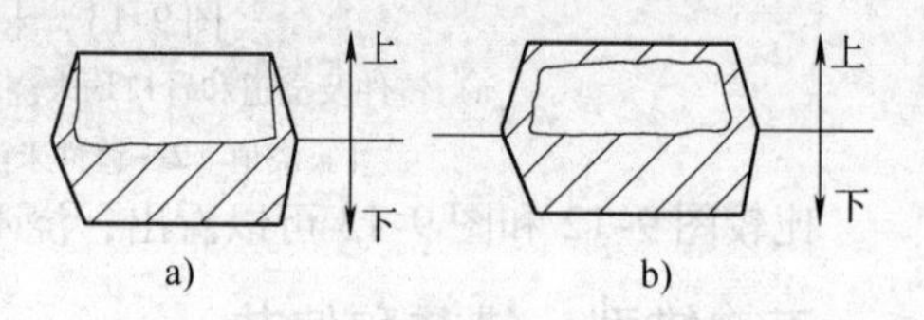

图9-18　型漏缺陷

a）上砂型腔顶面未结皮时分型面处产生型漏

b）上砂型腔顶面结皮时分型面处产生型漏

3. 冷隔

在铸件上穿透或不穿透的边缘呈圆角状的缝隙称为冷隔。其多出现在远离内浇道口的宽大上表面或薄壁处、金属流汇合处以及冷铁、芯撑等激冷部位，如图9-19所示。

4. 冷豆

冷豆是指浇注位置下方存在于铸件表面的金属珠。其化学成分与铸件相同，表面有氧化现象，如图9-20所示。产生冷豆缺陷的主要原因与产生冷隔的原因相似。通常铸铁件易产生冷豆缺陷。

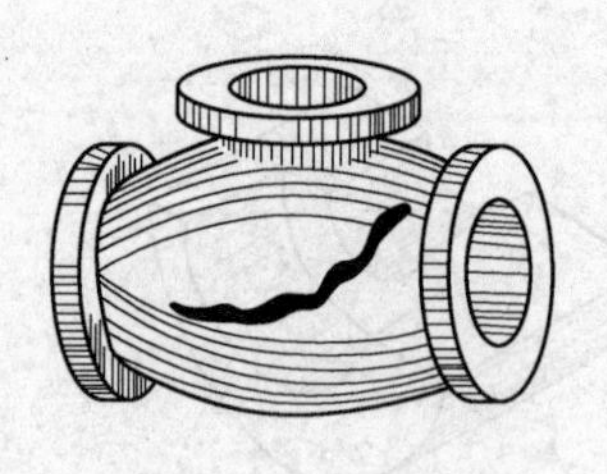
图9-19　冷隔缺陷

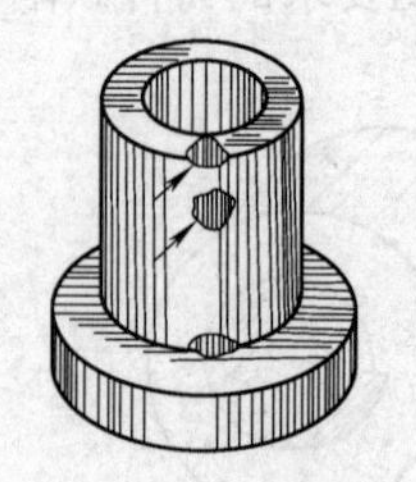
图9-20　冷豆缺陷

第三节　铸件外观质量检验及标准

铸件外观质量包括铸件的表面粗糙度、表面缺陷、尺寸公差、形状偏差、重量偏差等。铸件外观质量检验通常不需要破坏铸件，而借助于必要的量具、样块和测试仪器，用肉眼或低倍放大镜即可确定铸件的外观质量。

一、铸件形状和尺寸的检测

铸件在铸造过程及随后的冷却、落砂、清理、热处理和放置过程中会发生变形，使其实际尺寸与铸件图规定的公称尺寸不符。为此，国家标准 GB/T 6414—1999《铸件　尺寸公差与机械加工余量》将毛坯铸件的尺寸公差分为 16 个等级，表示为 CT1 ~ CT16，并给出了不同生产方式及不同铸造工艺方法生产的各种铸造合金的毛坯铸件应能达到的公差等级。

铸件形状和尺寸的检测，就是检查毛坯铸件的实际尺寸是否在规定的毛坯铸件的尺寸公差带内。

铸件尺寸的检测方式通常有以下几种：

（1）检测铸件图和铸造工艺文件规定的全部尺寸　这种检测方式适用于检测试生产铸件的首件，成批量或大量生产铸件的随机抽样单件，单件或小批量生产的铸件。

（2）检测铸件图和铸造工艺文件规定的控制尺寸　这种检测方式适用于对在流水线上大批量生产的铸件的尺寸进行控制性检测。所规定的控制尺寸，通常为精度要求高、易变形超差的尺寸以及能代表铸件变形程度的尺寸。采用这种检测方式的前提是铸件生产工艺稳定，流水线设备运行正常。

（3）对需要机械加工铸件的划线检测　检测时应划出机械加工基准线，必要时应对尺寸偏差较大的铸件进行调整。

（4）对机械加工过程中有争议尺寸的分析性检测　用于仲裁性检测，找出争议原因，提出解决措施。

（5）用专用的工具、夹具、量具检测全部铸件的主要尺寸　适用于对在流水线上大批量生产的重要铸件或复杂铸件的尺寸进行检测。其优点是检测速度快、效率高，并可与机械加工同时进行。

二、铸件表面粗糙度的评定

铸件的铸造表面粗糙度是衡量毛坯铸件表面质量的重要指标。铸造表面粗糙度用未经机械加工的毛坯铸件的表面轮廓算术平均偏差 Ra（单位为 μm）进行分级，并用全国铸造标准化技术委员会监制的铸造表面粗糙度比较样块进行评定。

用比较样块评定铸件表面的粗糙度，不适用于浇道、冒口和补贴的残余表面；铸件的表面缺陷应按缺陷处理，不列入被检表面。

铸件表面粗糙度的样块比对方法：

1）铸件表面被检铸造面必须清理干净，不得有锈蚀、油污、砂粒和其他粘附物。

2）比较样块应能表征被检铸件的合金种类和铸造方法，其质量应符合 GB/T 6060.1—1997《表面粗糙度比较样块　铸造表面》的规定，表面不得有锈蚀、油污等铸造缺陷，以及表面粗糙度特征以外的其他表面特征。

3）砂型铸件的铸造表面被检点数应符合相关要求，被检点应均匀分布，每点被检面积不得小于与之对比的比较样块的面积。

4）比对方法分为视觉比对和触觉比对两种。视觉比对应在光线明亮的场地，用肉眼或借助于放大镜观察比对；触觉比对是用手指在被检铸造表面及与之相近的两个参数等级的比较样块表面，轻轻地触摸和刻划，获得同样感觉的那个样块等级，即为被检铸造表面的粗糙度参数值。

三、铸件重量偏差的检验

1. 术语

（1）铸件公称重量　根据铸件图计算，或按供需双方认定合格的标准样品铸件的称重结果定出的铸件重量，称为铸件公称重量。它包括机械加工余量和其他工艺余量，作为衡量被检铸件轻重的基准重量。

（2）铸件重量公差　用占铸件公称重量的百分比表示的铸件实际重量与公称重量之差的最大允许值。

（3）铸件重量公差等级　用于确定铸件重量公差大小程度的级别。国家标准 GB/T 11351—1989《铸件重量公差》规定：铸件重量公差的代号用“MT”表示，铸件重量公差等级分为16级，用 MT1 ~ MT16 表示。

（4）铸件重量偏差　铸件重量与公称重量之间的正偏差或负偏差。

2. 铸件公称重量的确定

1）成批量和大量生产时，从供需双方共同认定的首批合格铸件中随机抽取不少于10件铸件，以实称重量的平均值作为公称重量。

2）小批量和单件生产时，以计算重量或供需双方共同认定的任何一个合格铸件的实称重量作为公称重量。

3）以标准样品的实称重量作为公称重量。

3. 铸件重量公差等级和公差数值的确定

铸件重量公差等级按“铸件重量公差”所述原则，或由供需双方共同商定。铸件重量公差等级确定后，根据铸件公称重量由表查取铸件重量公差数值。经供需双方商定的铸件重量公差，若不符合国家标准 GB/T 11351—1989 的规定，则应在铸件图或技术文件中注明。

4. 铸件重量偏差的检验和评定程序

1）铸件公称重量和被检铸件重量应采用经计量部门核检合格的同一精度等级的衡器测量。

2）被检铸件在称量前应清理干净，浇道和冒口残余量应达到技术文件规定的要求，有缺陷的铸件应在修补合格后称量。

3）铸件重量检验结果为下列情况之一时，应判定铸件重量偏差合格：当铸件重量大于公称重量时，铸件重量偏差不大于铸件重量公差的上偏差；当铸件重量小于公称重量时，铸件重量偏差不小于铸件重量公差的下偏差。但若结果为其他情况，则应判定铸件重量偏差不合格。

4）有重量公差要求的铸件，应在铸件图或技术文件中，按规定的标注方法，注明铸件的公称重量和铸件重量公差等级。

四、铸件浇冒口残余量的检验

铸件浇冒口残余量一般由供需双方商定，或参照相关的技术标准，原则上应与毛坯铸件表面齐平。为防止去除浇冒口时造成铸件损伤，应尽量不采用打击法去除浇冒口。对于某些允许采用打击法去除浇冒口的铸件，也应在浇冒口根部先做出切口再进行打击操作。在切割或打击浇冒口时，为防止切割余量超差，应在铸造工艺、切割工艺装备和操作上采取必要的措施。

对铸件浇冒口残余量检验不合格的铸件，应进行打磨或修补。修补方法有焊补、粘补和腻子补等，应根据铸件质量要求由供需双方商定。

五、铸件表面和近表面缺陷的目视检验

用肉眼或借助于低倍放大镜，检查暴露在铸件表面的宏观缺陷，同时检查铸件的生产标记是否正确、齐全。检查时应判定铸件对于检查项目是否合格，区分合格品、返修品和废品。

目视外观检验可检查的缺陷项目有：飞翅、毛刺、抬型、胀砂、掉砂、外渗物、冷隔、浇注断流、表面裂纹、尾鼠、沟槽、夹砂结疤、粘砂、表面粗糙、皱皮、缩陷、浇不到、未浇满、跑火、型漏、机械损伤、错型、错芯、偏芯、铸件变形翘曲、冷豆等，以及暴露在铸件表面的夹杂物、气孔、缩孔、渣气孔和砂眼等。

检查前，铸件生产厂应事先制定或与用户商定检查项目的合格标准。目视外观检验分为工序检查和终端检查两种。工序检查一般在落砂或清理后进行；终端检查在清理或热处理后铸件入库或交货前进行。单件或小批量生产的铸件应检查全部铸件，成批量或大量生产的铸件可按批或按周期抽样检查样本铸件。

六、铸件内腔质量的检验

铸件往往由于内腔尺寸不合格，或内腔表面的粘砂、非金属夹杂物、表面裂纹等缺陷而导致报废，以致使整个机械系统失效，故应加强对铸件内腔质量的控制与检验。

铸件内腔质量检验的项目包括铸件的内腔形状和尺寸、铸造表面粗糙度、各种铸造表面缺陷（尤其是粘砂、错芯、偏芯、表面裂纹、渣气孔和砂眼等缺陷）、铸件内腔清洁度等。

铸件内腔质量检验的工具有工业内窥镜、工业电视、内径量具、测厚仪、深度尺等。在某些特殊情况下，还可采用射线探伤方法来显示铸件复杂内腔和细长管道的质量状况。

当发现内腔表面有粘砂、非金属夹杂物、渣气孔、砂眼等缺陷时，必须将这些缺陷清除，必要时可以采用电化学清砂法将这些缺陷腐蚀掉。内腔表面有裂纹的铸件若无法修补，则应报废。在气密性试验时渗漏的铸件，可采用整体或局部浸透处理法进行修补。

复习思考题

1. 铸件缺陷按其性质可分为哪几类？
2. 产生缩孔的主要原因是什么？有哪些特征？
3. 析出性气孔和侵入性气孔是怎样产生的？各有什么特征？
4. 实际生产中常见的铸件缺陷有哪些？产生的主要原因是什么？

试 题 库

知识要求试题

一、判断题（对的画√，错的画×）

1. 铸造工生产工序繁多，技术复杂，安全事故较一般机器制造车间多，因此具备良好的职业道德，严格遵守安全规程是每个铸造工从业的准则。（ ）

2. 铸造工在集体操作时，要讲究配合，互相督促，共同遵守安全操作规程，并按规定穿戴好劳动保护用品。（ ）

3. 出了工伤事故，要做到“三不放过”，即事故不清不放过、责任不明不放过、措施不落实不放过。（ ）

4. 凡伸入电弧炉内的工具和往炉内加入的材料必须干燥，以防止爆炸。（ ）

5. 冲天炉化铁工修炉除渣时，应从下往上清理，并禁止因较大振动而造成砌体裂缝。（ ）

6. 不准将密封容器类炉料装入冲天炉，以免引起爆炸。（ ）

7. 冲天炉化铁工在捅风眼时，应站在侧面观察及清理风眼。（ ）

8. 在化铁过程中，如果炉壳变红，则不准用空压风冷却，而应采用水浇降温。（ ）

9. 冲天炉打炉后的剩余炉料不能喷水熄火冷却，应用空压风冷却。（ ）

10. 当用坩埚炉熔炼有色金属合金时，应首先检查坩埚有无裂纹，并预热到600℃以上。（ ）

11. 有色金属合金熔炼工精炼、除气时，应站在下风位操作。（ ）

12. 绝对禁止在起重机吊运物下面行走或停留。（ ）

13. 浇注系统应具有很好的挡渣能力，能控制铸件的凝固顺序。（ ）

14. 若在浇注过程中，由于塞头关不住而使钢液产生飞溅，则应由浇注工正确指挥起重机，其余人员不得离开现场。（ ）

15. 不准用有油污的手开氧气瓶的阀门，或用带油的东西接触氧气瓶和阀门软管。（ ）

16. 不准用起重机吊运氧气瓶。（ ）

17. 冶炼浇注挂钩工吊运工件时，钢丝绳与工件棱角接触处必须用方木、半圆铁管或其他专用垫具垫好、垫牢。（ ）

18. 严禁起吊埋在地下的物件及易燃易爆物品。（ ）

19. 混砂机在运转时，不准用手检查转动件或到碾盘内取砂样，一定要用工具从取样门取样，或者停机取样。（ ）

20. 混砂机供砂前不能空机运转，应先供砂后开机。（ ）

21. 在运输带运行时，不准横跨运输带机行走或隔着运输带机递送物件。（ ）

22. 造型工在工作前，要检查工作场地，清除绊脚物，不用的砂箱、模样、工具等要堆放整齐，保证人行道畅通。（ ）

23. 起重机运行时，禁止站在砂箱、芯板或吊运的芯（型）上充当平衡锤。（ ）

24. 造型工堆放模板时，要使小的在下，大的在上，堆摞平稳。（ ）

25. 合型时若发现砂芯压坏或有浮砂，则禁止伸头进去打扫，必须先将上砂型吊到旁边后再进行修理或清扫。（ ）

26. 禁止在吊起的砂型或砂芯下面修补铸型，应在固定架下或地坑内进行修理。（ ）

27. 在使用天然气时，必须先放气后点火，以防烧伤。（ ）

28. 清砂工在操作割炬时，不准将橡胶软管背在背上操作。（ ）

29. 使用砂轮机打磨铸件时，应由重而轻均匀用力，以免砂轮片破裂伤人。（ ）

30. 用型砂及模样等工艺装备制造砂型的方法和过程称为铸造。（ ）

31. 手工造型和机器造型相比，手工造型操作灵活，适应性强，但产量低，质量不稳定，适用于小批量生产。（ ）

32. 对一些较大型或质量要求较高的铸件，一般采用湿型浇注。（ ）

33. 对铸件进行热处理的目的是消除铸件的铸造应力，防止铸件产生变形或裂纹，改善铸件的力学性能和可加工性能。（ ）

34. 砂舂平头用来舂实模样周围及砂箱边或狭窄部分的型砂，扁头用来舂实砂型表面。（ ）

35. 地坑造型要求铸型全部在地坑里面。（ ）

36. 用于润湿模样边缘的型砂，以便起模和修型的造型工具是排笔。（ ）
37. 压箱铁要放在箱带或箱边上，以免压坏砂型。（ ）
38. 为使砂型在翻转、搬运时不致损坏，砂型应该舂得越紧越好。（ ）
39. 将砂芯固定在砂型里的方法只有一种，即设置芯头。（ ）
40. 用于测量被测平面是否水平的量具是水平仪。（ ）
41. 安放模样时，应将模样小端朝向平板，以便于起模。（ ）
42. 铸件的重要加工面应朝下或侧立，以防止产生气孔、夹渣等缺陷。（ ）
43. 填砂时，位于砂箱表面的是面砂，紧贴模样的是背砂。（ ）
44. 舂砂时，箱壁和箱带处的型砂要比模样周围紧一些。（ ）
45. 砂型下部的型砂要比上部的型砂逐渐舂得松一些。（ ）
46. 下砂型应比上砂型舂得紧一些。（ ）
47. 舂砂的路线应先从砂箱边上开始，顺序地靠近模样。（ ）
48. 通气孔应在砂型舂实刮平前用通气针扎出。（ ）
49. 出气冒口一般位于铸件最高处，铸件的细薄部位可不安放出气冒口。（ ）
50. 开型后要做好泥号，以便于上、下砂型定位。（ ）
51. 修型工作应自上而下地进行，避免下面修好后又被上面落下的散砂弄脏或破坏。（ ）
52. 内浇道不能正对着砂芯和型腔内的薄弱部位。（ ）
53. 浇注后立即去掉压铁，以免影响铸件收缩。（ ）
54. 随着外力消失而消失的变形称为塑性变形。（ ）
55. 金属材料在外力作用下抵抗永久变形和断裂的能力称为硬度。（ ）
56. 铸钢中所含 C、Si、Mn、P、S 等元素的含量一般比铸铁中的高。（ ）
57. 中频炉所使用的工作电流频率为 50～10000Hz。（ ）
58. 酸性感应电炉炼钢时，硅铁的收得率在 98% 以下。（ ）
59. 热处理是对金属及合金在固态下进行加热和冷却，使其内部组织结构发生变化，以提高和改善其使用性能的工艺操作。（ ）
60. 球墨铸铁中石墨全部呈球状。（ ）
61. 灰铸铁可以铸造各种薄壁、形状复杂的铸件。（ ）
62. 对铸铁件进行正火的主要目的与钢相似，即消除应力，细化晶粒，改善组织和力学性能。（ ）
63. 与铸铁相比，铸钢的铸造性能较差。（ ）
64. 三角试片能检测出碳当量及铁液质量。（ ）

65. 铸钢的体收缩和线收缩都比铸铁大，因而缩孔、缩松、热裂和冷裂的倾向也较大。（ ）

66. 铸钢和铸铁相比，钢液容易氧化，形成夹渣，易产生气孔。（ ）

67. 铸件线收缩与铸造合金的种类及成分无关。（ ）

68. 浇冒口系统的类型和开设位置会影响铸件线收缩率的大小。（ ）

69. 铸件在收缩时受到的阻力越大，铸件线收缩率越大。（ ）

70. ZG15Cr1Mo 中铬的名义质量分数是10%。（ ）

71. 高合金钢中，加入的合金元素总的质量分数在10%以上。（ ）

72. QT400-15 是灰铸铁的牌号。（ ）

73. KTH300-06 是珠光体可锻铸铁的牌号。（ ）

74. HTRCr2 是耐热铸铁的牌号。（ ）

75. 随着灰铸铁中碳含量的增加，其抗拉强度也不断提高。（ ）

76. 灰铸铁的抗拉强度、断后伸长率、冲击韧度和弹性模量都高于铸钢。（ ）

77. 灰铸铁具有良好的减振性，常用来制造机床床身。（ ）

78. 球墨铸铁是指铁液经过球化处理，而不是在凝固后经过热处理使石墨大部分或全部呈球状，有时少量为团絮状的铸铁。（ ）

79. 白口铸铁通过石墨化或氧化脱碳退火处理，改变其金相组织或成分，而获得的有较高韧性的铸铁称为白口铸铁。（ ）

80. 铝合金熔炼过程中，进行变质的目的是改善合金的性能。（ ）

81. 铸造锡青铜的主要特点是：具有很好的耐磨性能，在蒸汽、海水及碱溶液中具有很高的耐蚀性能，具有足够的抗拉强度和一定的塑性。（ ）

82. 铸造用硅砂的主要成分为硅石，其次为长石以及少量云母、铁的氧化物、碳酸盐、硫化物等。

83. 硅砂中含泥量越高，其型砂的强度、透气性和耐火度越高。（ ）

84. 刷涂料的干型和表面干型多用较细的原砂。（ ）

85. 拉肋的主要作用是防止铸件产生变形。（ ）

86. 钙膨润土对水的极化作用大，用于湿型时抗夹砂能力优于钠膨润土。（ ）

87. 高耐火度铸造用粘土适用于干型铸铁件，低耐火度铸造用粘土则适用于干型铸钢件。（ ）

88. 用于同一砂型的面砂和背砂，后者比前者的要求高。（ ）

89. 水玻璃模数是指二氧化硅与氧化钠物质的量的比值。（ ）

90. 型砂强度是指型砂试样抵抗外力破坏的能力。（ ）

91. 为防止砂型破损塌落，型砂的强度应越大越好。（ ）

92. 尖角形砂比圆形砂的接触面大，相互啮合作用也大，因此其强度应比圆形砂大。 ( )

93. 原砂粒度越粗越均匀，则型砂的透气性越好。 ( )

94. 当型砂含水量一定时，粘土加入量越多，则型砂透气性越差。 ( )

95. 采用粒度大而集中的圆形砂时，型砂的流动性较差。 ( )

96. 型砂韧性是指型砂吸收塑性变形能量的能力。 ( )

97. 韧性高的型砂流动性好，容易舂实和得到好的砂型表面。 ( )

98. 原砂的二氧化硅含量高，型砂的耐火度就高。 ( )

99. 圆形砂粒比尖角形砂粒耐火度低。 ( )

100. 型砂中粘土加入量多，型砂耐火度就高。 ( )

101. 单一砂的性能应接近背砂。 ( )

102. 在重要件的面砂中加入重油，可以提高型砂的抗粘砂和抗夹砂的能力。 ( )

103. 表面干型砂一般用于铸铁件和有色金属合金铸件。 ( )

104. 用水玻璃粘结剂配制而成的化学硬化砂称为水玻璃砂。 ( )

105. 若水玻璃模数过低，则粘模严重。 ( )

106. 水玻璃砂的溃散性较粘土砂差，因此清理较困难。 ( )

107. 水玻璃模数越高，密度应越大。 ( )

108. 呋喃Ⅰ型树脂砂在铸钢件的生产中应用最广。 ( )

109. 呋喃Ⅱ型树脂砂在铸钢件和球墨铸铁件的生产中应用最广。 ( )

110. 涂料是指型腔和型芯表面的涂覆材料。 ( )

111. 涂料是防止铸件粘砂、夹砂、砂眼，减少落砂和清理工作量最有效的措施之一。 ( )

112. 鳞片状石墨耐火度高，但不易涂刷均匀，只用于较大型的铸钢件。 ( )

113. 铸铁件涂料常用的防粘砂材料是硅石粉。 ( )

114. 涂料层厚度应根据铸件大小、壁厚、压头等因素确定。 ( )

115. 涂料的悬浮稳定性主要取决于膨润土的质量和加入量，以及防粘砂材料的粒度。 ( )

116. 炼钢方法按使用的炉子不同，分为平炉炼钢、转炉炼钢和电炉炼钢等。 ( )

117. 废钢中不允许混有密封容器、易爆物和易燃物，以避免造成事故。 ( )

118. 废钢中不得混有铅、锡、锌等金属，因锌易使钢产生热脆。 ( )

119. 铁合金的主要作用是增加钢中碳元素的含量。 ( )

120. 电弧炉炼钢时加入生铁的目的是提高炉料中的配碳量。（ ）

121. 炼钢炉用铬砖为酸性耐火材料。（ ）

122. 电弧炉炼钢是靠石墨电极和金属炉料间放电产生电弧，使电能在弧光中转变为热能，从而冶炼出各种成分的钢和合金的一种炼钢方法。（ ）

123. 酸性电弧炉能有效地去除钢中的磷、硫等有害元素。（ ）

124. 电炉炼钢氧化期的任务是脱氧、脱硫，以及调整钢液的化学成分和温度。（ ）

125. 感应电炉可以熔炼含碳量很低的钢种。（ ）

126. 冲天炉用耐火砖是一种强碱性耐火材料。（ ）

127. 冲天炉用焦炭的质量要求是：固定碳含量要高，灰分、硫分要低，而且要有一定的强度和块度。（ ）

128. 冲天炉熔炼时加入废钢的目的是增加铸铁的含碳量。（ ）

129. 冲天炉由支撑部分、炉体、炉顶部分、除尘系统、送风系统、前炉及加料机构等组成。（ ）

130. 冲天炉熔化过程是底焦燃烧产生的热气流上升，炉料自上而下吸热熔化的过程。（ ）

131. 为了保证冲天炉底焦的高度，每隔若干批料，就要加入隔焦。（ ）

132. 为了储存铁液，多数冲天炉都配有前炉。（ ）

133. 有色金属合金熔炼过程中的突出问题是元素容易氧化和合金容易吸气。（ ）

134. 冶炼厂经电解以后得到的电解铜，表面呈紫红色。（ ）

135. 铝在空气中很快被氧化，表面形成氧化薄膜，在干燥的空气中还很稳定，但在潮气中就会被腐蚀，所以进入车间的铸铝锭表面进行了阴极化处理，并用油涂表面，蜡纸封装。（ ）

136. 黄铜是以锡为主加元素的铜合金。（ ）

137. 有色金属合金熔炼时，加料顺序的一般原则是先加不易氧化的，后加易氧化的。（ ）

138. 有色金属合金熔炼时，加料顺序的一般原则是先加沸（熔）点低的，后加沸（熔）点高的。（ ）

139. 采用树脂砂机器造型时，由于树脂、固化剂具有毒性和腐蚀性，且在造型（芯）过程中有较多粉尘，因此在生产过程中要切实加强劳动保护。（ ）

140. 手工造型和机器造型相比，手工造型所得铸件的质量好。（ ）

141. 手工造型和机器造型相比，机器造型可使技术等级较低的生产工人较快地掌握生产技能。（ ）

142. 型砂紧实后的压缩程度称为紧实率。（ ）

143. 生产中，通常采用称重并计算其体积的方法来确定砂型的紧实度。（ ）

144. 机器造型中对紧实度的最低要求是浇注时砂型表面能抵抗金属液的压力。（ ）

145. 平板压实方法主要用在砂箱比较高的情况下。（ ）

146. 采用高压造型可以提高砂型的紧实度。（ ）

147. 在压实的同时进行微震能使砂型的紧实度均匀化。（ ）

148. 采用成形压板、多触头压头、压膜、模样退缩装置等，能使砂型的紧实度均匀化。（ ）

149. 震实法与压实法相反，其紧实度分布以靠近模板的一面为最低。（ ）

150. Z145A 是抛砂机的设备代号。（ ）

151. 对于形状较复杂或高度较大的模样，可以采用漏模法起模。（ ）

152. 整模造型的特点是造型简单、几何形状清晰、尺寸准确。（ ）

153. 采用分模造型时，在分模面上安装有定位装置，而在分型面上不必设置定位装置。（ ）

154. 分开模的上模分模面上有定位孔，下模的分模面上有定位销。（ ）

155. 采用活块模造型时，活块与模样的连接采用销钉比采用燕尾槽操作方便。（ ）

156. 挖砂造型适用于成批量生产的小型铸件。（ ）

157. 为了充分利用砂箱的容积，将几个不同材质铸件的模样放在一个砂箱内造型的方法，称为一型多铸。（ ）

158. 一型多铸造型能充分利用砂箱的有效面积减少浇冒口金属的消耗。（ ）

159. 脱箱造型是在可脱砂箱内造型，在合型后浇注前脱去砂箱的造型方法。（ ）

160. 叠箱造型是将几个或十几个砂型重叠起来，采用共用直浇道浇注的造型方法。（ ）

161. 机器造型方法适宜于大批量铸件的生产。（ ）

162. 刮板造型是指不用模样而用刮板进行造型和制芯的方法。（ ）

163. 刮板工作面刮砂的一边倒成斜角，背面做成直棱。（ ）

164. 过桥式刮板架要比悬臂式刮板架稳固，故可刮制尺寸较大的砂型。（ ）

165. 地坑造型是指在铸造大型铸件时，下型不用砂箱，而将模样放在地面铺设的砂床上进行的造型。（ ）

166. 有盖地坑造型大都要在软砂箱上进行。（ ）

167. 无盖地坑造型常在硬砂床上进行。（ ）

168. 砂芯的作用是形成铸件的内腔及孔，以及形成铸件的外形和加强局部砂型的强度。（ ）

169. 砂芯应具有高的吸湿性和发气量。（ ）

170. 砂芯应具有良好的透气性。（ ）

171. 砂芯应具有高的耐火度和尺寸精度。（ ）

172. 生产数量少、形状复杂、尺寸较大又非长期定型产品的砂芯，宜采用机器制芯。（ ）

173. 形状简单、尺寸较小的长期固定产品，宜采用机器制芯。（ ）

174. 五级砂芯的复杂程度高于一级砂芯。（ ）

175. 五级砂芯常采用植物油、树脂作粘结剂。（ ）

176. 可在一级砂芯中间部分放一些砖头、焦炭块等，以改善其韧性和透气性。（ ）

177. 放入砂芯中用以加强和支持砂芯，并有一定形状的金属构架称为芯骨。（ ）

178. 芯骨的作用是增加砂芯的刚度和强度，便于吊运和固定砂芯，便于砂芯排气。（ ）

179. 大、中型圆柱状砂芯，常用铁管作芯骨，但铁管的刚性没有钢管好，变形量大。（ ）

180. 若芯骨刚度不够，则砂芯在吊运过程中会因芯骨折断而毁坏；若其强度不够，则砂芯的变形量就会增大。（ ）

181. 在芯骨上缠绕一些草绳，有利于砂芯的排气。（ ）

182. 铸钢芯骨脆性好，易于被击断取出，成本又较低，故应用广泛。（ ）

183. 脱落式芯盒适用于形状简单、自身斜度较大的砂芯。（ ）

184. 芯骨上刷泥浆水，可以增加芯骨和砂芯的粘结力。（ ）

185. 对于大型砂芯，采用对分式芯盒制芯，湿态时会因强度不够而在翻转时损坏，可在烘干后再将两半砂芯拼合起来。（ ）

186. 芯盒制芯比刮板制芯工艺复杂、难度大，对操作者的技术要求高。（ ）

187. 刮板制芯适合制造各种尺寸及形状的砂芯。（ ）

188. 简单的小砂芯，常采用通气针从芯头处扎出通气孔进行排气。（ ）

189. 为了避免在扎通气孔时把小砂芯扎坏，可以在制芯时，预先把一根铁条埋入砂芯中，制好后再抽出铁条，形成气道。（ ）

190. 当生产数量较少时，常用刮板刮出通气槽，或者用通气板压出通气槽。（ ）

191. 厚大截面的砂芯，常用通气材料（如焦炭、炉渣、砖块等）增强砂芯的排气能力。（ ）

192. 砂芯中开设的通气孔要互相连贯，切不可中断或堵塞。（ ）

193. 砂芯中各个方向的通气槽要开挖到工作面上。（ ）

194. 砂芯中各个方向的通气槽要开挖到非工作面（芯头）上。（ ）

195. 砂芯较大的面或尖角处要插钉以增加强度。（ ）

196. 对于大批量生产的砂芯，常采用砂托进行支撑。（ ）

197. 砂芯的连接有粘结剂连接、螺栓连接和焊接芯骨连接等方式。（ ）

198. 检验砂芯尺寸时，若生产批量较大，则应用专用的卡规和样板进行检查。（ ）

199. 砂型的烘干过程包括预热升温阶段、高温烘干阶段和炉内降温阶段。（ ）

200. 烘干温度越高，砂型（芯）的干强度越高。（ ）

201. 将铸型的各个组元，如上型、下型、芯子、浇口盆等，组成一个完整铸型的操作过程称为合型。（ ）

202. 砂型体积和截面积越小，烘干时间越长。（ ）

203. 型砂的粒度越粗，烘干时间越长。（ ）

204. 对于立式芯头，为了合型方便，其上端芯头的斜度应比下端芯头的斜度小一些。（ ）

205. 为保证铸件精度及组织流水线生产，可把悬挂式芯头做成盖板砂芯的形式。（ ）

206. 双面芯撑用于湿型，单面芯撑用于干型。（ ）

207. 铸铁芯骨最大的优点是强度高，不可以重复使用。（ ）

208. 承压铸件要尽量少用或不用芯撑。（ ）

209. 芯撑表面要干净，不允许有锈蚀或油污，且熔点要稍高于金属的熔点。（ ）

210. 芯撑应尽早地放入型腔中。（ ）

211. 对于干型，芯撑的高度可用验型的办法测得。（ ）

212. 芯撑安放要牢固，避免移动和脱落。（ ）

213. 芯撑支承面应与砂芯或砂型表面严密贴合。（ ）

214. 砂芯每个面上的芯撑数量要足够，布置要适当。（ ）

215. 对于尺寸较大的卧式砂芯，可用一根钢卷屑作为引气的通道。（ ）

216. 所有砂型上的引气口都应做出标记，以便浇注时点火引气。（ ）

217. 合型前应检查型腔、芯座、砂芯芯头的几何形状和尺寸是否符合工艺要求。（ ）

218. 合型前要检查型腔内和砂芯表面的浮砂和脏物是否清除干净。（ ）

219. 合型时应检查各出气孔和浇注系统各部分是否畅通、干净。（ ）

220. 浇注人员要穿戴好防护用品，以免被飞溅的金属液烫伤。（ ）

221. 小铸件、薄壁件、结构复杂件应该采用较低的浇注温度。（ ）

222. 大铸件、重型件、厚壁件以及容易产生热裂缺陷的铸件，应该采用较高的浇注温度。（ ）

223. 形状简单、壁厚薄的铸件，宜采用快速浇注。（ ）

224. 干型的浇注速度应比湿型的浇注速度快。（ ）

225. 铸铁的浇注速度应比铸钢件的浇注速度快。（ ）

226. 浇注开始时，应缓慢以细流金属液注入，以防止金属液飞溅，随后快速充满浇口盆并保持充满状态，不可断流，快浇满时，也应以细流注入，以防止金属液溢出。（ ）

227. 特种铸造是指与砂型铸造不同的其他铸造方法。（ ）

228. 与砂型铸造相比，特种铸造铸件的尺寸精度较高，表面粗糙度值较低。（ ）

229. 与砂型铸造相比，特种铸造铸件的力学性能、内部质量较好。（ ）

230. 特种铸造方法一般适用于单件生产的铸件。（ ）

231. 在铸造生产过程中，由于种种原因，在铸件表面和内部产生的各种缺陷，总称为铸件缺陷。（ ）

232. 飞翅、毛刺属于表面缺陷。（ ）

233. 缩松、疏松属于孔洞类缺陷。（ ）

234. 冷裂、热裂、冷隔属于表面缺陷。（ ）

235. 夹砂结疤、机械粘砂、化学粘砂等属于表面缺陷。（ ）

236. 未浇满、跑火、型漏属于形状及重量差错类缺陷。（ ）

237. 变形、错型、错芯等属于残缺类缺陷。（ ）

238. 冷豆、渣气孔、内渗物属于夹杂类缺陷。（ ）

239. 渣气孔、砂眼等属于孔洞类缺陷。（ ）

240. 合金的液态收缩越大，则缩孔容积越大。（ ）

241. 合金的凝固收缩越大，则缩孔容积越大。（ ）

242. 合金的固态收缩越大，则缩孔容积越大。（ ）

243. 铸型的冷却能力越大，则缩孔容积越大。（ ）

244. 浇注温度越高，则缩孔容积越小。（ ）

245. 浇注速度越慢，则缩孔容积越大。（ ）

246. 铸件壁越厚，则缩孔容积越大。 ( )

247. 在铸件截面上，呈大面积分布的气孔是反应性气孔。 ( )

248. 靠近冒口、热节等温度较高的区域，分布较密集的气孔是析出性气孔。 ( )

249. 常发生在同一炉或同一包浇注的同一批铸件中的气孔是反应性气孔。 ( )

250. 金属液原始含气量越高，越易形成析出性气孔。 ( )

251. 铸件冷却速度越快，越易形成析出性气孔。 ( )

252. 若合金液态收缩大，结晶温度范围大，则容易产生析出性气孔。 ( )

253. 气体的扩散速度越快，越易形成析出性气孔。 ( )

254. 通常分布在铸件表皮下的气孔是析出性气孔。 ( )

255. 铸型水分含量过高及透气性太低，易产生反应性气孔。 ( )

256. 金属液原始气体含量高，易产生反应性气孔。 ( )

257. 合金中含有易氧化成分，易产生侵入性气孔。 ( )

258. 熔点较高的合金铸件，易产生析出性气孔。 ( )

259. 金属中的熔渣未清理干净，易产生渣气孔。 ( )

260. 金属液在出炉、孕育处理、浇注过程中及浇入铸型后，与空气、铸型材料发生作用而生成的熔渣可导致铸件形成渣气孔。 ( )

261. 浇注时气体由浇道、型腔混入金属液，会导致反应性气孔的产生。 ( )

262. 金属液和冷铁、芯撑相互作用而产生的气体混入金属液，会导致反应性气体的产生。 ( )

263. 砂型或砂芯中的水分或附加物，在金属液的热作用下汽化、分解或燃烧产生的气体，会导致侵入性气孔的产生。 ( )

264. 铸件表面或内腔粘附着一层难以清除的砂粒称为粘砂。 ( )

265. 用肉眼可以看到粘砂层中夹有完整的单个砂粒及将这些砂粒连在铸件上的一些金属毛刺，是机械粘砂。 ( )

266. 铸件表面处于液态的时间越长，越容易形成机械粘砂。 ( )

267. 金属液的静压力越大，越容易产生机械粘砂。 ( )

268. 金属液的浇注温度越低，越容易产生机械粘砂。 ( )

269. 原砂的颗粒越细，越容易产生机械粘砂。 ( )

270. 胀砂是指铸件内外表面局部胀大，重量增加的缺陷。 ( )

271. 铸型舂得太松，表面硬度太低，易造成胀砂。 ( )

272. 砂箱的刚度高，易造成胀砂。 ( )

273. 砂箱的强度低，易造成胀砂。 （ ）

274. 铸型紧固不好，易造成胀砂。 （ ）

275. 砂型和砂芯的强度太低，易产生砂眼缺陷。 （ ）

276. 内浇道开设不当，使进入型腔的金属液产生很大的冲刷力，易将型砂冲落而形成砂眼。 （ ）

277. 砂型和砂芯烘干不良，易造成砂眼。 （ ）

278. 铸型搁置时间太长，降低了砂型（芯）的强度，会增加铸件产生砂眼的可能性。 （ ）

279. 合型时未将型腔中散落的型砂清除干净，易产生砂眼缺陷。 （ ）

280. 金属液的流动性太低，不易产生浇不到缺陷。 （ ）

281. 金属液的流动阻力太大，不易产生浇不到缺陷。 （ ）

282. 金属液的浮力使上型或砂芯局部或全部抬起，进而使铸件高度增加的现象称为抬型。 （ ）

283. 在铸件上穿透或不穿透的，边缘呈圆角状的缝隙称为冷裂纹。 （ ）

284. 浇注位置下方存在于铸件表面的金属珠称为冷隔。 （ ）

285. 铸件外观质量包括铸件形状、表面粗糙度、重量偏差、表面缺陷、色泽、表面硬度和试样断口质量等。 （ ）

二、选择题（将正确答案的序号填入括号内）

1. 劳动保护工作的基本方针是（ ）。

A. 生产第一，预防为辅　　B. 安全第一，预防为主

C. 生产第一，安全第二　　D. 安全第一，预防为辅。

2. 职业道德是一种（ ）的约束机制。

A. 非强制性　　B. 强制性　　C. 随意性　　D. 自律性

3. 电炉炼钢工清理渣坑工作应在（ ）进行，并给予警告标志。

A. 熔化期　　B. 氧化期　　C. 加料前　　D. 还原期

4. 冲天炉化铁工开炉前，应检查冲天炉周围（ ）m之内不准有易燃物。

A. 2　　B. 5　　C. 8　　D. 10

5. 采用电阻炉熔炼有色金属合金时，坩埚外壁与沟砖的距离一般不小于（ ）mm。

A. 90　　B. 80　　C. 70　　D. 60

6. 吊“U”形封闭吊把的锭模和中注管等重物时，必须用专用的（ ），以防吊运物滑落伤人。

A. 钩子链条　　B. 环链　　C. 绳套　　D. 吊卡

7. 浇注底盘或中注管跑钢时，不准使用（　　）堵塞，以免发生爆炸。

A. 铁末　　B. 生铁块　　C. 废钢件　　D. 稀泥浆

8. 用氧气烧割装载钢液的盛钢桶浇口时，氧气瓶应在距离盛钢桶（　　）m 以外的地方存放。

A. 2　　B. 5　　C. 10　　D. 15

9. （　　）t 以上的铸件，未经有关人员同意，不准在地面上浇注。

A. 3　　B. 6　　C. 10　　D. 20

10. 扒渣和挡渣不允许用（　　）。

A. 实心棒　　B. 钢条　　C. 钢筋　　D. 空心棒

11. 大件起吊时，必须先进行试吊，试吊高度不得超过（　　）mm。

A. 100　　B. 500　　C. 800　　D. 1000

12. 在检修混砂系统设备时，必须在（　　）挂上“正在修理，禁止开动”的警示牌，以免发生意外。

A. 电源开关处　　B. 取样门　　C. 碾盘上　　D. 混砂机旁

13. 造型工摞箱时应使用（　　）垫箱。

A. 木块　　B. 砖头　　C. 专用垫铁　　D. 废钢

14. 堆摞铸型时要用同一高度的垫铁，堆摞高度不得超过其宽度的（　　）。

A. 两倍　　B. 三倍　　C. 四倍　　D. 五倍

15. 当合型、放箱时，禁止用手握砂箱（　　），以防压坏手指。

A. 上面箱口　　B. 下面箱口　　C. 侧面　　D. 吊环

16. （　　）的特点是流动性好，容易紧实，硬化后强度、透气性均较高，但溃散性差，旧砂回用困难。

A. 粘土砂　　B. 水玻璃砂　　C. 植物油砂　　D. 树脂砂

17. 型砂具有较高的（　　），能防止铸件粘砂。

A. 强度　　B. 透气性　　C. 流动性　　D. 耐火度

18. 铸造质量要求较高的大、中型铸件，适宜采用（　　）成型。

A. 壳型　　B. 表面干型　　C. 湿型　　D. 干型

19. 大批量生产的形状简单的铸件，宜采用（　　）。

A. 手工造型　　B. 多箱造型　　C. 刮板造型　　D. 机器造型

20. 通过加热使金属由固态转变为液态，并通过冶金反应去除金属液中的杂质，使其温度和成分达到规定要求的过程和操作称为（　　）。

A. 铸造　　B. 熔炼　　C. 浇注　　D. 精炼

21. 将熔融金属从浇包注入铸型的操作称为（　　）。

A. 铸造　　B. 浇注　　C. 熔炼　　D. 出钢

22. 从铸件上清除表面粘砂、型砂、多余金属等的过程称为（　　）。

A. 清理　　B. 落砂　　C. 打箱　　D. 铸件热处理

23. 用于修整垂直弧形的内壁及其底面的工具是（　　）。

A. 圆头　　B. 半圆　　C. 秋叶　　D. 法兰梗

24. 用于修整曲面或窄小凹面的工具是（　　）。

A. 压勺　　B. 镘刀　　C. 双头铜勺　　D. 提钩

25. 用于修整镘光砂型（芯）上的内外圆角、方角和弧形面等的工具是（　　）。

A. 砂钩　　B. 成形镘刀　　C. 镘刀　　D. 压勺

26. 具有质轻、价廉和容易加工成形等特点的模样是（　　）。

A. 菱苦土模　　B. 金属模　　C. 塑料模　　D. 木模

27. 一般砂型紧实后的硬度为（　　）硬度单位。

A. 50 ~ 60　　B. 80 ~ 90　　C. 85 ~ 95　　D. 60 ~ 80

28. 在零件图上用规定的工艺符号把分型面位置、浇注位置、浇冒口系统、砂芯结构尺寸和工艺参数等绘制出来的工艺文件是（　　）。

A. 铸造工艺图　　B. 铸型装配图　　C. 铸件图　　D. 探伤图

29. 把经过铸造工艺设计后改变了零件形状、尺寸的地方反映出来，并标有表面粗糙度符号的工艺文件是。（　　）。

A. 铸件图　　B. 铸件粗加工图

C. 铸件探伤图　　D. 铸造工艺图

30. 在安放模样时，铸件的重要加工面不应（　　）。

A. 朝右　　B. 朝左　　C. 侧立　　D. 朝上

31. 舂砂时，（　　）舂得紧一些。

A. 箱壁处要比模样周围　　B. 砂型上部要比下部

C. 上砂型要比下砂型　　D. 模样周围要比箱壁处

32. 不能用作分型隔离材料的是（　　）。

A. 细干砂　　B. 细粘土　　C. 纸　　D. 干砂

33. 内浇道应开设在横浇道的（　　）。

A. 尽头　　B. 上面　　C. 顶面　　D. 下面

34. 造型工作场地的照明光线应来自（　　）。

A. 左后方　　B. 正前方　　C. 右前方　　D. 左前方

35. 材料所能承受的且不产生永久变形的最大应力称为弹性极限，用符号（　　）表示。

A. R_m　　B. R_s　　C. $R_{p0.2}$　　D. σ_e

36. 断后伸长率和断面收缩率是金属材料（　　）的重要指标。

A. 强度　　B. 硬度　　C. 塑性　　D. 脆性

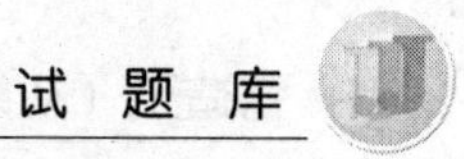

37. 金属材料在外力作用下，抵抗永久变形和断裂的能力称为（　　）。

A. 强度　　B. 硬度　　C. 塑性　　D. 韧性

38. 金属材料断后伸长率的符号是（　　）。

A. A　　B. Z　　C. R_m　　D. R_s

39. 铸造性能属于金属材料的（　　）。

A. 物理性能　　B. 力学性能　　C. 化学性能　　D. 工艺性能

40. 碳的质量分数小于（　　）的铁碳合金称为钢。

A. 0.77%　　B. 1.73%　　C. 2.11%　　D. 4.30%

41. 铁碳相图中的共晶线，即（　　）线，温度为1148℃，液相铁碳合金冷却到此温度线时，同时转变为奥氏体和渗碳体，组成共晶组织莱氏体。

A. PS　　B. ES　　C. EF　　D. GS

42. 在铁素体的基体上分布着硬脆的渗碳体，形成的这种组织称为（　　）。

A. 珠光体　　B. 贝氏体　　C. 莱氏体　　D. 马氏体

43. 将钢件加热到一定温度，保温后再缓慢冷却的工艺称为（　　）。

A. 退火　　B. 正火　　C. 淬火　　D. 回火

44. 淬火加（　　）回火处理，称为调质处理。

A. 低温　　B. 中温　　C. 高温　　D. 常温

45. 将钢件加热到Ac_3或Ac_1以上30~50℃，然后在水或油中急剧冷却，以获得高硬度马氏体组织的工艺操作称为（　　）。

A. 正火　　B. 回火　　C. 淬火　　D. 退火

46. 要求具有良好强度和韧性的机械零件，经淬火后应进行（　　）回火处理。

A. 低温　　B. 中温　　C. 高温　　D. 常温

47. 渗碳件一般采用碳的质量分数为0.1%~0.25%的（　　）制造。

A. 低碳钢　　B. 中碳钢　　C. 高碳钢　　D. 合金钢

48. 低合金钢中合金元素总的质量分数小于（　　）。

A. 0.25%　　B. 0.5%　　C. 5%　　D. 10%

49. 某铸件模样长度为100mm，铸件长度为98mm，则该铸件线收缩率为（　　）。

A. 2%　　B. 2.04%　　C. 2.05%　　D. 98%

50. ZG15Cr1Mo中碳的名义质量分数为（　　）。

A. 15%　　B. 1.5%　　C. 0.15%　　D. 0.015%

51. 下面材料牌号中是灰铸铁牌号的是（　　）

A. HT200　　B. QT400-18　　C. RuT400　　D. HTRCr2

52. 下面材料牌号中是球墨铸铁牌号的是（　　）。

A. HT200　　B. QT400-18　　C. RuT400　　D. HTRCr2

53. 下面材料牌号中是黑心可锻铸铁牌号的是（　　）。

A. KTZ450-06　　B. KTB350-04　　C. KTH300-06　　D. HT250

54. 下面材料牌号中是铁素体球墨铸铁牌号的是（　　）。

A. QT450-10　　B. QT600-3　　C. QT800-2　　D. HTRCr2

55. 金相组织中石墨形态主要为（　　）状的铸铁称为蠕墨铸铁。

A. 片　　B. 球　　C. 蠕虫　　D. 絮

56. 碳主要以（　　）状石墨形式析出的铸铁，断口呈灰色，称为灰铸铁。

A. 球　　B. 团絮　　C. 蠕虫　　D. 片

57. 牌号为HTRCr16的材料为（　　）耐热铸铁。

A. 锰系　　B. 硅系　　C. 铬系　　D. 铝系

58. 下列材料牌号中是铸造锡青铜牌号的是（　　）。

A. ZAlSi7MgA　　B. ZCuSn3Zn8Pb6Ni1

C. ZMgZn4RE1Zr　　D. ZCuZn38

59. 在相同铸造工艺参数下，下列铸造方法中，所得铸件内部质量最好的是（　　）。

A. 金属型铸造　　B. 熔模铸造　　C. 陶瓷型铸造　　D. 砂型铸造

60.（　　）要求原砂 SiO_2 含量应较高，有害杂质含量应严格控制，同时要求硅砂颗粒较粗、均匀。

A. 铸钢　　B. 铸铁　　C. 铸铜　　D. 铸铝

61. 用（　　）作粘结剂的原砂，最好不用海砂，因海砂中含有碱金属等杂质，会引起型砂性能恶化和不稳定。

A. 粘土　　B. 水玻璃　　C. 树脂　　D. 合脂

62.（　　）对原砂化学成分无特殊的要求，常选用较细或特细的原砂。

A. 铸钢　　B. 铸铁　　C. 铸铜　　D. 铸铝

63. 铸造用膨润土是指矿物组成主要为（　　）的粘土。

A. 高岭石　　B. 蒙脱石　　C. 硅石　　D. 长石

64. 砂型铸件刷涂料的目的主要是防止铸件产生（　　）。

A. 夹砂　　B. 表面粘砂　　C. 夹渣　　D. 气孔

65. 型砂的（　　）越高，其强度也就越高。

A. 粘土含量　　B. 含泥量　　C. 含水量　　D. 紧实度

66.（　　）是表示紧实砂样孔隙度的指标，即在标准温度和98Pa气压下，1min内通过截面积为 $1cm^2$ 和高度为1cm的实砂样的空气体积。

A. 透气性　　B. 强度　　C. 流动性　　D. 发气性

67. 型砂在重力或外力作用下，沿模样表面和砂粒间相对移动的能力称为

(　　)。

A. 溃散性　　B. 退让性　　C. 落砂性　　D. 流动性

68. 经特殊配制，在造型时与模样接触的一层型砂称为（　　）。

A. 单一砂　　B. 背砂　　C. 覆膜砂　　D. 面砂

69. 具备较高的强度、韧性、流动性、耐火度，适宜的透气性、抗粘砂性和夹砂性的砂是（　　）。

A. 单一砂　　B. 背砂　　C. 矿砂　　D. 面砂

70. （　　）只要求具有较好的透气性和一定的强度。

A. 单一砂　　B. 背砂　　C. 覆膜砂　　D. 面砂

71. 中、小件机器造型一般采用（　　）。

A. 单一砂　　B. 背砂　　C. 锆砂　　D. 面砂

72. 以膨润土作粘结剂，所造的砂型不经烘干就可浇注金属液的型砂是（　　）。

A. 湿型砂　　B. 单一砂　　C. 干型砂　　D. 表面干型砂

73. 铸件采用（　　）铸造，可以减少或避免气孔、冲砂、粘砂、夹砂等缺陷，表面质量也容易得到保证。

A. 湿型　　B. 干型　　C. 表面干型　　D. 水玻璃砂型

74. 成批量生产的二氧化碳硬化水玻璃砂芯，宜采用（　　）硬化法。

A. 插入式　　B. 盖罩式　　C. 局部　　D. 专用管

75. 在水玻璃中加入少量的硅铁粉作硬化剂，使其自行发热硬化，填砂后10～20min就可以起模的砂是（　　）自硬砂。

A. 硅酸二钙-水玻璃　　B. 硅铁粉-水玻璃发热

C. 水玻璃流态　　D. 二氧化碳硬化水玻璃

76. 通气孔又称气眼针，有直的和弯的两种，可用它在砂型中扎出通气的孔眼，通常用钢丝或钢条制成，尺寸一般为（　　）mm。

A. $\phi2\sim\phi4$　　B. $\phi2\sim\phi5$　　C. $\phi2\sim\phi8$　　D. $\phi2\sim\phi6$

77. 所谓的“无氮”树脂砂是指（　　）树脂砂。

A. 酚醛　　B. 糠醇改性脲醛

C. 糠醇改性酚醛　　D. 脲醛

78. 在铸铁件的生产中应用最广的型砂是（　　）树脂砂。

A. 酚醛　　B. 糠醇改性脲醛

C. 糠醇改性酚醛　　D. 脲醛

79. 主要用于铸钢件和球墨铸铁件生产的型砂是（　　）树脂砂。

A. 酚醛　　B. 糠醇改性脲醛

C. 糠醇改性酚醛　　D. 脲醛

80. 一般铸铁件用（　　）作涂料中的耐火材料。

A. 石墨粉　　B. 硅石粉　　C. 滑石粉　　D. 煤粉

81. 一般铸钢件用（　　）作涂料中的耐火材料。

A. 石墨粉　　B. 硅石粉　　C. 滑石粉　　D. 煤粉

82. 有色金属合金铸件用（　　）作涂料中的耐火材料。

A. 石墨粉　　B. 硅石粉　　C. 滑石粉　　D. 煤粉

83. 涂料中常用（　　）作悬浮稳定剂。

A. 水玻璃　　B. 膨润土　　C. 硅石粉　　D. 酒精

84. 为防止加入糊精、糖浆等的涂料发酵，可在涂料中加入（　　）作防腐剂。

A. 水柏油　　B. 酒精　　C. 水玻璃　　D. 福尔马林

85. 涂料的（　　）主要取决于涂料的粒度和密度。

A. 抗粘砂性　　B. 涂刷性　　C. 强度　　D. 抗裂纹性

86. 采用冲天炉熔炼，然后在感应炉内保温或升温及调整成分，这种熔炼方法称为（　　）。

A. 不氧化熔炼法　　B. 氧化熔炼法　　C. 双联熔炼　　D. 精炼

87. 电弧炉炼钢的主要金属炉料是（　　）。

A. 废钢　　B. 炼钢生铁　　C. 废铁　　D. 铁合金

88. 铸造车间生产铸钢件最常用的炼钢方法是（　　）。

A. 平炉炼钢　　B. 转炉炼钢　　C. 冲天炉炼钢　　D. 电炉炼钢

89. 下列几种铸钢中屈服强度最高的是（　　）。

A. ZG200-400　　B. ZG230-450　　C. ZG270-500　　D. ZG310-570

90. 废钢内不得混有铅、锡、锌、铝等金属，因（　　）易挥发，其氧化物易侵蚀炉顶。

A. 铝　　B. 锡　　C. 锌　　D. 铅

91. 碱性电弧炉用主要的造渣材料是（　　）。

A. 石灰　　B. 硅砂　　C. 硅砖　　D. 焦炭

92. 炼钢炉用镁铬质耐火砖为（　　）耐火材料。

A. 酸性　　B. 碱性　　C. 中性　　D. 保温

93. 炼钢炉用硅砖为（　　）耐火材料。

A. 酸性　　B. 碱性　　C. 中性　　D. 保温

94. 热效率最高的炼钢方法是（　　）炼钢。

A. 电弧炉　　B. 平炉　　C. 转炉　　D. 高炉

95. 电弧炉炼钢氧化期的任务是（　　）。

A. 脱磷　　B. 脱氧　　C. 脱硫　　D. 脱锰

96. 使用最广泛的铸铁熔炼设备是（　　）。

A. 感应炉　　B. 坩埚炉　　C. 反射炉　　D. 冲天炉

97. 使用冲天炉熔炼时，既能储存铁液，使铁液成分均匀，又能保温的部分是（　　）。

A. 炉底　　B. 炉缸　　C. 前炉　　D. 后炉

98. 冲天炉熔炼时，所熔化的金属炉料重量与消耗的焦炭重量之比称为（　　）。

A. 熔化率　　B. 熔化强度　　C. 燃烧比　　D. 铁焦比

99. 冲天炉熔炼时，应在两种批料之间加入一批（　　），以免不同成分的铁液互相混杂。

A. 层焦　　B. 隔焦　　C. 接力焦　　D. 底焦

100. 为了保持冲天炉底焦高度，每隔若干批料要加入（　　）。

A. 层焦　　B. 隔焦　　C. 接力焦　　D. 底焦

101. 具有灰色光泽的金属是（　　）。

A. 电解铜　　B. 铅　　C. 锡　　D. 铝

102. （　　）呈银白色，在空气中很快被氧化，被包上一层黑褐色的氧化膜。

A. 镍　　B. 铝　　C. 锰　　D. 铅

103. 熔炼后通常成锭状，由于表面覆盖了灰白色的氧化膜后失去了金属光泽，折断后断面组织致密，呈银白色金属光泽的有色金属合金是（　　）合金。

A. 铝　　B. 镁　　C. 锰　　D. 铜

104. （　　）是银白色闪光的脆性金属，并略带蓝色，进入车间的铸锭呈正棱台状，其外表面覆盖了一层灰白色氧化膜。

A. 镁　　B. 锑　　C. 铅　　D. 铜

105. 加入（　　）的目的是除气、除渣，以获得优质的合金。

A. 覆盖剂　　B. 精炼剂　　C. 孕育剂　　D. 变质剂

106. 为了细化合金组织，改善合金的力学性能，在合金熔炼时常加入少量的（　　）。

A. 覆盖剂　　B. 精炼剂　　C. 变质剂　　D. 熔剂

107. 有色金属合金熔炼时，有关加料顺序的一般原则正确的是（　　）。

A. 先加熔点低的，后加熔点高的

B. 先加熔点高的，后加熔点低的

C. 先加易氧化的，后加不易氧化的

D. 先加沸点低的，后加沸点高的

108. 有色金属合金熔炼时，有关加料顺序的一般原则错误的是（　　）。

A. 先加熔点高的，后加熔点低的
B. 先加易氧化的，后加不易氧化的
C. 先加沸点高的，后加沸点低的
D. 先加不易氧化的，后加易氧化的

109. 树脂砂机器造型的主要作用是（ ）。
A. 混砂、填砂 B. 填砂、紧实 C. 紧实 D. 填砂

110. 粘土砂造型机的主要作用是（ ）。
A. 混砂、填砂 B. 填砂、紧实、起模
C. 填砂、紧实 D. 紧实、起模

111. 型砂紧实后的压缩程度称为（ ）。
A. 紧实 B. 紧实度 C. 紧实率 D. 硬度

112. 一般紧实后的砂型表面硬度为（ ）硬度单位。
A. 40～60 B. 60～80 C. 80～100 D. 100～120

113. 通过液压、机械或气压作用于压板、柔性膜或组合压头，使砂箱内型砂紧实的过程称为（ ）。
A. 压震 B. 震实 C. 震压 D. 压实

114. 在低频率和高振幅运动中，下落冲程撞击使型砂因惯性获得紧实的过程称为（ ）。
A. 震实 B. 抛实 C. 射实 D. 压实

115. 所得到的砂型紧实度不够高的造型方法是（ ）。
A. 压实法 B. 震实法 C. 震压法 D. 射砂紧实法

116. 适宜于制造较大砂型的机器造型方法是（ ）。
A. 压实法 B. 射砂紧实法 C. 震实法 D. 抛砂紧实法

117. 起模时，砂箱被托住不动而模样下降，这种起模方式称为（ ）。
A. 顶杆法 B. 托箱法 C. 漏模法 D. 翻台法

118. 造型完毕，造型机的四个顶杆向上运动，顶着砂箱的四个角垂直上升，与模板分离的起模方法称（ ）。
A. 顶杆法 B. 托箱法 C. 漏模法 D. 翻台法

119. 起模前，把砂箱连同模板一起翻转180°，用接箱台把砂箱接住，然后接箱台连同砂箱一起下降实现起模，这种起模方法称为（ ）。
A. 漏模起模 B. 托箱起模 C. 翻转起模 D. 顶杆起模

120. （ ）的生产效率低，对工人的技术水平要求高，只适用于单件、小批量生产。
A. 整模造型 B. 分模造型 C. 挖砂造型 D. 假箱造型

121. 湿型浇注和成批量生产的小型铸件常采用（ ）。

A. 挖砂造型　　B. 活块造型　　C. 活砂造型　　D. 脱箱造型

122. 尺寸较大或形状较复杂，且两端面的截面积大于中间部分截面积的铸件，应采用（　　）。

A. 多箱造型　　B. 叠箱造型　　C. 一型多铸　　D. 刮板造型

123. 成批量生产的小型铸件不宜采用（　　）。

A. 挖砂造型　　B. 脱箱造型　　C. 一型多铸　　D. 假箱造型

124. （　　）操作复杂，生产效率低，铸件尺寸精度也难以保证，因此只适宜单件、小批量生产。

A. 脱箱造型　　B. 多箱造型　　C. 叠箱造型　　D. 假箱造型

125. 尺寸较大，生产数量少的旋转体类铸件可采用（　　）。

A. 活砂造型　　B. 整模造型　　C. 刮板造型　　D. 分模造型

126. 在地平面以下的砂坑中，或特制的地坑中制造下型的造型方法称为（　　）。

A. 地面造型　　B. 地坑造型　　C. 无箱造型　　D. 假箱造型

127. 软砂床最适宜用于生产（　　）等对表面要求不高的铸件。

A. 芯撑　　B. 芯骨　　C. 冷铁　　D. 砂箱

128. 形状复杂的砂芯，可选用干强度较高、落砂性较好的（　　）作粘结剂。

A. 植物油　　B. 膨润土　　C. 水玻璃　　D. 合脂

129. 复杂程度较高的砂芯是（　　）砂芯。

A. 二级　　B. 三级　　C. 五级　　D. 一级

130. 可用粘土作粘结剂的是（　　）砂芯。

A. 一级　　B. 二级　　C. 零级　　D. 三级

131. 放入砂芯中用以加强和支持砂芯并有一定形状的金属构架称为(　　)。

A. 芯撑　　B. 芯骨　　C. 芯座　　D. 冷铁

132. 由于（　　）芯骨脆性好，易于击断取出，成本又较低，故应用广泛。

A. 铸钢　　B. 铸铁　　C. 铸铜　　D. 铸铝

133. 形状简单、自身斜度较大的砂芯，可采用（　　）芯盒制芯。

A. 整体式　　B. 对分式　　C. 脱落式　　D. 封闭式

134. 对于形状较复杂，外表面凹凸不平，不易从芯盒中取出的砂芯，应采用（　　）芯盒制芯。

A. 整体式　　B. 对分式　　C. 封闭式　　D. 脱落式

135. 对于大批量生产的砂芯，不具有较大的支撑平面时，常采用（　　）进行支撑。

A. 烘芯板　　B. 砖头　　C. 砂托　　D. 成型烘干器

136. 生产批量较大、形状复杂的砂芯，应采用（　　）进行检验。

A. 通用量具　　B. 卡规　　C. 样板　　D. 塞规

137. 砂型（芯）烘干时，要求温度迅速上升的阶段是（　　）。

A. 预热升温阶段　　B. 高温烘干阶段

C. 炉内降温阶段　　D. 低温去湿阶段

138. 烘干时间较短的是（　　）砂芯。

A. 大的　　B. 水分高的　　C. 砂粒粗的　　D. 砂粒细的

139. 用（　　）芯头固定砂芯时，砂芯的稳定性较差。

A. 卧式　　B. 悬臂式　　C. 挑担式　　D. 直立式

140. 在悬挂式芯头中，（　　）只适用于重量较轻的小砂芯。

A. 预埋砂芯　　B. 吊芯　　C. 盖板砂芯　　D. 自来砂芯

141. 在砂型组装和浇注时，支撑吊芯、悬臂砂芯和部分砂型的金属构架称为（　　）。

A. 芯骨　　B. 芯铁　　C. 冷铁　　D. 芯撑

142. 厚大铸件的砂芯应采用（　　）支撑。

A. 双柱芯撑　　B. 单柱芯撑　　C. 薄片芯撑　　D. 鼓形芯撑

143. 中间砂芯可采用（　　）支撑。

A. 双柱芯撑　　B. 单柱芯撑　　C. 单面芯撑　　D. 鼓形芯撑

144. 薄壁铸件的砂芯可采用（　　）支撑。

A. 双柱芯撑　　B. 单柱芯撑　　C. 薄片芯撑　　D. 鼓形芯撑

145. 合型时，在干型分型面的一周压上泥条或石棉绳，是为了防止（　　）。

A. 抬型　　B. 型漏　　C. 跑火　　D. 掉砂

146. 小型砂型应采用（　　）紧固。

A. 压铁　　B. 螺栓　　C. 压梁　　D. 内箱销

147. 将熔融金属从浇包注入铸型的操作称为（　　）。

A. 铸造　　B. 浇注　　C. 开炉　　D. 熔炼

148. 挡渣作用较差的是（　　）。

A. 吊包　　B. 柱塞式浇包　　C. 茶壶式浇包　　D. 底注式浇包

149. 底注式浇包一般用来浇注（　　）。

A. 铸钢件　　B. 铸铁件

C. 有色金属合金铸件　　D. 铸铜件

150. （　　）应采用较高的浇注温度。

A. 低碳钢　　B. 中碳钢　　C. 高碳钢　　D. 铸铁

151. （　　）灰铸铁宜采用较高的浇注温度。

A. 高牌号　B. 中牌号　C. 低牌号　D. HT200

152. 浇注后，在出气孔和冒口附近点火，有利于（　　）。

A. 升温　B. 排气　C. 补缩　D. 降温

153. 特种铸造方法一般适用于（　　）生产的铸件。

A. 单件　B. 特种方法　C. 小批量　D. 大批量

154. 飞翅、冲砂、掉砂等属于（　　）缺陷。

A. 表面　B. 多肉类　C. 残缺类　D. 夹杂类

155. 气孔、缩孔、疏松等属于（　　）缺陷。

A. 夹杂类　B. 孔洞类　C. 残缺类　D. 表面

156. 夹渣断口无光泽，呈（　　）。

A. 暗灰色　B. 黑色　C. 灰色　D. 亮白色

157. 鼠尾、沟槽、缩陷等属于（　　）缺陷。

A. 表面　B. 残缺类　C. 夹杂类　D. 多肉类

158. 浇不到、跑火、未浇满等属于（　　）缺陷。

A. 表面　B. 残缺类

C. 形状及重量差错类　D. 成分、组织及性能不合格类

159. 错型、偏芯、变形等属于（　　）缺陷。

A. 残缺类　B. 表面　C. 多肉类　D. 形状及重量差错类

160. 冷豆、渣气孔、砂眼等属于（　　）缺陷。

A. 表面　B. 孔洞类　C. 夹杂类　D. 多肉类

161. 偏析、组织粗大、脱碳等属于（　　）缺陷。

A. 残缺类　B. 夹杂类

C. 成分、组织及性能不合格类　D. 形状及重量差错类

162. 铸件在凝固过程中，由于补缩不良而产生的孔洞称为（　　）。

A. 缩松　B. 缩陷　C. 疏松　D. 缩孔

163. 形状极不规则、孔壁粗糙并带有枝状晶，表面呈暗灰色特征的孔洞是（　　）。

A. 缩孔　B. 气孔　C. 针孔　D. 渣孔

164. 金属液在冷却和凝固的过程中，因气体溶解度下降，析出的气体来不及排出，铸件由此而产生的气孔称为（　　）。

A. 析出性气孔　B. 反应性气孔　C. 侵入式气孔　D. 气缩孔

165. 常发生在同一炉或同一包浇注的同一批铸件中的气孔是（　　）气孔。

A. 析出性　B. 反应性　C. 侵入性　D. 分散性

166. 最常出现析出性气孔的是（　　）。

A. 铸钢件　B. 铸铁件　C. 铝合金　D. 铜合金

167. 白点主要是钢中（　　）的析出而引起的缺陷。

A. 氧　　B. 氢　　C. 氮　　D. 碳

168. 气孔表面光滑，呈银白色或金属光亮色，孔径为1～3mm，通常分布在铸件表皮下，具有这类特征的气孔是（　　）气孔。

A. 析出性　　B. 反应性　　C. 侵入性　　D. 分散性

169. 铸件浇注位置上表面的非金属夹杂物形成的孔洞是（　　）气孔。

A. 析出性　　B. 侵入性　　C. 反应性　　D. 渣

170. 铸型在金属液的热作用下所产生的气体，侵入金属液后造成的气孔称为（　　）气孔。

A. 析出性　　B. 反应性　　C. 侵入性　　D. 皮下

171. 与气孔相比，缩孔的特征是（　　）。

A. 孔的形状较圆滑，孔壁较粗糙

B. 孔的形状较圆滑，孔壁较光滑

C. 孔的形状不规则，孔壁较粗糙

D. 孔的形状不规则，孔壁较光滑

172. 铸件的部分或整个表面上粘附着一层砂粒和金属的机械混合物，称为（　　）。

A. 机械粘砂　　B. 化学粘砂　　C. 夹砂结疤　　D. 砂眼

173. 铸件的部分或整个表面上牢固地粘附一层由金属氧化物、砂粒和粘结剂相互作用而生成的低熔点化合物，称为（　　）。

A. 机械粘砂　　B. 化学粘砂　　C. 夹砂结疤　　D. 砂眼

174. 粘砂部分的表面看不清单个砂粒，而是一片连续的蜂窝状组织，一般产生在铸件断面厚大的铸钢件上，这类粘砂是（　　）。

A. 机械粘砂　　B. 化学粘砂　　C. 夹砂结疤　　D. 砂眼

175. 落砂前适宜的保温时间应根据铸件的（　　）、复杂程度以及合金种类来确定。

A. 浇注温度　　B. 型砂用量　　C. 型砂种类　　D. 大小

176. 夹砂结疤大多发生在铸件浇注位置的（　　）。

A. 上表面　　B. 下表面　　C. 侧面　　D. 底面

177. 铸件内部或表面带有砂粒的孔洞称为（　　）。

A. 冲砂　　B. 掉砂　　C. 砂眼　　D. 粘砂

178. 压铸件表面与金属流动方向一致，无发展趋势且与基体颜色明显不一样的微凸或微凹的条纹状缺陷称为（　　）。

A. 流痕、水纹　　B. 拉伤　　C. 印痕　　D. 龟纹、网状花纹

179. 铸件残缺或轮廓不完整，或可能完整但边角圆且光亮的铸件缺陷称

为（　　）。

A. 浇不到　　B. 未浇满　　C. 跑火　　D. 型漏

180. 常出现在远离浇口部位及薄壁处的缺陷是（　　）。

A. 浇不到　　B. 未浇满　　C. 跑火　　D. 型漏

181. 铸件上部产生缺肉，其边角略呈圆形，浇道和冒口顶面与铸件平齐的缺陷称为（　　）。

A. 浇不到　　B. 未浇满　　C. 跑火　　D. 型漏

182. 由于合型时错位，铸件的一部分与另一部分在分型面处相互错开的缺陷称为（　　）。

A. 错型　　B. 错芯　　C. 偏芯　　D. 偏析

183. 由于砂芯在分型面处错开，铸件孔腔尺寸不符合铸件图要求的缺陷称为（　　）。

A. 错型　　B. 错芯　　C. 偏芯　　D. 偏析

184. 由于型芯在金属液作用下漂浮移动，使铸件内孔位置、形状和尺寸发生偏错，而不符合铸件图要求的缺陷称为（　　）。

A. 错型　　B. 错芯　　C. 偏芯　　D. 偏析

185. 铸件内有严重的空壳状残缺，称为（　　）。

A. 跑火　　B. 型漏　　C. 未浇满　　D. 串皮

186. 在铸件上穿透或不穿透，边缘呈圆角状的缝隙，称为（　　）。

A. 冷裂纹　　B. 冷隔　　C. 鼠尾　　D. 热裂纹

187. 铸件重量与公称重量之间的正偏差或负偏差称为铸件（　　）。

A. 公称重量　　B. 重量公差　　C. 重量偏差　　D. 偏差

技能要求试题

一、拨叉的铸造

1. 考件图样（见图1）

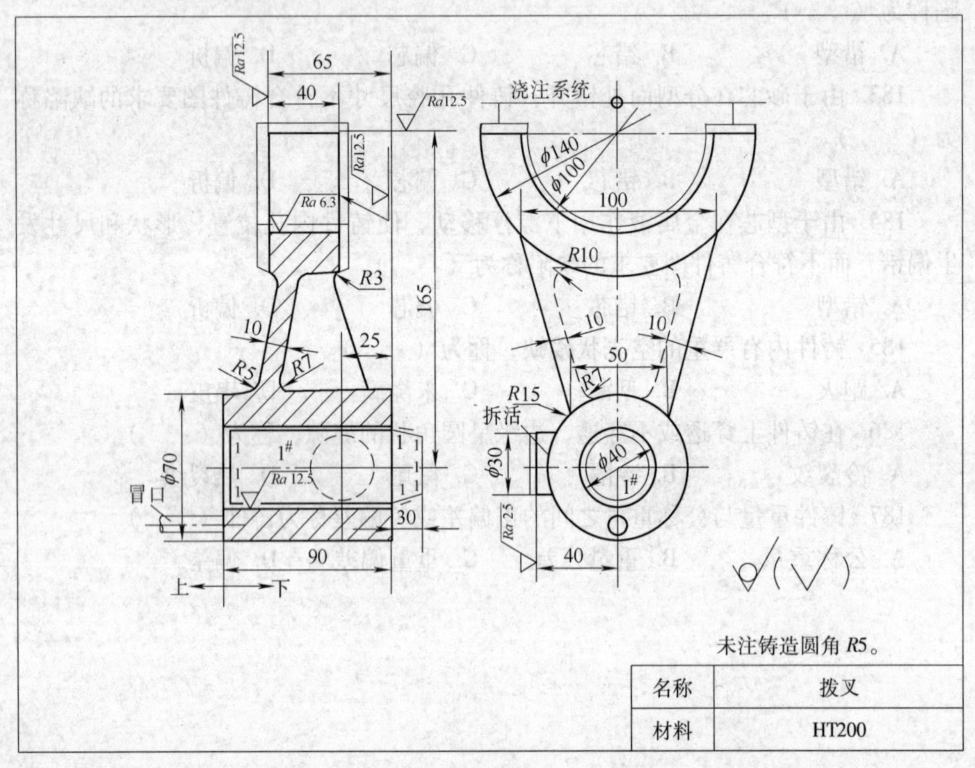

图1　拨叉

2. 考核内容

（1）考核要求

1）砂型（芯）紧实度均匀、适当。

2）型腔各部分形状和尺寸符合要求。

3）浇冒口的开设位置、形状和尺寸符合要求。

4）砂芯形状、尺寸符合要求，芯骨合理，排气通畅，安放牢固。

5）合型方法正确，型腔内无散砂，抹型、压型安全可靠。

（2）时间定额　2h/型。

（3）安全文明生产

1）正确执行安全技术操作规程。

2）按企业有关文明生产的规定，做到工作地整洁，工件、工具摆放整齐。

3. 配分、评分标准（见表1）

表1　拨叉造型考核评分表

考核项目	考核内容	考核要求	配分	评分标准	扣分	得分
主要项目	砂型（芯）紧实度	砂型（芯）紧实度均匀、适当	10	砂型（芯）紧实度不均匀扣1～6分；紧实度过小或太大扣1～4分		
	型腔各部分形状和尺寸	型腔各部分形状和尺寸符合要求	18	搭子移位大于1.5mm扣1～4分；其他尺寸误差大于工艺尺寸2mm扣1～8分；形状不符合要求扣1～6分		
	挖砂面质量	挖砂面正确、深度适当、表面平整	7	挖砂面不正确、不平整，或深度不当扣1～7分		
	砂型定位	砂型定位号准确可靠	5	砂型定位号偏斜大于1mm扣1～5分		
	浇冒口系统	浇冒口的开设位置、形状符合要求	10	浇冒口开设不齐全扣2～3分；位置不正确扣1～4分；形状不合理扣1～3分		
	合型	型腔各处尺寸正确，型腔内无散砂，合型准确，抹型、压型安全可靠	10	型腔尺寸偏差大于2mm扣1～3分；型腔内有散砂扣1～2分；合型未对准合型号扣1～2分；抹型、压型不正确扣1～3分		
一般项目	分型面质量	砂型分型面平整	5	分型面不平整扣1～5分		
	表面质量	表面光滑、轮廓清晰、圆角均匀	10	型腔表面不光滑扣1～4分；轮廓不清晰扣1～4分；铸造圆角不均匀扣1～2分		
	出气孔	出气孔的数量和分布合理	5	出气孔的数量不足扣1～3分；分布不合理扣1～2分；未插出气孔不得分		
	砂芯制造	尺寸、形状符合要求，芯骨可靠，排气通畅	4	尺寸或形状不符合要求扣1～2分，芯骨不可靠时扣1分，排气不通畅时扣1分		
	浇冒口表面质量	表面光滑，浇道各组元连接圆角均匀	5	浇冒口系统表面不光滑扣1～3分；浇道各组元连接圆角不均匀或不是圆角扣1～2分		
	砂芯安放	砂芯安放位置正确、牢固，排气通畅	4	砂芯位置不正确扣2分；不牢固扣1分；排气不通畅扣1分		

（续）

考核项目	考核内容	考核要求	配分	评分标准	扣分	得分
安全文明生产	国家颁布安全生产法规的有关规定或企业自定实施规定	按达到规定的标准程度评定	4	违反有关规定扣1~4分		
	企业有关文明生产规定	按达到规定的标准程度评定	3	工作场地整洁，造型工具、辅具和量具放置合理不扣分；稍差扣1分；很差扣3分		
时间定额	2h	按时完成		每超时间定额15min扣5分		

二、底座的铸造

1. 考件图样（见图2）

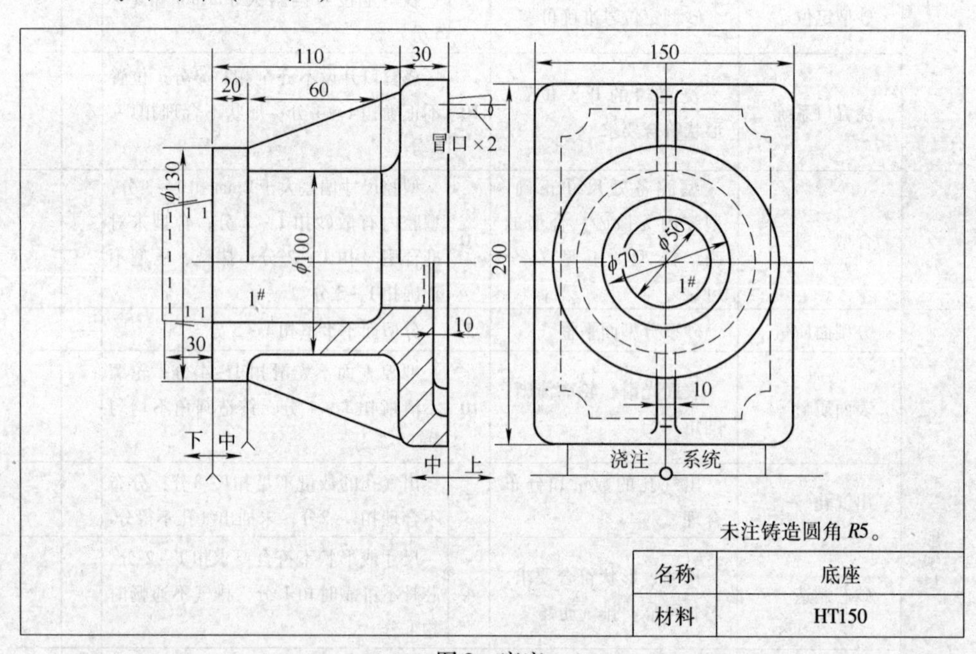

图2 底座

2. 准备要求

1）按图样检查模样形状、尺寸，应正确，各部分定位可靠（芯头、圆法兰、肋板等）。

2）砂箱、浇冒口模样选择合理。

3. 考核内容

（1）考核要求

1）砂型（芯）紧实度均匀、适当。

2）型腔各部分形状和尺寸符合要求。

3）浇冒口的开设位置、形状和尺寸符合要求。

4）砂芯形状、尺寸符合要求，芯骨合理，排气通畅，安放牢固。

5）合型方法正确，型腔内无散砂，抹型、压型安全可靠。

（2）时间定额 4h/型。

（3）安全文明生产

1）正确执行安全技术操作规程。

2）按企业有关文明生产的规定，做到工作地整洁，工件、工具摆放整齐。

三、支架体的铸造

1. 考件图样（见图3）

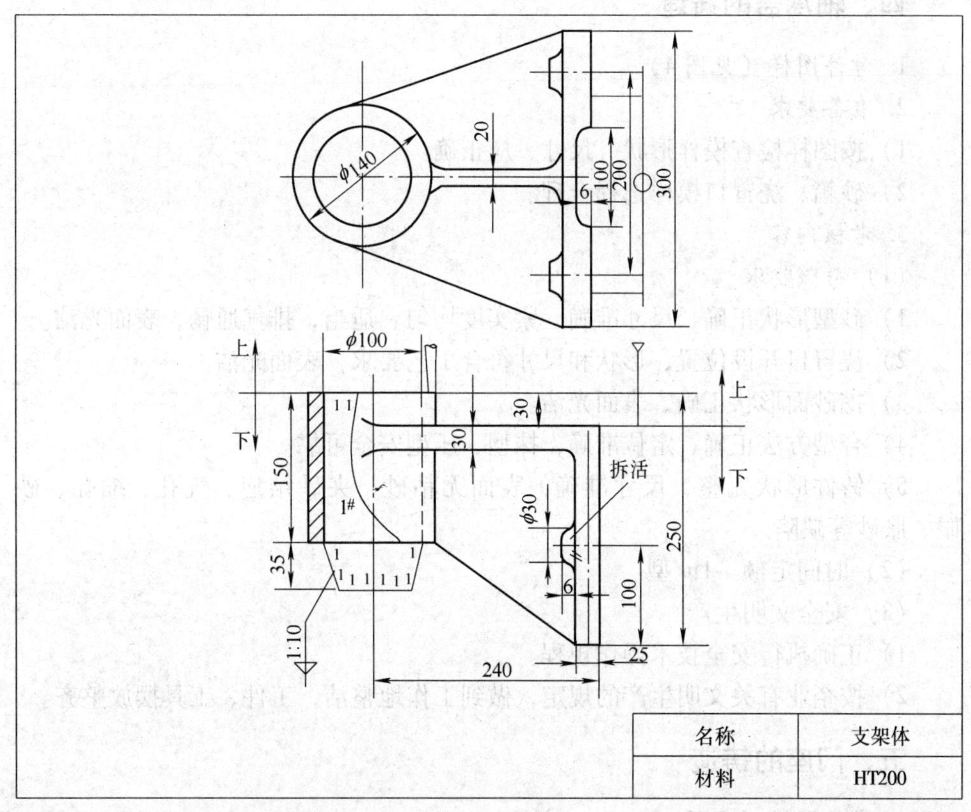

名称	支架体
材料	HT200

图3 支架体

2. 准备要求

1）按图样检查模样、芯盒、活块的形状和尺寸，应正确，各部分连接、定位可靠。

2）砂箱、浇冒口模样选择合理。

3）芯骨尺寸正确。

3. 考核内容

（1）考核要求

1）砂型（芯）形状正确、尺寸准确，紧实度均匀、适当，排气通畅，表面光洁。

2）浇冒口的开设位置、形状和尺寸符合工艺要求，表面光洁。

3）合型方法正确，通气道连接通畅，砂芯安放牢固，抹型、压型安全可靠。

4）铸件形状完整、尺寸正确，表面光洁，无重要缺陷。

（2）时间定额　3h/型。

（3）安全文明生产

1）正确执行安全技术操作规程。

2）按企业有关文明生产的规定，做到工作地整洁，工件、工具摆放整齐。

四、轴承盖的铸造

1. 考件图样（见图4）

2. 准备要求

1）按图样检查模样形状、尺寸，应正确。

2）砂箱、浇冒口模样选择合理。

3. 考核内容

（1）考核要求

1）砂型形状正确、尺寸准确，紧实度均匀、适当，排气通畅，表面光洁。

2）浇冒口开设位置、形状和尺寸符合工艺要求，表面光洁。

3）挖砂面形状正确、表面光洁。

4）合型方法正确、定位准确，抹型、压型安全可靠。

5）铸件形状完整、尺寸准确，表面无粘砂、夹砂结疤、气孔、缩孔、砂眼、胀砂等缺陷。

（2）时间定额　1h/型。

（3）安全文明生产

1）正确执行安全技术操作规程。

2）按企业有关文明生产的规定，做到工作地整洁，工件、工具摆放整齐。

五、门座的铸造

1. 考件图样（见图5）

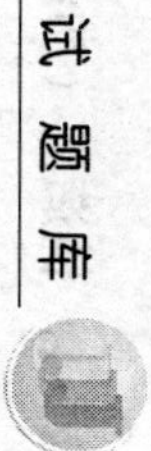

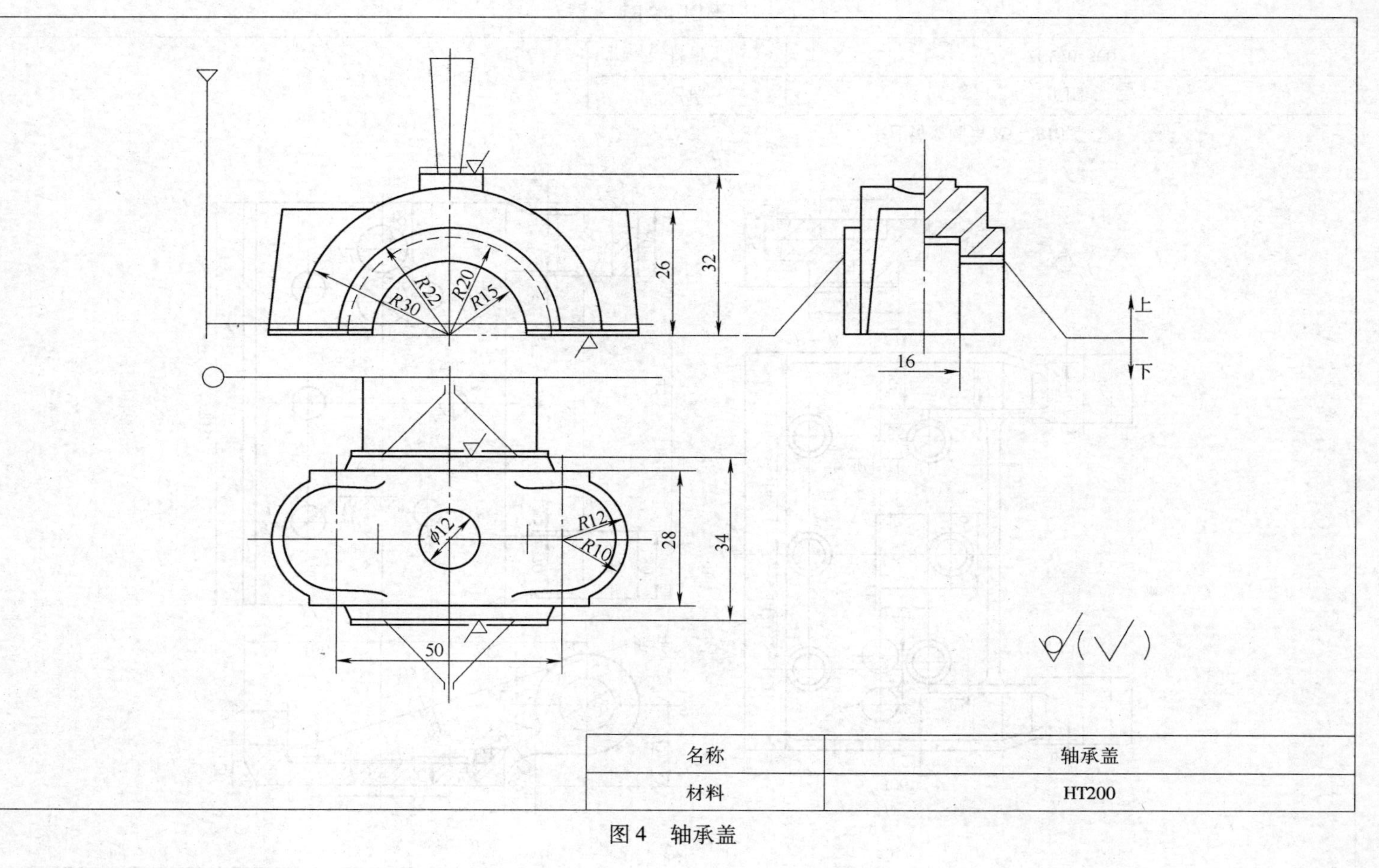

图 4 轴承盖

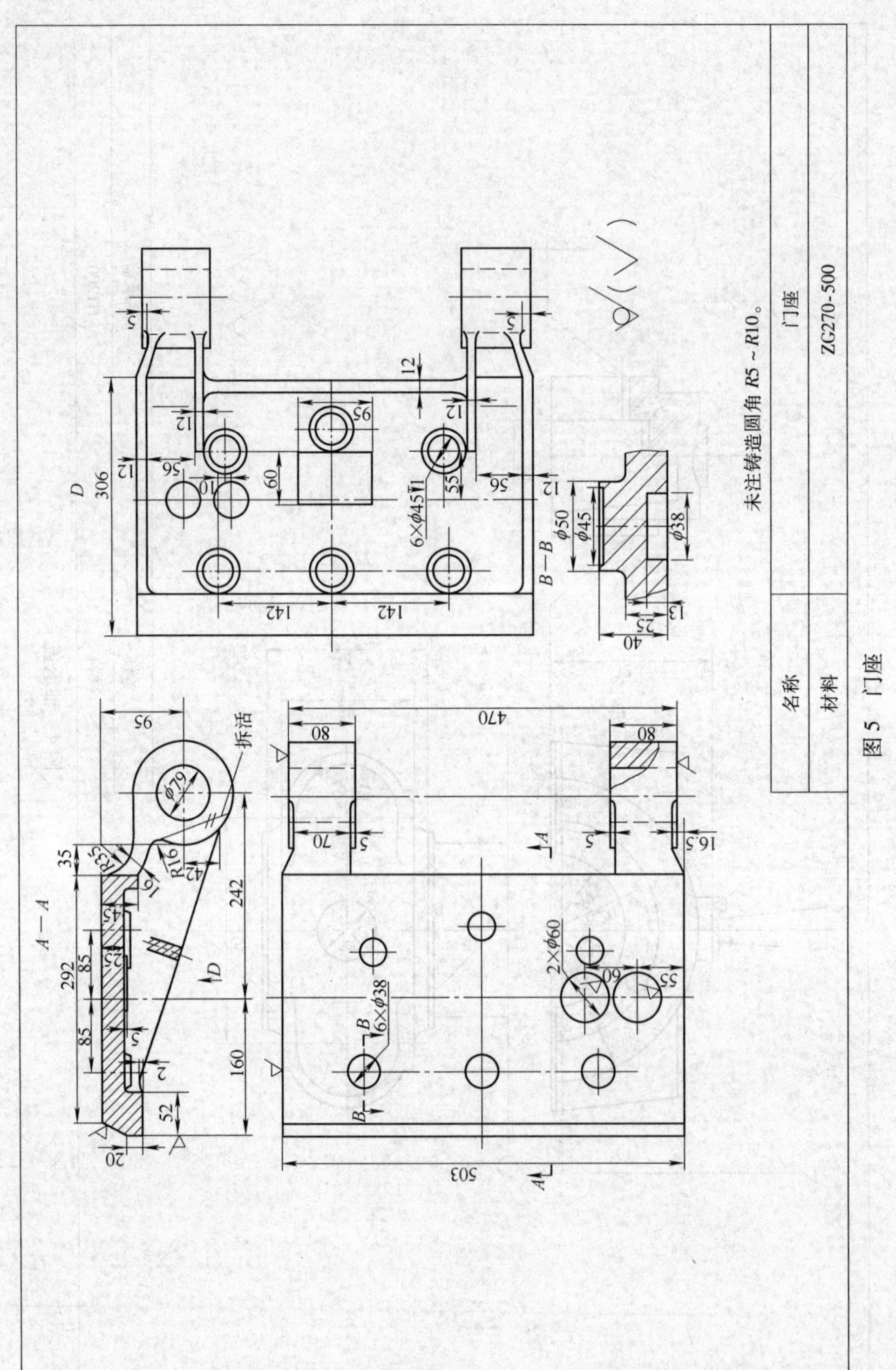

图5 门座

2. 准备要求

1）按图样检查模样形状、尺寸，应正确。

2）砂箱、浇冒口模样选择合理。

3）活块连接合理。

3. 考核内容

（1）考核要求

1）砂型形状正确、尺寸准确，紧实度均匀、适当，排气通畅，表面光洁。

2）浇冒口开设位置、形状和尺寸符合工艺要求，表面光洁。

3）假箱制作方法正确，活块不位移。

4）合型方法正确，定位准确，抹型、压型安全可靠。

5）铸件形状完整，尺寸准确，表面无粘砂、夹砂结疤、气孔、缩孔、砂眼、胀砂等缺陷。

（2）时间定额 3h/型。

（3）安全文明生产

1）正确执行安全技术操作规程。

2）按企业有关文明生产的规定，做到工作地整洁，工件、工具摆放整齐。

六、制动器的铸造

1. 考件图样（见图6）

2. 准备要求

1）按图样检查模样形状、尺寸，应正确。

2）砂箱、浇冒口模样选择合理。

3）外冷铁形状、尺寸、数量合理。

3. 考核内容

（1）考核要求

1）砂型形状正确、尺寸准确，紧实度均匀、适当，排气通畅，表面光洁。

2）浇冒口开设位置、形状和尺寸符合工艺要求，表面光洁。

3）假箱制作正确，冷铁固定牢固。

4）合型方法正确，定位准确，抹型、压型安全可靠。

5）铸件形状完整，尺寸准确，表面无粘砂、夹砂结疤、气孔、缩孔、砂眼、胀砂等缺陷。

（2）时间定额 4h/型。

（3）安全文明生产

1）正确执行安全技术操作规程。

2）按企业有关文明生产的规定，做到工作地整洁，工件、工具摆放整齐。

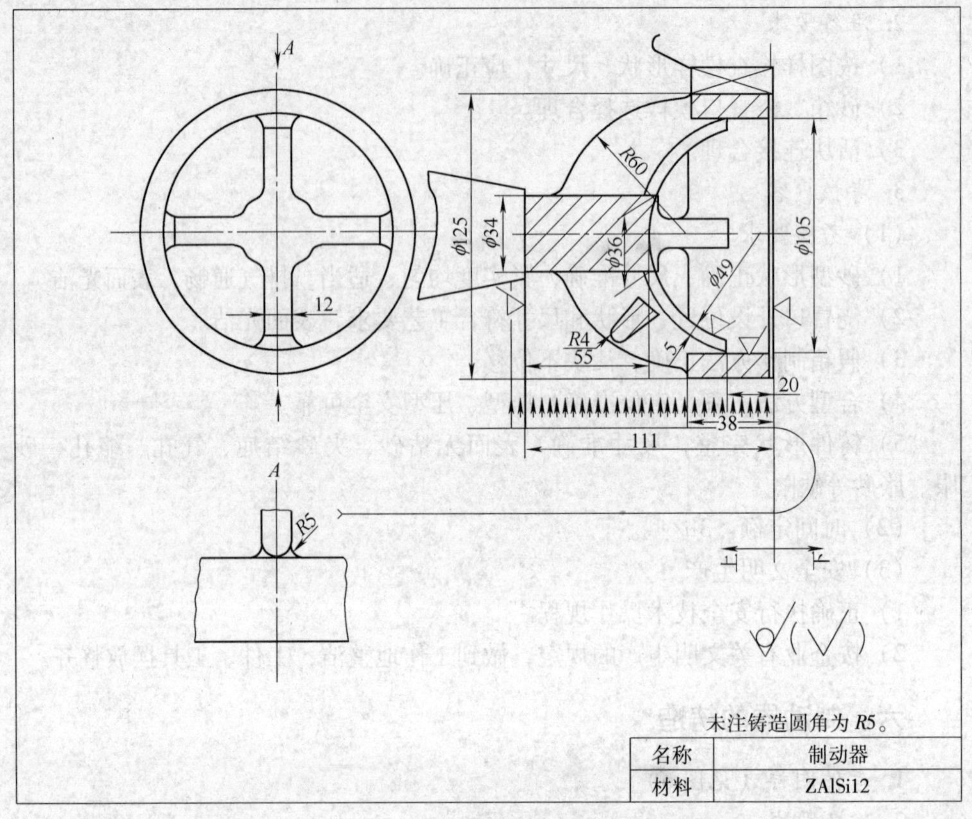

图6　制动器

七、平板的铸造

1. 考件图样（见图7）

2. 准备要求

1）按图样检查模样形状、尺寸，应正确。

2）砂箱、浇冒口模样选择合理。

3）肋板连接、固定合理。

3. 考核内容

(1) 考核要求

1）砂型形状正确、尺寸准确，紧实度均匀、适当，排气通畅，表面光洁。

2）浇冒口开设位置、形状和尺寸符合工艺要求，表面光洁。

3）吊砂加强可靠。

4）合型方法正确，定位准确，抹型、压型安全可靠。

5）铸件形状完整，尺寸准确，表面无粘砂、夹砂结疤、气孔、缩孔、砂眼、胀砂等缺陷。

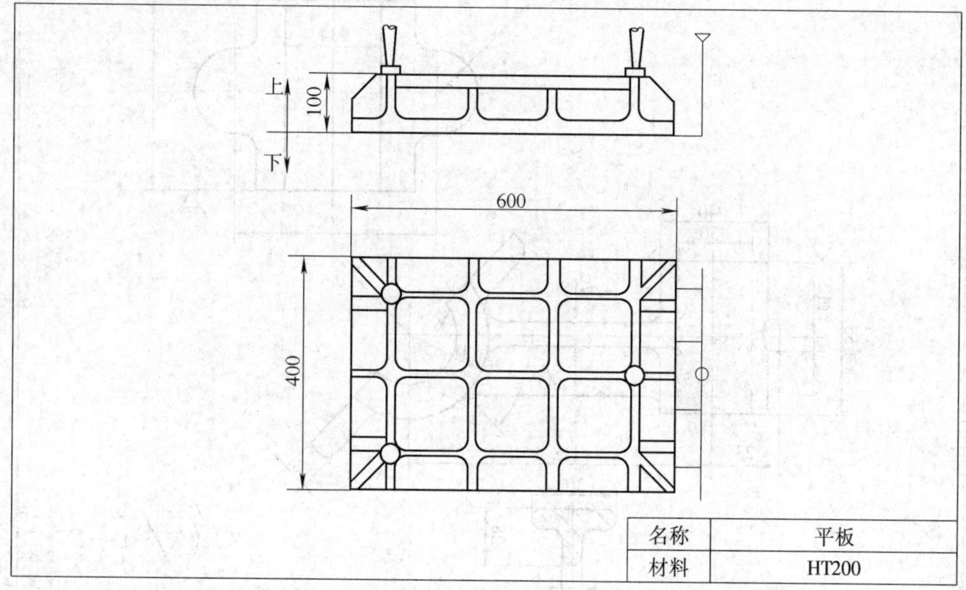

名称	平板
材料	HT200

图7 平板

（2）时间定额 4h/型。

（3）安全文明生产

1）正确执行安全技术操作规程。

2）按企业有关文明生产的规定，做到工作地整洁，工件、工具摆放整齐。

八、支架的铸造

1. 考件图样（见图8）

2. 准备要求

1）按图样检查模样、芯盒的形状和尺寸，应正确，各部分连接、定位可靠。

2）砂箱、浇冒口模样选择合理。

3. 考核内容

（1）考核要求

1）砂型（芯）形状正确，尺寸准确，紧实度均匀、适当，排气通畅，表面光洁。

2）浇冒口的开设位置、形状和尺寸符合工艺要求，表面光洁。

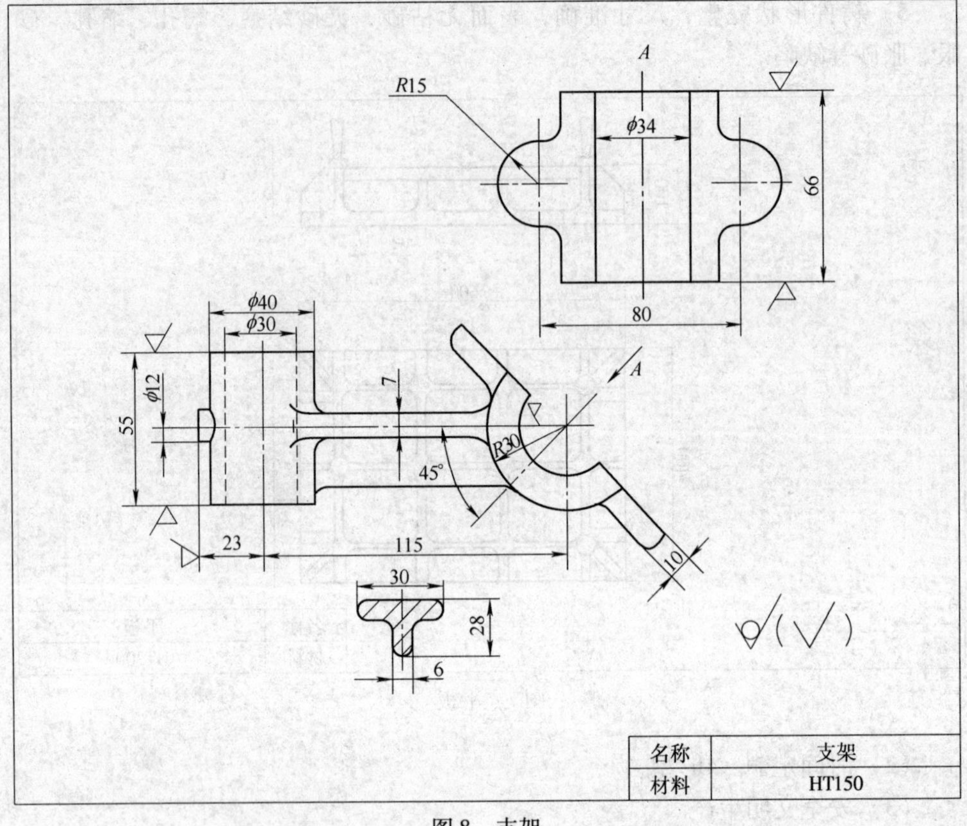

图8　支架

3）合型方法正确，通气道连接通畅，砂芯安放牢固，抹型、压型安全可靠。

4）铸件形状完整，尺寸符合尺寸公差要求，表面光洁，无夹砂、结疤、粘砂、气孔、砂眼、缩孔等缺陷。

(2) 时间定额　1.5h/型。

(3) 安全文明生产

1）正确执行安全技术操作规程。

2）按企业有关文明生产的规定，做到工作地整洁，工件、工具摆放整齐。

九、滚圈的铸造

1. 考件图样（见图9）

2. 准备要求

1）按图样检查模样、芯盒的形状和尺寸，应正确，各部分连接、定位可靠。

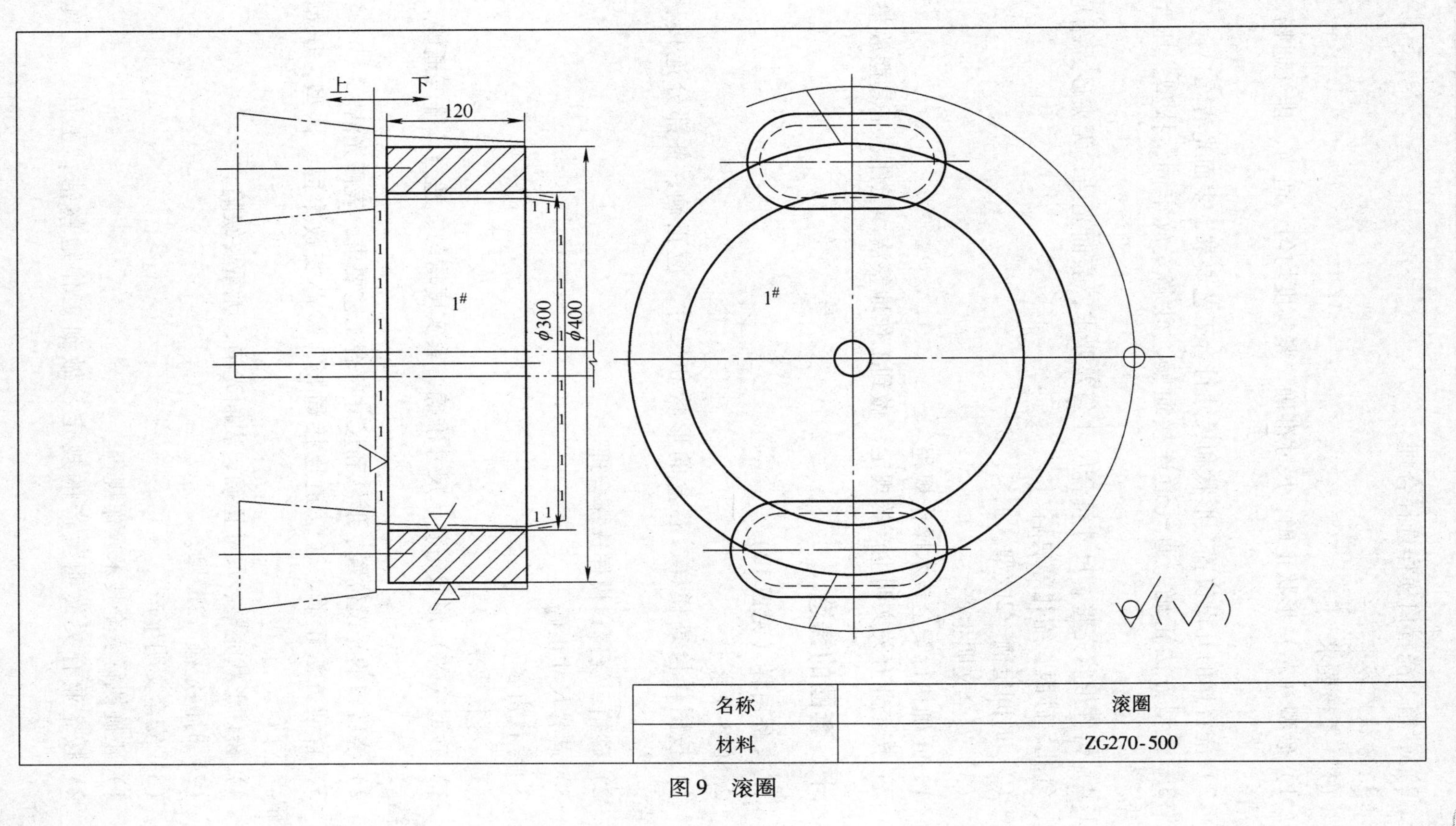

图 9 滚圈

2）砂箱、浇冒口模样选择合理。

3. 考核内容

（1）考核要求

1）砂型（芯）形状正确，尺寸准确，紧实度均匀、适当，排气通畅，表面光洁。

2）浇冒口的开设位置、形状和尺寸符合工艺要求，表面光洁。

3）合型方法正确，通气道连接通畅，砂芯安放牢固，抹型、压型安全可靠。

4）铸件形状完整，尺寸符合尺寸公差要求，表面光洁，无夹砂、结疤、粘砂、气孔、砂眼、缩孔等缺陷。

（2）时间定额 2h/型。

（3）安全文明生产

1）正确执行安全技术操作规程。

2）按企业有关文明生产的规定，做到工作地整洁，工件、工具摆放整齐。

十、套圈的铸造

1. 考件图样（见图10）

2. 准备要求

1）按图样检查模样、芯盒的形状和尺寸，应正确，各部分连接、定位可靠。

2）砂箱、浇冒口模样选择合理。

3）芯骨尺寸正确。

3. 考核内容

（1）考核要求

1）砂型（芯）形状正确、尺寸准确，紧实度均匀、适当，排气通畅，表面光洁。

2）浇冒口的开设位置、形状和尺寸符合工艺要求，表面光洁。

3）合型方法正确，通气道连接通畅，砂芯安放牢固，抹型、压型安全可靠。

4）铸件形状完整、尺寸正确，表面光洁，无重要缺陷。

（2）时间定额 3h/型。

（3）安全文明生产

1）正确执行安全技术操作规程。

2）按企业有关文明生产的规定，做到工作地整洁，工件、工具摆放整齐。

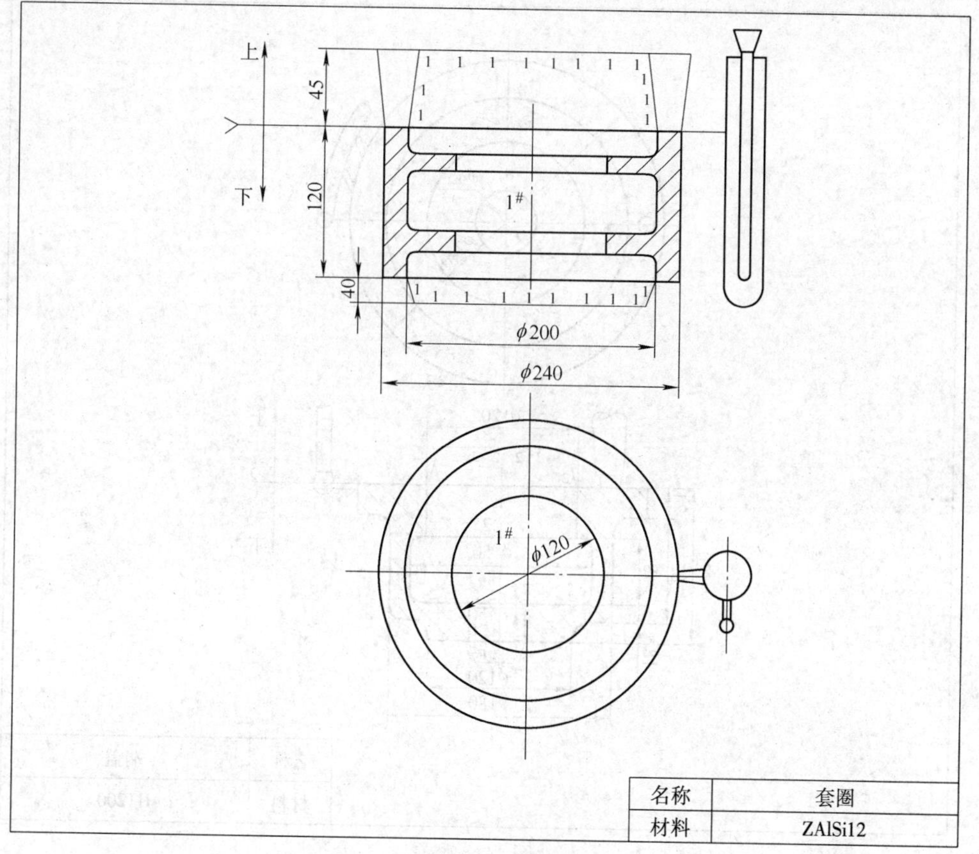

图10　套圈

十一、端盖的铸造

1. 考件图样（见图11）

2. 准备要求

1）按图样检查模样、芯盒的形状、尺寸，应正确，各部分连接、定位可靠。

2）砂箱、浇冒口模样选择合理。

3）芯骨尺寸正确。

3. 考核内容

（1）考核要求

1）砂型（芯）形状正确、尺寸准确，紧实度均匀、适当，排气通畅，表面光洁。

2）浇冒口的开设位置、形状和尺寸符合工艺要求，表面光洁。

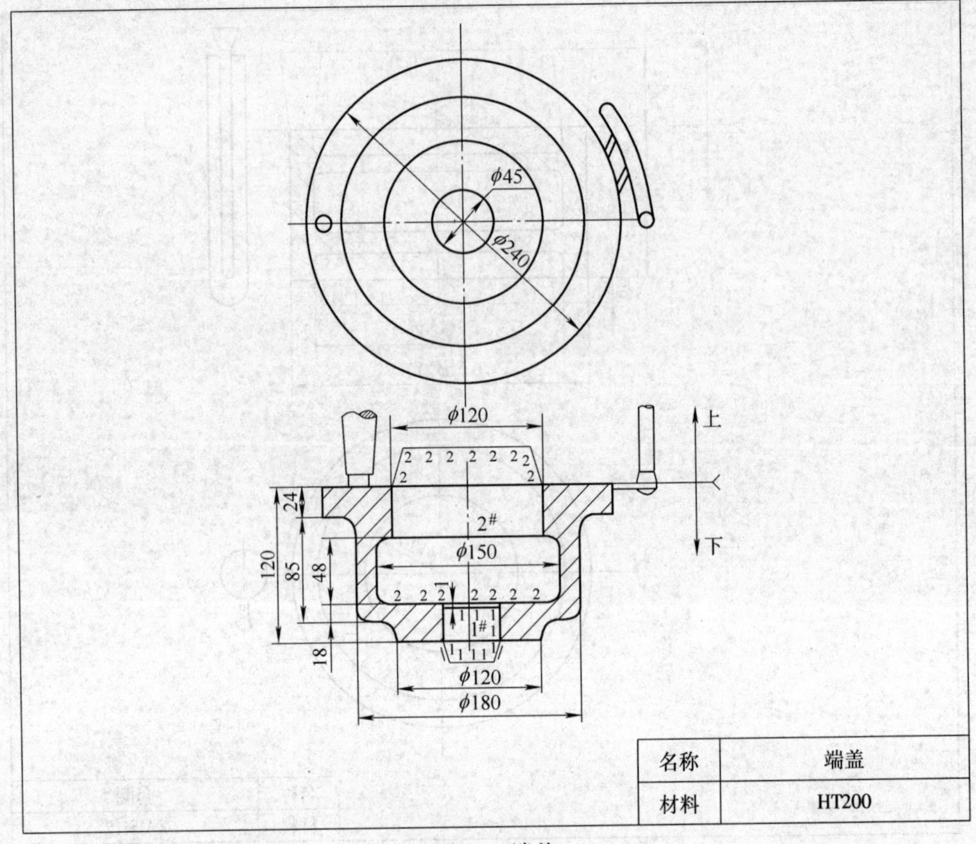

图11　端盖

3）合型方法正确，通气道连接通畅，砂芯安放牢固，抹型、压型安全可靠。

4）铸件形状完整，尺寸正确，表面光洁，无重要缺陷。

（2）时间定额　3h/型。

（3）安全文明生产

1）正确执行安全技术操作规程。

2）按企业有关文明生产的规定，做到工作地整洁，工件、工具摆放整齐。

十二、弯管的铸造

1. 考件图样（见图12）

2. 准备要求

1）按图样检查模样、芯盒的形状和尺寸，应正确，各部分连接、定位可靠。

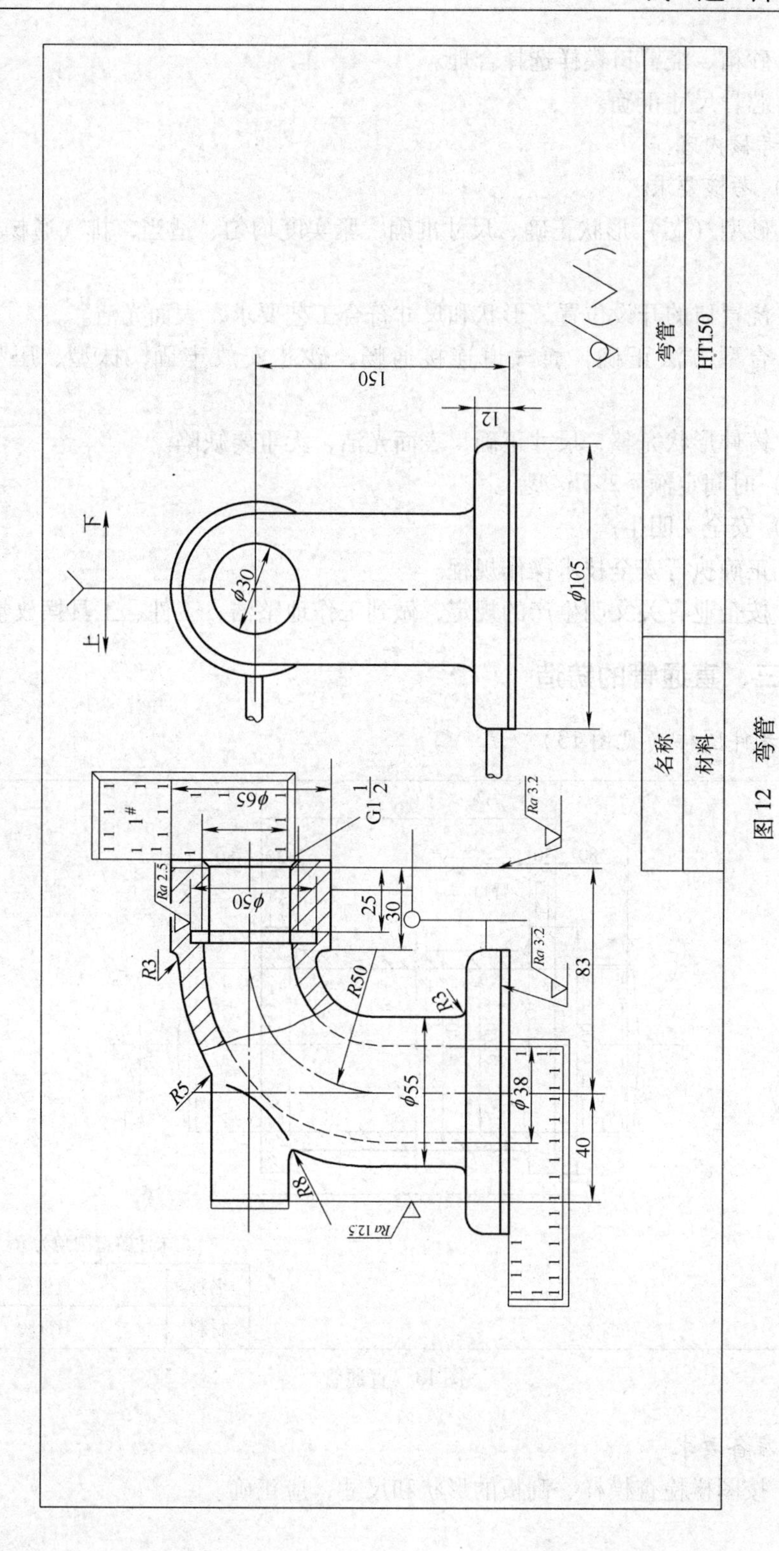
名称
弯管
材料
HT150
150
12
φ30
φ105
上
下
φ65
1#
G1 1/2
φ50
Ra 2.5
R3
R50
R5
φ55
R8
Ra 12.5
φ38
25
30
83
40
Ra 3.2

图 12 弯管

2）砂箱、浇冒口模样选择合理。

3）芯骨尺寸正确。

3. 考核内容

（1）考核要求

1）砂型（芯）形状正确、尺寸准确，紧实度均匀、适当，排气通畅，表面光洁。

2）浇冒口的开设位置、形状和尺寸符合工艺要求，表面光洁。

3）合型方法正确，通气道连接通畅，砂芯安放牢固，抹型、压型安全可靠。

4）铸件形状完整，尺寸正确，表面光洁，无重要缺陷。

（2）时间定额　2. 5h/型。

（3）安全文明生产

1）正确执行安全技术操作规程。

2）按企业有关文明生产的规定，做到工作地整洁，工件、工具摆放整齐。

十三、直通管的铸造

1. 考件图样（见图13）

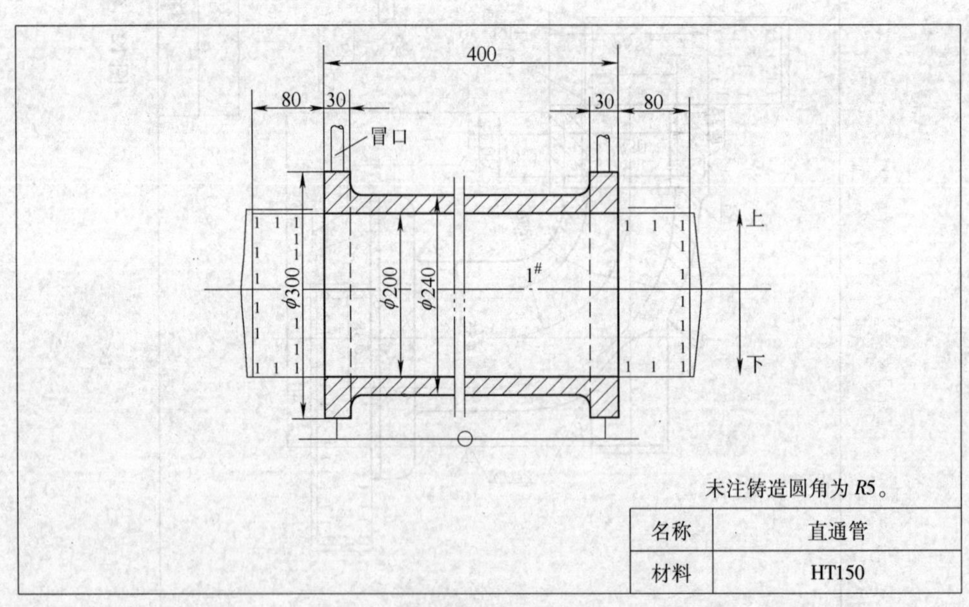

名称	直通管
材料	HT150

图13　直通管

2. 准备要求

1）按图样检查模样、刮板的形状和尺寸，应正确。

2）砂箱、浇冒口模样选择合理。

3）刮板架放置位置合理。

3. 考核内容

（1）考核要求

1）砂型形状正确，尺寸准确，紧实度均匀、适当，排气通畅，表面光洁。

2）浇冒口开设位置、形状和尺寸符合工艺要求，表面光洁，刮制方法正确，砂芯拼合方法正确。

3）合型方法正确，定位准确，抹型、压型安全可靠。

4）铸件形状完整，尺寸符合尺寸公差要求，表面无粘砂、夹砂结疤、气孔、缩孔、错型、偏芯等缺陷。

（2）时间定额 4h/型。

（3）安全文明生产

1）正确执行安全技术操作规程。

2）按企业有关文明生产的规定，做到工作地整洁，工件、工具摆放整齐。

十四、剪板机飞轮的铸造

1. 考件图样（见图 14）

2. 准备要求

1）按图样检查模样、刮板、芯盒的形状和尺寸，应正确。

2）砂箱、浇冒口模样选择合理。

3）车板架搭设方法正确，结构合理、牢固，车板旋转灵活、不晃动。

3. 考核内容

（1）考核要求

1）砂型形状正确、尺寸准确，紧实度均匀、适当，排气通畅，表面光洁。

2）浇冒口开设位置、形状和尺寸符合工艺要求，表面光洁。

3）合型方法正确，定位准确，抹型、压型安全可靠。

4）铸件形状完整，尺寸符合尺寸公差要求，表面无粘砂、夹砂结疤、气孔、缩孔、错型、偏芯等缺陷。

（2）时间定额 6h/型。

（3）安全文明生产

1）正确执行安全技术操作规程。

2）按企业有关文明生产的规定，做到工作地整洁，工件、工具摆放整齐。

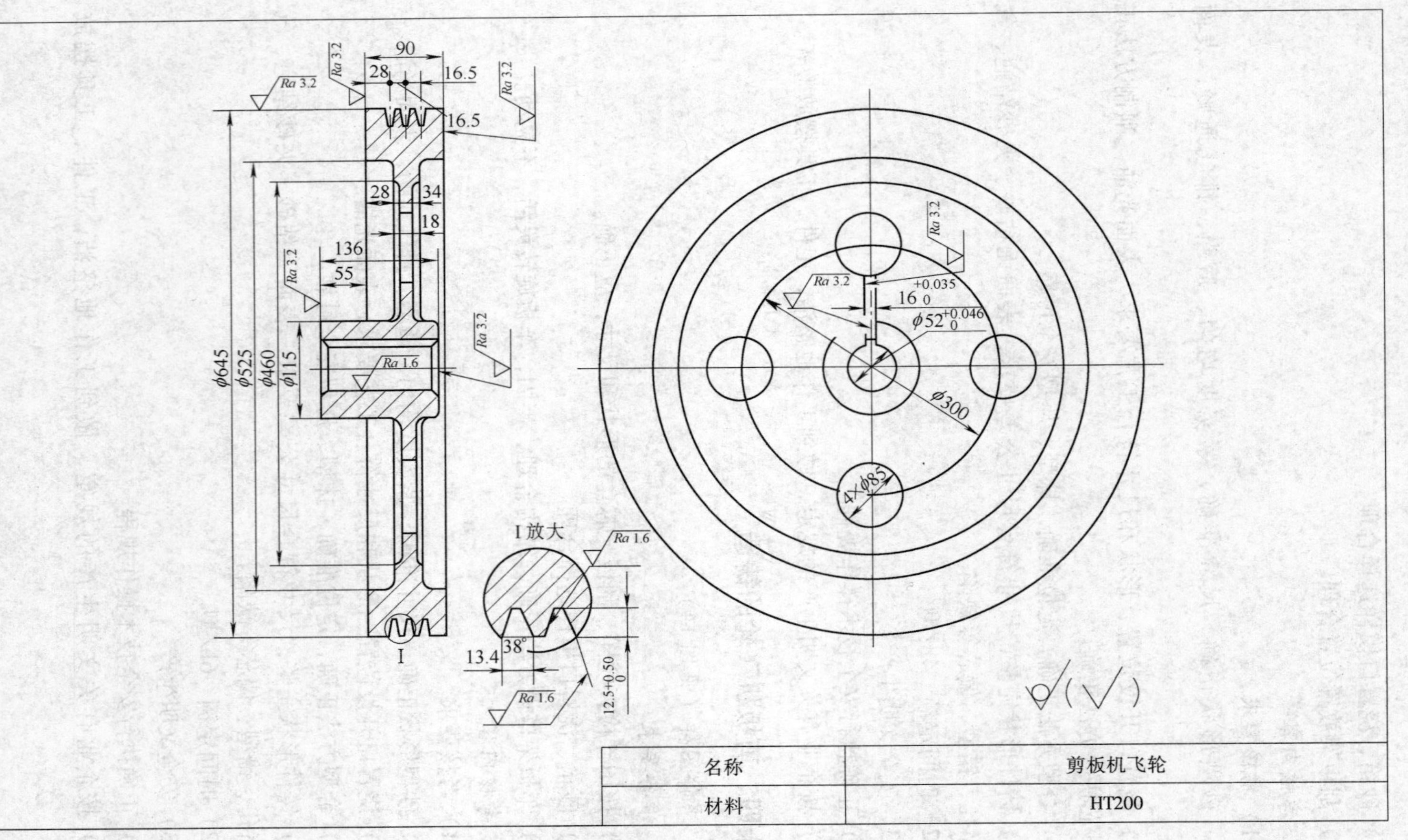
90
28
16.5
16.5
Ra 3.2
28
34
18
136
55
φ645
φ525
φ460
φ115
Ra 1.6
I
I放大
38°
13.4
12.5+0.50 0
Ra 1.6
+0.035
16 0
φ52+0.046 0
φ300
4×φ85
名称
剪板机飞轮
材料
HT200

图 14　剪板机飞轮

十五、砂箱的铸造

1. 考件图样（见图15）

2. 准备要求

1）按图样检查模样形状、尺寸，应符合要求。

2）可拆式箱耳拆装灵活，箱带、舂砂挡板尺寸正确，刮板、水平仪齐全。

3）地坑排气通畅。

3. 考核内容

（1）考核要求

1）砂型形状正确、尺寸准确，紧实度均匀、适当，排气通畅，表面光洁。

2）砂型表面水平。

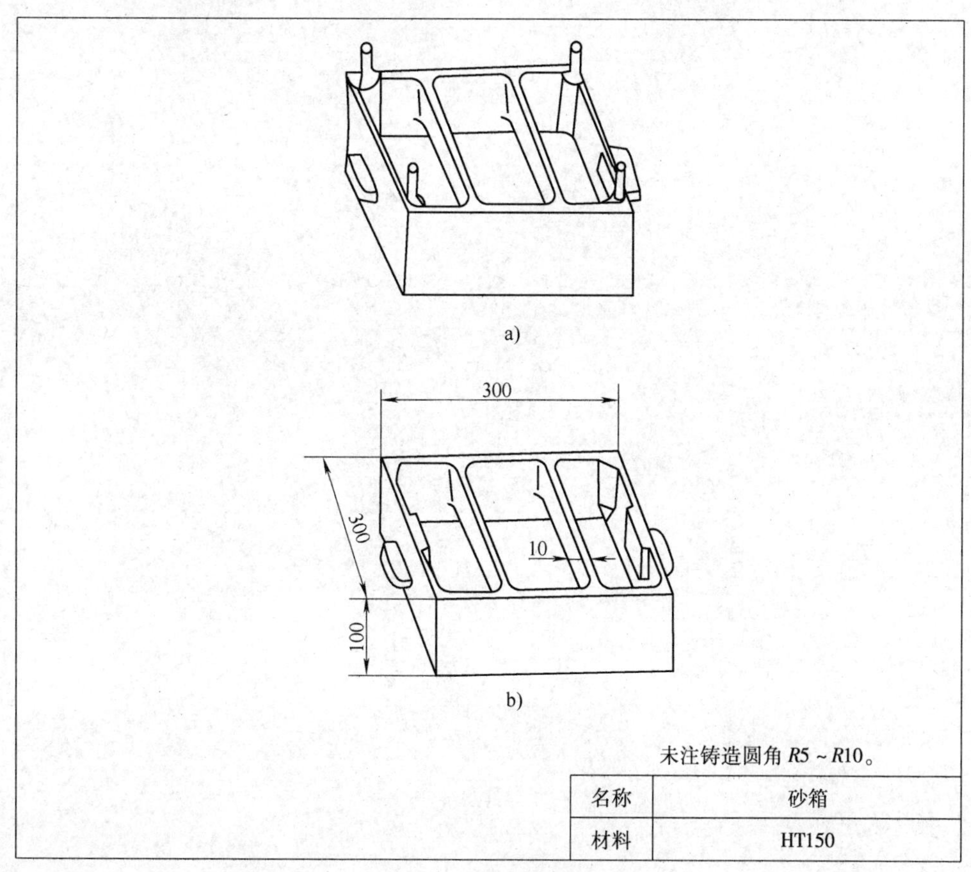

名称	砂箱
材料	HT150

图15　砂箱地坑造型

a）模样图　b）铸铁小砂箱

3）浇口杯制作符合工艺要求，放置位置适当。

4）铸件形状完整、尺寸准确，表面无粘砂，夹砂结疤、气孔、缩孔等缺陷。

（2）时间定额　3h/型。

（3）安全文明生产

1）正确执行安全技术操作规程。

2）按企业有关文明生产的规定，做到工作地整洁，工件、工具摆放整齐。

模拟试卷样例

一、判断题（对的画√，错的画×；每题1分，共20分）

1. 出了工伤事故，要做到“三不放过”，即事故不清不放过、责任不明不放过、措施不落实不放过。（ ）

2. 在使用天然气时，必须先放气后点火，以防烧伤。（ ）

3. 用型砂及模样等工艺装备制造砂型的方法和过程称为铸造。（ ）

4. 安放模样时应将模样小端朝向平板，以便于起模。（ ）

5. 出气冒口一般位于铸件最高处，铸件的细薄部位可不安放出气冒口。（ ）

6. 修型工作应自上而下地进行，避免下面修好后又被上面落下的散砂弄脏或破坏。（ ）

7. 为防止砂型破损塌落，型砂的强度越大越好。（ ）

8. 原砂的二氧化硅含量高，型砂的耐火度就高。（ ）

9. 废钢中不允许混有密封容器、易爆物和易燃物，以免造成事故。（ ）

10. 冲天炉熔化过程是底焦燃烧产生热气流上升，炉料自上而下吸热熔化的过程。（ ）

11. 舂砂时，箱壁和箱带处的型砂要比模样周围紧一些。（ ）

12. 震实法与压实法相反，其紧实度分布以靠近模板的一面为最低。（ ）

13. 造型方法的选择要由铸件结构、生产数量和技术要求等因素决定。（ ）

14. 可在一级砂芯中间部分放一些砖头、焦炭块等，以改善其韧性和透气性。（ ）

15. 在砂芯中开设的通气孔要互相连贯，切不可中断或者堵塞。（ ）

16. 浇注系统能调节铸型及铸件上各部分的温差，控制铸件凝固顺序，有一定的补缩作用。（ ）

17. 将铸型的各个组元，如上型、下型、芯子、浇口盆等，组成一个完整铸型的操作过程称为合型。（ ）

18. 特种铸造方法一般适用于单件生产的铸件。（ ）

19. 在铸件截面上，呈大面积分布的气孔是反应性气孔。（ ）

20. 铸件外观质量包括铸件形状、表面粗糙度、重量偏差、表面缺陷、色

泽、表面硬度和试样断口质量等。 （ ）

二、选择题（将正确答案的序号填入空格内；每题2分，共80分）

1. 职业道德是一种（ ）的约束机制。
A. 非强制性 B. 强制性 C. 随意性 D. 自律性
2. （ ）以上的铸件，未经有关人员同意，不准在地面上浇注。
A. 3t B. 6t C. 10t D. 20t
3. 堆摞铸型时要用同一高度的垫铁，且堆摞高度不得超过其宽度的（ ）。
A. 两倍 B. 三倍 C. 四倍 D. 五倍
4. 对铸件质量要求较高的大、中型铸件，适宜采用（ ）成型。
A. 壳型 B. 表面干型 C. 湿型 D. 干型
5. 大批量生产的形状简单的铸件，宜采用（ ）。
A. 手工造型 B. 多箱造型 C. 刮板造型 D. 机器造型
6. 具有质轻、价廉和容易加工成形等特点的模样是（ ）。
A. 菱苦土模 B. 金属模 C. 塑料模 D. 木模
7. 安放模样时，铸件的重要加工面不应（ ）。
A. 朝右 B. 朝左 C. 朝上 D. 侧立
8. 软砂床最适宜用于生产（ ）等对表面要求不高的铸件。
A. 芯撑 B. 芯骨 C. 冷铁 D. 砂箱
9. 断后伸长率和断面收缩率是金属材料（ ）的重要指标。
A. 强度 B. 硬度 C. 塑性 D. 韧性
10. 铸造性能属于金属材料的（ ）。
A. 物理性能 B. 力学性能 C. 化学性能 D. 工艺性能
11. 淬火加（ ）回火处理称为调质处理。
A. 低温 B. 中温 C. 高温 D. 常温
12. 下列材料牌号中是灰铸铁牌号的是（ ）。
A. HT200 B. QT400-18 C. RuT420 D. HTRCr2
13. 下列材料牌号中是铸造锡青铜牌号的是（ ）。
A. ZAlSi7MgA B. ZCuSn3Zn8Pb6Ni1
C. ZMgZn4RE1Zr D. ZCuZn38
14. 铸造用膨润土是指矿物组成主要为（ ）的粘土。
A. 高岭石 B. 蒙脱石 C. 硅石 D. 长石
15. （ ）是表示紧实度砂样孔隙度的指标，即在标准温度和98Pa气压下，1min内通过截面积为1cm^{2}和高度为1cm紧实砂样的空气体积。
A. 透气性 B. 强度 C. 流动性 D. 发气性

16. 大批量生产的砂芯不具有较大的支撑平面时，常采用（　）进行支撑。

A. 烘芯板　B. 砖头　C. 砂托　D. 成型烘干器

17. 在铸铁件的生产中应用最广的是（　）树脂砂。

A. 酚醛　B. 糠醇改性脲醛

C. 糠醇改性酚醛　D. 脲醛

18. 一般铸钢件用（　）作涂料中的耐火材料。

A. 石墨粉　B. 硅石粉　C. 滑石粉　D. 煤粉

19. 电弧炉炼钢氧化期的任务是（　）。

A. 脱磷　B. 脱氧　C. 脱硫　D. 脱锰

20. 采用最广泛的铸铁熔炼设备是（　）。

A. 感应炉　B. 坩埚炉　C. 反射炉　D. 冲天炉

21. 冲天炉所熔化的金属炉料重量与消耗的焦炭重量之比称为（　）。

A. 熔化率　B. 熔化强度　C. 燃烧比　D. 铁焦比

22. 在低频率和高振幅运动中，下落冲程撞击使型砂因惯性获得紧实的过程称为（　）。

A. 震实　B. 抛实　C. 射实　D. 压实

23. Z8612B 型热芯盒射芯机适用于制造（　）kg 以下，简单和中等复杂程度的砂芯。

A. 86　B. 61　C. 12　D. 20

24. 起模时，砂箱被托住不动，而模样下降，这种起模方式称为（　）。

A. 顶杆法　B. 托箱法　C. 漏模法　D. 翻台法

25. 尺寸较大或形状较复杂，且两端面的截面积大于中间部分截面积的铸件，应采用（　）。

A. 多箱造型　B. 叠箱造型　C. 一型多铸　D. 刮板造型

26. 烘干时间较短的是（　）砂芯。

A. 大　B. 水分高的　C. 砂粒粗的　D. 砂粒细的

27. 厚大铸件的砂芯应采用（　）支撑。

A. 双柱芯撑　B. 单柱芯撑　C. 薄片芯撑　D. 鼓形芯撑

28.（　）的作用是：避免金属液飞溅，防止熔渣和气体卷入型腔，缓和金属液对铸型的冲击，提高充型能力。

A. 浇口杯　B. 直浇道　C. 横浇道　D. 内浇道

29. 圆形截面的内浇道多用于浇注（　）。

A. 铸钢件　B. 铸铁件　C. 铸铜件　D. 铸铝件

30. 高大、复杂、大型及重型铸件多采用（　）浇注系统。

A. 顶注式　　B. 底注式　　C. 中注式　　D. 阶梯式

31. 只与铸件的表面接触，不和铸件熔接的冷铁是（　　）。

A. 外冷铁　　B. 内冷铁　　C. 隔砂冷铁　　D. 暗冷铁

32. 陶瓷型铸造可用来生产（　　）铸件。

A. 低温合金　　B. 中温合金　　C. 高温合金　　D. 各种合金

33. 飞翅、冲砂、掉砂等属于（　　）缺陷。

A. 表面　　B. 多肉类　　C. 残缺类　　D. 夹杂类

34. 形状极不规则，孔壁粗糙并带有枝状晶，表面呈暗灰色的孔洞是（　　）。

A. 缩孔　　B. 气孔　　C. 针孔　　D. 渣孔

35. 最常出现析出性气孔的是（　　）。

A. 铸钢件　　B. 铸铁件　　C. 铝合金　　D. 铜合金

36. 在铸件的部分或整个表面上，粘附着一层砂粒和金属的机械混合物，称为（　　）。

A. 机械粘砂　　B. 化学粘砂　　C. 夹砂结疤　　D. 砂眼

37. 夹砂结疤大多发生在铸件浇注位置的（　　）。

A. 上表面　　B. 下表面　　C. 侧面　　D. 底面

38. 常出现在远离内浇道口部位及薄壁处的缺陷是（　　）。

A. 浇不到　　B. 未浇满　　C. 跑火　　D. 型漏

39. 砂芯在分型面处错开，致使铸件孔腔尺寸不符合铸件图要求的缺陷称为（　　）。

A. 错型　　B. 错芯　　C. 偏芯　　D. 偏析

40. 铸件内严重的空壳状残缺称为（　　）。

A. 跑火　　B. 型漏　　C. 未浇满　　D. 串皮

答 案 部 分

知识要求试题答案

一、判断题

1. √ 2. √ 3. √ 4. √ 5. × 6. √ 7. √ 8. ×
9. × 10. √ 11. × 12. √ 13. √ 14. × 15. √ 16. √
17. √ 18. √ 19. √ 20. × 21. √ 22. √ 23. √ 24. ×
25. √ 26. √ 27. × 28. √ 29. × 30. × 31. √ 32. √
33. √ 34. × 35. × 36. × 37. √ 38. × 39. × 40. √
41. × 42. √ 43. × 44. √ 45. × 46. √ 47. √ 48. ×
49. × 50. × 51. √ 52. √ 53. × 54. × 55. × 56. ×
57. √ 58. × 59. √ 60. × 61. √ 62. √ 63. √ 64. ×
65. √ 66. √ 67. × 68. √ 69. × 70. × 71. √ 72. ×
73. × 74. √ 75. × 76. × 77. √ 78. √ 79. × 80. √
81. √ 82. √ 83. × 84. × 85. √ 86. × 87. × 88. ×
89. √ 90. √ 91. × 92. × 93. √ 94. √ 95. × 96. √
97. × 98. √ 99. × 100. × 101. × 102. √ 103. √ 104. √
105. × 106. √ 107. × 108. × 109. √ 110. √ 111. √ 112. ×
113. × 114. √ 115. √ 116. √ 117. √ 118. × 119. × 120. √
121. × 122. √ 123. × 124. × 125. √ 126. × 127. √ 128. ×
129. √ 130. √ 131. × 132. √ 133. √ 134. √ 135. × 136. ×
137. √ 138. × 139. √ 140. × 141. √ 142. × 143. × 144. √
145. × 146. √ 147. √ 148. √ 149. × 150. × 151. √ 152. √
153. × 154. × 155. × 156. × 157. × 158. √ 159. √ 160. √
161. √ 162. √ 163. × 164. √ 165. × 166. × 167. × 168. √
169. × 170. √ 171. √ 172. × 173. √ 174. × 175. × 176. ×
177. √ 178. √ 179. × 180. × 181. √ 182. × 183. × 184. √
185. √ 186. × 187. × 188. √ 189. √ 190. × 191. √ 192. √

193. × 194. √ 195. √ 196. × 197. √ 198. √ 199. √ 200. ×
201. √ 202. × 203. × 204. × 205. √ 206. × 207. × 208. √
209. √ 210. × 211. √ 212. √ 213. √ 214. √ 215. √ 216. √
217. √ 218. √ 219. √ 220. √ 221. × 222. × 223. × 224. ×
225. × 226. √ 227. √ 228. √ 229. √ 230. × 231. √ 232. ×
233. √ 234. × 235. √ 236. × 237. × 238. √ 239. × 240. √
241. √ 242. × 243. × 244. × 245. × 246. √ 247. × 248. √
249. × 250. √ 251. × 252. √ 253. × 254. × 255. √ 256. √
257. × 258. × 259. √ 260. √ 261. × 262. × 263. √ 264. √
265. √ 266. √ 267. √ 268. × 269. × 270. √ 271. √ 272. ×
273. × 274. √ 275. √ 276. √ 277. √ 278. √ 279. √ 280. ×
281. × 282. √ 283. × 284. × 285. √

二、选择题

1. B 2. A 3. D 4. B 5. D 6. A 7. D 8. C
9. B 10. D 11. A 12. A 13. C 14. A 15. B 16. B
17. D 18. D 19. D 20. B 21. B 22. A 23. B 24. C
25. B 26. D 27. D 28. A 29. B 30. D 31. A 32. B
33. D 34. D 35. D 36. C 37. A 38. A 39. D 40. A
41. C 42. A 43. A 44. C 45. C 46. C 47. A 48. C
49. A 50. C 51. A 52. B 53. C 54. A 55. C 56. D
57. C 58. B 59. A 60. A 61. C 62. D 63. B 64. B
65. D 66. A 67. D 68. D 69. D 70. B 71. A 72. A
73. B 74. D 75. B 76. C 77. C 78. B 79. C 80. A
81. B 82. C 83. B 84. D 85. B 86. C 87. A 88. D
89. D 90. C 91. A 92. B 93. A 94. A 95. A 96. D
97. C 98. D 99. B 100. C 101. B 102. C 103. A 104. B
105. B 106. C 107. B 108. B 109. A 110. B 111. B 112. B
113. D 114. A 115. D 116. C 117. B 118. A 119. C 120. C
121. D 122. A 123. A 124. B 125. C 126. B 127. B 128. A
129. D 130. D 131. B 132. B 133. A 134. D 135. D 136. C
137. B 138. C 139. B 140. A 141. D 142. D 143. B 144. C
145. C 146. A 147. B 148. A 149. A 150. A 151. A 152. B
153. D 154. B 155. B 156. A 157. A 158. B 159. D 160. C
161. C 162. D 163. A 164. A 165. A 166. C 167. B 168. B

169. D 170. C 171. C 172. A 173. B 174. B 175. D 176. A
177. C 178. A 179. A 180. A 181. B 182. A 183. B 184. C
185. B 186. B 187. C

模拟试卷样例答案

一、判断题

1. √ 2. √ 3. × 4. × 5. × 6. √ 7. × 8. √
9. √ 10. √ 11. √ 12. × 13. √ 14. × 15. √ 16. √
17. √ 18. √ 19. × 20. √

二、选择题

1. A 2. B 3. A 4. D 5. D 6. D 7. C 8. B
9. D 10. D 11. C 12. A 13. B 14. B 15. A 16. D
17. C 18. B 19. A 20. D 21. D 22. A 23. C 24. B
25. A 26. C 27. D 28. A 29. A 30. D 31. A 32. D
33. B 34. A 35. C 36. A 37. A 38. A 39. B 40. B

参 考 文 献

[1] 中国机械工程学会铸造分会．铸造手册：第1、3、5、6卷 [M]．3版．北京：机械工业出版社，2011.

[2] 中国机械工程学会铸造分会．铸造手册：第2、4卷 [M]．3版．北京：机械工业出版社，2012.

[3] 王文清，李魁盛．铸造工艺学 [M]．北京：机械工业出版社，1998.

[4] 柳吉荣，彭淑芳．铸造工（初级）[M]．北京：机械工业出版社，2006.

[5] 中华人民共和国职业技能鉴定辅导丛书编审委员会．铸造工职业技能鉴定指南 [M]．北京：机械工业出版社，1996.

[6] 机械工业职业技能鉴定指导中心．铸造工技能鉴定考核试题库 [M]．北京：机械工业出版社，2000.

[7] 柳吉荣．铸造工（中级）鉴定培训教材 [M]．北京：机械工业出版社，2011.

铸造工需学习下列课程

初级：机械识图、金属材料及热处理知识、公差配合与测量、钳工常识、电工常识、铸造工（初级）

中级：机械制图、铸造工（中级）

高级：液气压传动、铸造工（高级）

技师和高级技师：铸造工（技师和高级技师）

国家职业资格培训教材

丛书介绍： 深受读者喜爱的经典培训教材，依据最新国家职业技能标准，按初级、中级、高级、技师（含高级技师）分册编写，以技能培训为主线，理论与技能有机结合，书末有配套的试题库和答案。所有教材均免费提供 PPT 电子教案，部分教材配有 VCD 实景操作光盘（注：标注★的图书配有 VCD 实景操作光盘）。

读者对象： 本套教材是各级职业技能鉴定培训机构、企业培训部门、再就业和农民工培训机构的理想教材，也可作为技工学校、职业高中、各种短训班的专业课教材。

- 机械识图
- 机械制图
- 金属材料及热处理知识
- 公差配合与测量
- 机械基础（初级、中级、高级）
- 液气压传动
- 数控技术与 AutoCAD 应用
- 机床夹具设计与制造
- 测量与机械零件测绘
- 管理与论文写作
- 钳工常识
- 电工常识
- 电工识图
- 电工基础
- 电子技术基础
- 建筑识图
- 建筑装饰材料
- 车工（初级★、中级、高级、技师和高级技师）
- 铣工（初级★、中级、高级、技师和高级技师）
- 磨工（初级、中级、高级、技师和高级技师）
- 钳工（初级★、中级、高级、技师和高级技师）
- 机修钳工（初级、中级、高级、技师和高级技师）
- 锻造工（初级、中级、高级、技师和高级技师）
- 模具工（中级、高级、技师和高级技师）
- 数控车工（中级★、高级★、技师和高级技师）
- 数控铣工/加工中心操作工（中级★、高级★、技师和高级技师）
- 铸造工（初级、中级、高级、技师

和高级技师）
- 冷作钣金工（初级、中级、高级、技师和高级技师）
- 焊工（初级★、中级★、高级★、技师和高级技师★）
- 热处理工（初级、中级、高级、技师和高级技师）
- 涂装工（初级、中级、高级、技师和高级技师）
- 电镀工（初级、中级、高级、技师和高级技师）
- 锅炉操作工（初级、中级、高级、技师和高级技师）
- 数控机床维修工（中级、高级和技师）
- 汽车驾驶员（初级、中级、高级、技师）
- 汽车修理工（初级★、中级、高级、技师和高级技师）
- 摩托车维修工（初级、中级、高级）
- 制冷设备维修工（初级、中级、高级、技师和高级技师）
- 电气设备安装工（初级、中级、高级、技师和高级技师）
- 值班电工（初级、中级、高级、技师和高级技师）
- 维修电工（初级★、中级★、高级、技师和高级技师）
- 家用电器产品维修工（初级、中级、高级）
- 家用电子产品维修工（初级、中级、高级、技师和高级技师）
- 可编程序控制系统设计师（一级、二级、三级、四级）
- 无损检测员（基础知识、超声波探伤、射线探伤、磁粉探伤）
- 化学检验工（初级、中级、高级、技师和高级技师）
- 食品检验工（初级、中级、高级、技师和高级技师）
- 制图员（土建）
- 起重工（初级、中级、高级、技师）
- 测量放线工（初级、中级、高级、技师和高级技师）
- 架子工（初级、中级、高级）
- 混凝土工（初级、中级、高级）
- 钢筋工（初级、中级、高级、技师）
- 管工（初级、中级、高级、技师和高级技师）
- 木工（初级、中级、高级、技师）
- 砌筑工（初级、中级、高级、技师）
- 中央空调系统操作员（初级、中级、高级、技师）
- 物业管理员（物业管理基础、物业管理员、助理物业管理师、物业管理师）
- 物流师（助理物流师、物流师、高级物流师）
- 室内装饰设计员（室内装饰设计员、室内装饰设计师、高级室内装饰设计师）
- 电切削工（初级、中级、高级、技师和高级技师）
- 汽车装配工
- 电梯安装工
- 电梯维修工

◆ 电镀工（中级）鉴定培训教材
◆ 电镀工（高级）鉴定培训教材
◆ 维修电工（中级）鉴定培训教材
◆ 维修电工（高级）鉴定培训教材
◆ 汽车修理工（中级）鉴定培训教材
◆ 汽车修理工（高级）鉴定培训教材
◆ 涂装工（中级）鉴定培训教材
◆ 涂装工（高级）鉴定培训教材
◆ 制冷设备维修工（中级）鉴定培训教材
◆ 制冷设备维修工（高级）鉴定培训教材

国家职业资格培训教材——操作技能鉴定试题集锦与考点详解系列

丛书介绍：用于国家职业技能鉴定操作技能考试前的强化训练。特色：

● 重点突出，具有针对性——依据技能考核鉴定点设计，目的明确。
● 内容全面，具有典型性——图样、评分表、准备清单，完整齐全。
● 解析详细，具有实用性——工艺分析、操作步骤和重点解析详细。
● 练考结合，具有实战性——单项训练题、综合训练题，步步提升。

读者对象：可作为各级职业技能鉴定培训机构、企业培训部门的考前培训教材，也可供职业技能鉴定部门在鉴定命题时参考，也可作为读者考前复习和自测使用的复习用书，还可作为职业技术院校、技工院校、各种短训班的专业课教材。

◆ 车工（中级）操作技能鉴定试题集锦与考点详解
◆ 车工（高级）操作技能鉴定试题集锦与考点详解
◆ 铣工（中级）操作技能鉴定实战详解
◆ 铣工（高级）操作技能鉴定实战详解
◆ 钳工（中级）操作技能鉴定试题集锦与考点详解
◆ 钳工（高级）操作技能鉴定试题集锦与考点详解
◆ 数控车工（中级）操作技能鉴定实战详解
◆ 数控车工（高级）操作技能鉴定试题集锦与考点详解
◆ 数控车工（技师、高级技师）操作技能鉴定试题集锦与考点详解
◆ 数控铣工/加工中心操作工（中级）操作技能鉴定实战详解
◆ 数控铣工/加工中心操作工（高级）操作技能鉴定试题集锦与考点详解
◆ 数控铣工/加工中心操作工（技师、高级技师）操作技能鉴定试题集锦与考点详解
◆ 焊工（中级）操作技能鉴定实战详解
◆ 焊工（高级）操作技能鉴定实战详解
◆ 焊工（技师、高级技师）操作技能鉴定实战详解
◆ 维修电工（中级）操作技能鉴定试

题集锦与考点详解
- ◆ 维修电工（高级）操作技能鉴定试题集锦与考点详解
- ◆ 维修电工（技师、高级技师）操作技能鉴定实战详解
- ◆ 汽车修理工（中级）操作技能鉴定实战详解
- ◆ 汽车修理工（高级）操作技能鉴定实战详解

技能鉴定考核试题库

丛书介绍： 根据各职业（工种）鉴定考核要求分级编写，试题针对性、通用性、实用性强。

读者对象： 可作为企业培训部门、各级职业技能鉴定机构、再就业培训机构培训考核用书，也可供技工学校、职业高中、各种短训班培训考核使用，还可作为个人读者学习自测用书。

- ◆ 机械识图与制图鉴定考核试题库（第2版）
- ◆ 机械基础技能鉴定考核试题库（第2版）
- ◆ 电工基础技能鉴定考核试题库
- ◆ 车工职业技能鉴定考核试题库（第2版）
- ◆ 铣工职业技能鉴定考核试题库（第2版）
- ◆ 磨工职业技能鉴定考核试题库
- ◆ 数控车工职业技能鉴定考核试题库
- ◆ 数控铣工/加工中心操作工职业技能鉴定考核试题库
- ◆ 模具工职业技能鉴定考核试题库
- ◆ 钳工职业技能鉴定考核试题库（第2版）
- ◆ 机修钳工职业技能鉴定考核试题库（第2版）
- ◆ 汽车修理工职业技能鉴定考核试题库
- ◆ 制冷设备维修工职业技能鉴定考核试题库
- ◆ 维修电工职业技能鉴定考核试题库（第2版）
- ◆ 铸造工职业技能鉴定考核试题库
- ◆ 焊工职业技能鉴定考核试题库
- ◆ 冷作钣金工职业技能鉴定考核试题库
- ◆ 热处理工职业技能鉴定考核试题库
- ◆ 涂装工职业技能鉴定考核试题库

机电类技师培训教材

丛书介绍： 以国家职业标准中对各工种技师的要求为依据，以便于培训为前提，紧扣职业技能鉴定培训要求编写。加强了高难度生产加工，复杂设备的安装、调试和维修，技术质量难题的分析和解决，复杂工艺的编制，故障诊断与排

除以及论文写作和答辩的内容。书中均配有培训目标、复习思考题、培训内容、试题库、答案、技能鉴定模拟试卷样例。

读者对象： 可作为职业技能鉴定培训机构、企业培训部门、技师学院培训鉴定教材，也可供读者自学及考前复习和自测使用。

◆ 公共基础知识
◆ 电工与电子技术
◆ 机械制图与零件测绘
◆ 金属材料与加工工艺
◆ 机械基础与现代制造技术
◆ 技师论文写作、点评、答辩指导
◆ 车工技师鉴定培训教材
◆ 铣工技师鉴定培训教材
◆ 钳工技师鉴定培训教材
◆ 焊工技师鉴定培训教材
◆ 电工技师鉴定培训教材
◆ 铸造工技师鉴定培训教材
◆ 涂装工技师鉴定培训教材
◆ 模具工技师鉴定培训教材
◆ 机修钳工技师鉴定培训教材
◆ 热处理工技师鉴定培训教材
◆ 维修电工技师鉴定培训教材
◆ 数控车工技师鉴定培训教材
◆ 数控铣工技师鉴定培训教材
◆ 冷作钣金工技师鉴定培训教材
◆ 汽车修理工技师鉴定培训教材
◆ 制冷设备维修工技师鉴定培训教材

特种作业人员安全技术培训考核教材

丛书介绍： 依据《特种作业人员安全技术培训大纲及考核标准》编写，内容包含法律法规、安全培训、案例分析、考核复习题及答案。

读者对象： 可用作各级各类安全生产培训部门、企业培训部门、培训机构安全生产培训和考核的教材，也可作为各类企事业单位安全管理和相关技术人员的参考书。

◆ 起重机司索指挥作业
◆ 企业内机动车辆驾驶员
◆ 起重机司机
◆ 金属焊接与切割作业
◆ 电工作业
◆ 压力容器操作
◆ 锅炉司炉作业
◆ 电梯作业
◆ 制冷与空调作业
◆ 登高作业

读者信息反馈表

亲爱的读者：

您好！感谢您购买《铸造工（初级）第2版》（朱军社　徐俊洪　主编）一书。为了更好地为您服务，我们希望了解您的需求以及对我社教材的意见和建议，愿这小小的表格在我们之间架起一座沟通的桥梁。另外，如果您在培训中选用了本教材，我们将免费为您提供与本教材配套的电子课件。

<table>
<tr><td>姓　名</td><td></td><td colspan="2">所在单位名称</td><td colspan="2"></td></tr>
<tr><td>性　别</td><td></td><td colspan="2">所从事工作（或专业）</td><td colspan="2"></td></tr>
<tr><td>通信地址</td><td colspan="3"></td><td>邮编</td><td></td></tr>
<tr><td>办公电话</td><td colspan="2"></td><td colspan="2">移动电话</td><td></td></tr>
<tr><td>E-mail</td><td colspan="2"></td><td colspan="2">QQ</td><td></td></tr>
<tr><td colspan="6">1. 您选择图书时主要考虑的因素（在相应项后面画✓）：
出版社（　　）　内容（　　）　价格（　　）　其他：__________
2. 您选择我们图书的途径（在相应项后面画✓）：
书目（　　）　书店（　　）　网站（　　）　朋友推介（　　）　其他：____</td></tr>
<tr><td colspan="6">希望我们与您经常保持联系的方式：
☐电子邮件信息　☐定期邮寄书目　☐通过编辑联络　☐定期电话咨询</td></tr>
<tr><td colspan="6">您关注（或需要）哪些类图书和教材：</td></tr>
<tr><td colspan="6">您对本书的意见和建议（欢迎您指出本书的疏漏之处）：</td></tr>
<tr><td colspan="6">您近期的著书计划：</td></tr>
</table>

请联系我们——

地　　址　北京市西城区百万庄大街22号　机械工业出版社技能教育分社

邮　　编　100037

社长电话　（010）88379083　88379080

传　　真　（010）68329397

营销编辑　（010）88379534　88379535

免费电子课件索取方式：

网上下载　www. cmpedu. com

邮箱索取　jnfs@ cmpbook. com